여행은 꿈꾸는 순간, 시작된다

여행 준비 체크리스트

D-60	**여행 정보 수집 & 여권 만들기**	☐ 가이드북, 블로그, 유튜브 등에서 여행 정보 수집하기 ☐ 여권 발급 or 유효기간 확인하기
D-50	**항공권 예약하기**	☐ 항공사 or 여행플랫폼 가격 비교하기 * 저렴한 항공권을 찾아보고 싶다면 미리 항공사나 여행플랫폼 앱 다운받아 가격 알림 신청해두기
D-40	**숙소 예약하기**	☐ 교통 편의성과 여행 테마를 고려해 숙박 지역 먼저 선택하기 ☐ 숙소 가격 비교 후 예약하기
D-30	**여행 일정 및 예산 짜기**	☐ 여행 기간과 테마에 맞춰 일정 계획하기 ☐ 일정을 고려해 상세 예산 짜보기
D-20	**현지 투어, 교통편 예약 & 여행자 보험 및 필요 서류 준비하기**	☐ 내 일정에 필요한 패스와 입장권, 투어 프로그램 확인 후 예약하기 ☐ 여행자 보험, 국제운전면허증, 국제학생증 등 신청하기
D-10	**예산 고려하여 환전하기**	☐ 환율 우대, 쿠폰 등 주거래 은행 및 각종 애플리케이션에서 받을 수 있는 혜택 알아보기 ☐ 해외에서 사용할 수 있는 여행용 체크(신용)카드 준비하기
D-7	**데이터 서비스 선택하기**	☐ 여행 스타일에 맞춰 데이터로밍, 유심칩, 포켓 와이파이 결정하기 * 여러 명이 함께 사용한다면 포켓 와이파이, 장기 여행이라면 유심칩, 가장 간편한 방법을 찾는다면 로밍
D-1	**짐 꾸리기 & 최종 점검**	☐ 짐을 싼 후 빠진 것은 없는지 여행 준비물 체크리스트 보고 확인하기 ☐ 기내 반입할 수 없는 물품을 다시 확인해 위탁수하물용 캐리어에 넣기 ☐ 항공권 온라인 체크인하기
D-DAY	**출국하기**	☐ 여권, 비자, 항공권, 숙소 바우처, 여행자 보험 증서 등 필수 준비물 확인하기 ☐ 공항 터미널 확인 후 출발 시각 3시간 전에 도착하기 ☐ 공항에서 포켓 와이파이 등 필요 물품 수령하기

여행 준비물 체크리스트

필수 준비물

- ☐ 여권(유효기간 6개월 이상)
- ☐ 여권 사본, 사진
- ☐ 항공권(E-Ticket)
- ☐ 바우처(호텔, 현지 투어 등)
- ☐ 현금
- ☐ 해외여행용 체크(신용)카드
- ☐ 각종 증명서(여행자 보험, 국제운전면허증 등)

기내 용품

- ☐ 볼펜(입국신고서 작성용)
- ☐ 수면 안대
- ☐ 목베개
- ☐ 귀마개
- ☐ 가이드북, 영화, 드라마 등 볼거리
- ☐ 수분 크림, 립밤
- ☐ 얇은 점퍼 or 가디건

전자 기기

- ☐ 노트북 등 전자 기기
- ☐ 휴대폰 등 각종 충전기
- ☐ 보조 배터리
- ☐ 멀티탭
- ☐ 카메라, 셀카봉
- ☐ 포켓 와이파이, 유심칩
- ☐ 멀티어댑터

의류 & 신발

- ☐ 현지 날씨 상황에 맞는 옷
- ☐ 속옷
- ☐ 잠옷
- ☐ 수영복, 비치웨어
- ☐ 양말
- ☐ 여벌 신발
- ☐ 슬리퍼

세면도구 & 화장품

- ☐ 치약 & 칫솔
- ☐ 면도기
- ☐ 샴푸 & 린스
- ☐ 바디워시
- ☐ 선크림
- ☐ 화장품
- ☐ 클렌징 제품

기타 용품

- ☐ 지퍼백, 비닐 봉투
- ☐ 보조 가방
- ☐ 선글라스
- ☐ 간식
- ☐ 벌레 퇴치제
- ☐ 비상약, 상비약
- ☐ 우산
- ☐ 휴지, 물티슈

출국 전 최종 점검 사항

① 여권 확인

② 항공권의 출국 공항 터미널 확인

③ 위탁수하물 캐리어 크기 및 무게 측정
(항공사별로 다르므로 홈페이지에서 미리 확인)

④ 기내 반입 불가 품목 확인

⑤ 유심, 포켓 와이파이 등 수령 장소 확인

리얼
크로아티아
슬로베니아

여행 정보 기준

이 책은 2025년 1월까지 취재한 정보를 바탕으로 만들었습니다.
정확한 정보를 싣고자 노력했지만, 여행 가이드북의 특성상
책에서 소개한 정보는 현지 사정에 따라 수시로 변경될 수 있습니다.
변경된 정보는 개정판에 반영해 더욱 실용적인 가이드북을 만들겠습니다.

한빛라이프 여행팀 ask_life@hanbit.co.kr

리얼 크로아티아 슬로베니아

초판 발행 2025년 3월 10일

지은이 박선영 / **펴낸이** 김태헌
총괄 임규근 / **책임편집** 고현진
교정교열 박영희 / **디자인** 이다혜 / **지도·일러스트** 조민경
영업 문윤식, 신희용, 조유미 / **마케팅** 신우섭, 손희정, 박수미, 송수현 / **제작** 박성우, 김정우 / **전자책** 김선아

펴낸곳 한빛라이프 / **주소** 서울시 서대문구 연희로 2길 62 한빛빌딩
전화 02-336-7129 / **팩스** 02-325-6300
등록 2013년 11월 14일 제25100-2017-000059호
ISBN 979-11-93080-52-8 14980, 979-11-85933-52-8 14980(세트)

한빛라이프는 한빛미디어(주)의 실용 브랜드로 우리의 일상을 환히 비추는 책을 펴냅니다.

이 책에 대한 의견이나 오탈자 및 잘못된 내용은 출판사 홈페이지나 아래 이메일로 알려주십시오.
파본은 구매처에서 교환하실 수 있습니다. 책값은 뒤표지에 표시되어 있습니다.
한빛미디어 홈페이지 www.hanbit.co.kr / 이메일 ask_life@hanbit.co.kr
블로그 blog.naver.com/real_guide_ / 인스타그램 @real_guide_

지금 하지 않으면 할 수 없는 일이 있습니다.
책으로 펴내고 싶은 아이디어나 원고를 메일(writer@hanbit.co.kr)로 보내주세요.
한빛라이프는 여러분의 소중한 경험과 지식을 기다리고 있습니다.

크로아티아를 가장 멋지게 여행하는 방법

리얼 크로아티아

슬로베니아

박선영 지음

HB 한빛라이프

작가의 말

박선영

새로운 사람을 만나고, 새로운 음식을 맛보고, 새로운 길을 걸어보는 것이 남은 인생에 대한 예의라고 생각하는 여행생활자. 여행만큼 가슴 뛰는 일을 찾지 못해 여전히 여행 중이다. 여행을 멈춘 일상에서 틈틈이 〈리얼 호주〉, 〈리얼 뉴질랜드〉, 〈프렌즈 뉴욕〉, 〈라스베이거스·LA 100배 즐기기〉 등의 여행서와 〈그림이랑 놀자〉, 〈여름이 겨울보다 좋은 59가지 이유〉 등의 어린이책을 썼고, 〈퇴근길 인문학 수업〉, 〈나를 채우는 하루지식습관〉 등의 인문서를 기획하고 집필했다.

사랑할 수밖에 없는 그 물빛

푸른 아드리아해와 중세 도시가 어우러진 크로아티아, 에메랄드빛 호수와 알프스의 비경을 품은 슬로베니아. 이 두 나라는 유럽의 숨겨진 보석과도 같은 곳입니다. 한국 여행자들에게는 비교적 덜 알려졌지만, 한번 방문하면 잊을 수 없는 감동을 주는 곳이기도 하지요.
크로아티아가 바다와 역사의 나라라면, 슬로베니아는 숲과 호수, 그리고 조용한 감성을 품은 곳이라 할 수 있습니다.
서로 맞닿아 있어 함께 여행하기에도 좋은 동선이지요. 하루 만에 지중해의 푸른 해안에서 알프스의 청정 자연으로 이동할 수 있는 곳, 바로 크로아티아와 슬로베니아입니다.

돌바닥 골목길을 걸으며 크로아티아의 역사 속으로 빠져들고, 슬로베니아의 그림 같은 자연 속에서 진정한 힐링을 경험했습니다. 그리고 많은 이들에게 이 아름다운 두 나라를 제대로 소개하고 싶다는 마음이 들었습니다.
꼭 가야 할 관광지는 물론이고, 현지인들만 아는 작은 마을과 특별한 경험을 선사할 지도 위 행간까지 차곡차곡 담았습니다. 단순한 여행 정보를 넘어, 현지인의 삶과 문화, 그리고 숨은 보석 같은 이야기들을 발견하려고 노력했습니다.
여행은 단순한 이동이 아니라, 새로운 세계를 만나고 경험하는 과정이니까요.

"여행이란 우리가 사는 세계를 더 깊이 사랑하게 만드는 과정이다."
– 알랭 드 보통

준비하고, 취재하고, 정리하고, 쓰고, 또 쓰고, 그리고 바로 이 머리말을 쓰기까지 2년여 간의 여정을 마무리합니다. 단순히 여행자일 때는 보이지 않던 것들이 여행서를 쓰면서 선명하게 보이는 경험, 여러 번 여러 나라 여행서를 썼지만 여전히 처음처럼 설레는 마음입니다. 이렇게 저의 세계는 또 한 뼘 커지고 깊어졌습니다.
제가 그랬듯, 여행이 모두의 세계를 더 깊고 넓어지게 만들기를 바랍니다.

행복한 여행 되세요!

Thanks to.
여행의 동선을 더 디테일하게 이끌어주신 프로맥파트너쉽 김연경 이사님, 허츠 코리아 최준혁 지사장님, 조성철 님께 감사드립니다. 언제나처럼 나의 구원투수가 되어준 이다혜 디자이너, 조민경 일러스트레이터에게도 '츤데레'한 제 마음을 전합니다. 함께 여행해 준 혜선, 주형, 도윤아 사랑해!

일러두기

- 이 책은 2025년 1월까지 취재한 정보를 바탕으로 만들었습니다. 정확한 정보를 싣고자 노력했지만, 여행 가이드북의 특성상 책에서 소개한 정보는 현지 사정에 따라 수시로 변경될 수 있습니다. 여행을 떠나기 직전에 한 번 더 확인하시기 바랍니다.
- 크로아티아어와 슬로베니아어의 한글 표기는 국립국어원의 외래어 표기법을 최대한 따랐습니다. 다만, 우리에게 익숙하거나 그 표현이 굳어진 지명과 인명, 관광지명 등은 관용적인 표현을 사용했고, 무엇보다 최대한 현지 발음에 가깝게 표기하였습니다.
- 관광명소의 지명은 한글과 함께 현지어와 영어를 병기했습니다.
- 대중교통 및 도보 이동 시의 소요 시간은 대략적으로 적었으며 현지 사정에 따라 달라질 수 있으니 참고용으로 확인해 주시기 바랍니다. 택시 이동 요금의 경우 우버, 볼트 등과 같은 모바일 차량 배차 서비스 앱을 기준으로 합니다.
- 전화번호의 경우 국가 번호는 제외하고, 지역 번호를 넣어 01-1234-567의 형태로 표기했습니다. 국제전화 사용 시 크로아티아(385)와 슬로베니아(386)의 국가번호를 누르고 표기된 번호에서 맨 처음 0을 제외한 번호를 누르면 됩니다. 현지에서 전화할 경우는 표기된 번호를 그대로 누르면 됩니다.
- 이 책에 수록된 지도는 기본적으로 북쪽이 위를 향하는 정방향으로 되어 있습니다. 정방향이 아닌 경우 별도의 방위 표시가 있습니다.

주요 기호

가는 방법	주소	운영 시간	휴무일	요금	전화번호
홈페이지	명소	상점	맛집	공항	기차역
버스터미널	트램	푸니쿨라	케이블카	페리	관광안내소

구글맵 QR코드

각 지도에 담긴 QR코드를 스캔하면 소개된 장소들의 위치가 표시된 구글맵을 스마트폰에서 볼 수 있습니다. '지도 앱으로 보기'를 선택하고 구글맵 앱으로 연결하면 거리 탐색, 경로 찾기 등을 더욱 편하게 이용할 수 있습니다. 앱을 닫은 후 지도를 다시 보려면 구글맵 앱 하단의 '저장됨'-'지도'로 이동해 원하는 지도명을 선택합니다.

리얼 시리즈 100% 활용법

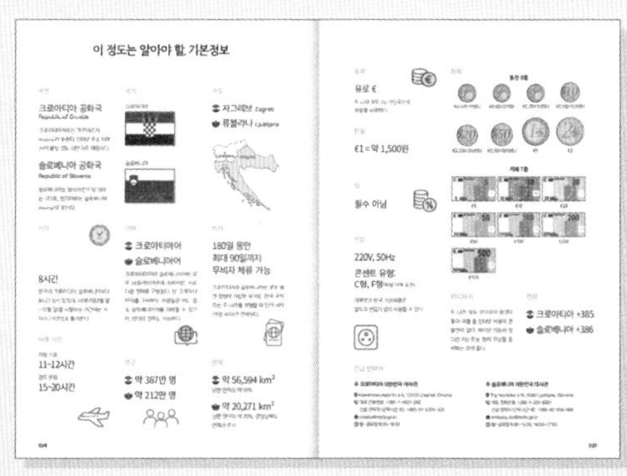

PART 1

여행지 개념 정보 파악하기

크로아티아와 슬로베니아에서 꼭 가봐야 할 장소부터 여행 시 알아두면 도움이 되는 국가 및 지역 특성에 대한 정보를 소개합니다. 여행지에 대한 개념 정보를 수록하고 있어 여행을 미리 그려볼 수 있습니다.

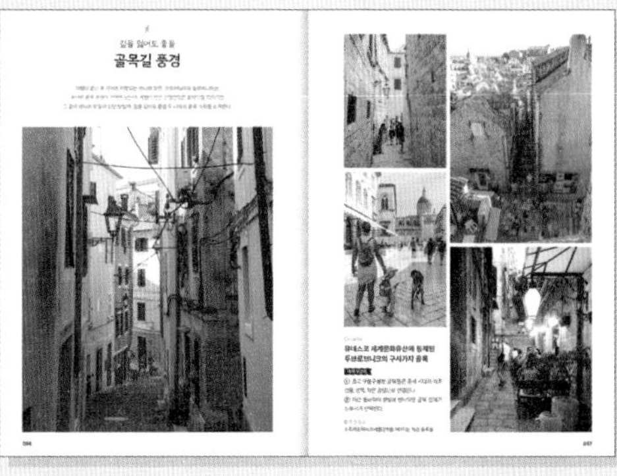

PART 2

테마별 여행 정보 살펴보기

두 나라를 가장 멋지게 여행할 수 있는 각종 테마 정보를 보여줍니다. 자신의 취향에 맞는 키워드를 찾아 내용을 확인하세요. 파트 3과 파트 4에 소개된 장소들과 연동하여 더 자세한 정보를 확인할 수 있습니다.

PART 3 & PART 4

크로아티아와 슬로베니아 지역 정보

크로아티아와 슬로베니아에서 가보면 좋은 장소들을 파트 3과 파트 4에 나누어 소개합니다. 지역별로 볼거리부터 쇼핑 플레이스, 맛집, 카페 등 꼭 가봐야 하는 인기 명소부터 저자가 발굴해낸 숨은 장소까지 두 나라를 속속들이 소개합니다.

PART 5

실전 여행 준비하기

여행 시 꼭 준비해야 하는 정보만 모았습니다. 예약 사항부터 공항 출입국 정보까지 여행을 준비하는 순서대로 구성되어있습니다. 차근차근 따라하며 빠트린 것은 없는지 잘 확인합니다.

차례

Contents

PART 1

미리 보는 크로아티아 & 슬로베니아

PART 2

가장 멋진 크로아티아 & 슬로베니아 테마 여행

PART 3

진짜 크로아티아를 만나는 시간

PART 4

진짜 슬로베니아를 만나는 시간

PART 5

실전에 강한 여행 준비

PART 1

미리 보는 크로아티아 & 슬로베니아

우리가 그곳에 가야 하는 이유

Reason 1

VIEW

죽기 전에 꼭 봐야 할 풍경들

자다르의 노을, 로비니의 바다, 블레드의 호수, 두브로브니크의 성벽….
그곳에서 우리를 기다리는 가슴 설레는 풍경들

Reason 2

WALLS

성벽을 쌓은 사람들의 시간

두브로브니크, 트로기르, 흐바르, 모토분….
성벽을 쌓아 지켜낸 도시들과 그 안에 축적된 사람들의 시간

Reason 3

BLUE

새로운 파랑

아드리아해의 코발트 블루,
플리트비체의 에메랄드 블루, 보힌의 틸 블루….
눈부시게 푸른 파랑의 향연

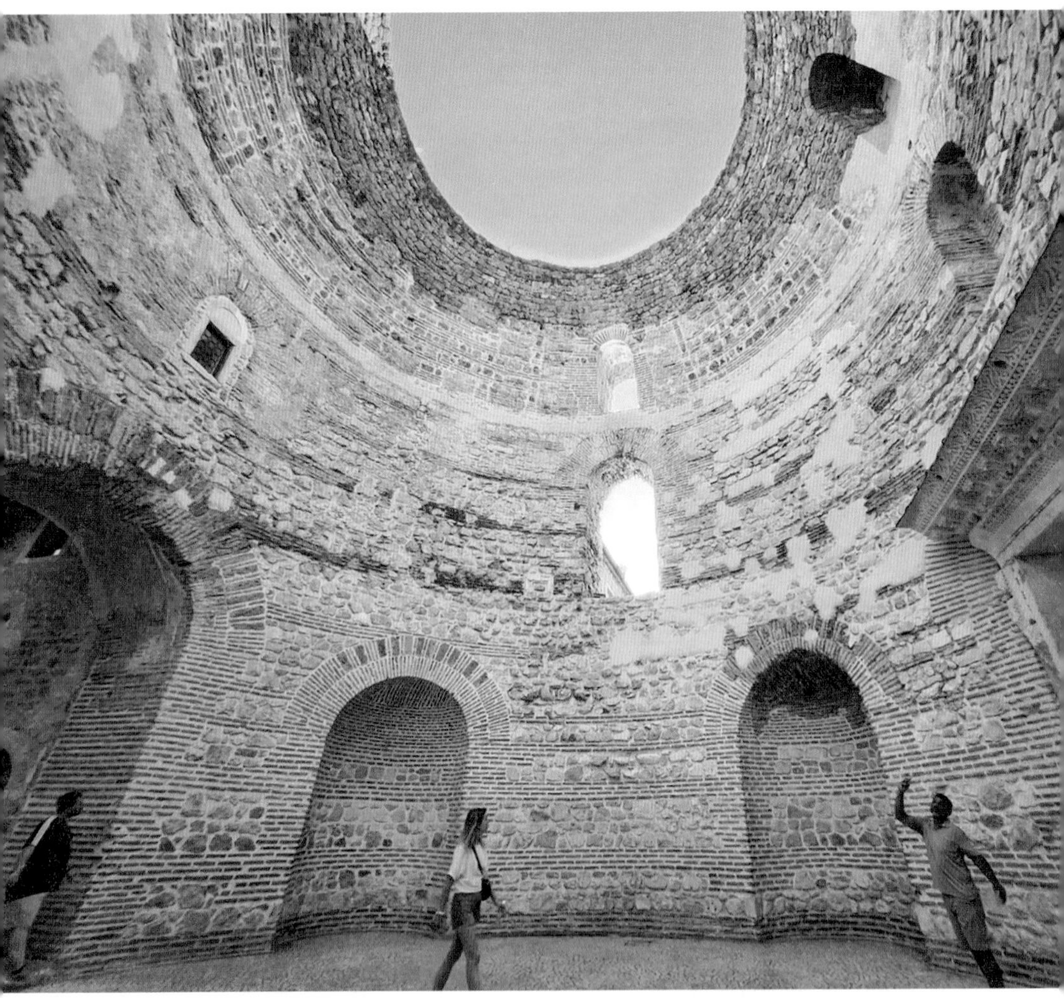

Reason 4

REMAINS

고대 로마의 유적

스플리트, 자다르, 포레치, 풀라, 피란….
로마였던 땅이 품은 제국의 영광과 흔적

Reason 5

GASTRONOMY

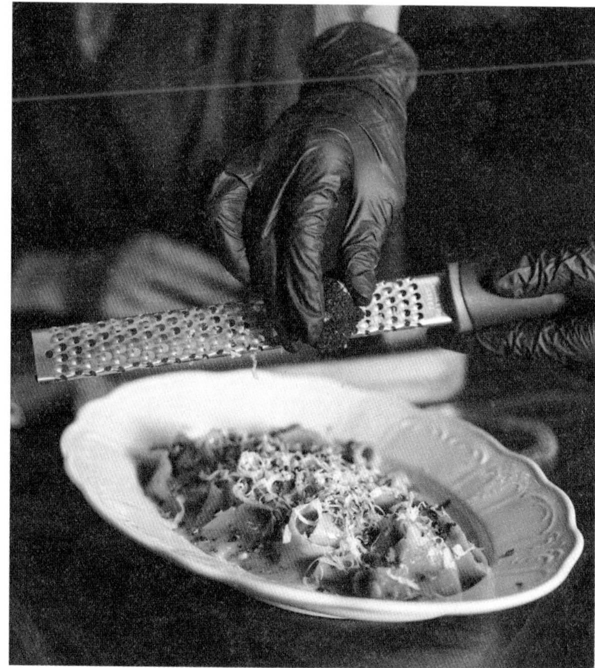

미식 탐구

트러플, 체밥치치, 부렉,
크림케이크, 레몬맥주, 와인….
새로운 재료와 식감이 주는
여행의 즐거움

Reason 6

PEOPLE

무심한 듯 다정한 사람들

골목에서, 거리에서, 혹은 아이스크림 가게 앞에서.
현지인과 여행자가 어우러져 만들어내는
날것의 일상과 온기

이탈리아
Italia

두 나라 한눈에 보기

크로아티아
Croatia

포레치

아름다운 아드리아해와 고대 유적지가 매력적인 곳. 비잔틴 양식의 유프라시안 대성당은 유네스코 세계문화유산으로 지정되어 있으며, 섬세한 모자이크 장식으로 유명하다. 해변과 활기찬 여름 축제 덕분에 많은 관광객이 찾는 인기 휴양지다.

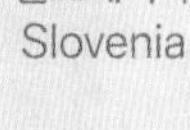

피란 Piran

리예카
Rijeka

Poreč

이스트리아
Istria

Rovinj

크르크
Krk

Pula

로비니

이스트리아 반도 서쪽에 위치한 매력적인 항구도시. 붉은 지붕의 집들이 아드리아해를 배경으로 그림처럼 펼쳐진다. 구시가지의 좁은 골목과 성 유페미아 성당은 로비니의 상징적인 명소로, 중세 분위기를 느낄 수 있다. 예술가들이 사랑하는 도시로, 갤러리와 공방이 많다.

풀라

이스트리아 반도 남쪽에 위치한 역사 깊은 도시로, 고대 로마 유적이 잘 보존된 곳이다. 특히 로마 시대에 지어진 풀라 원형 경기장은 세계에서 가장 잘 보존된 경기장 중 하나로, 도시의 대표적인 상징이다.

노스 달마티아
North Dalmat

파그
Pag

자다르

달마티아 해안에 위치한 고대 도시로, 풍부한 역사와 아름다운 아드리아해 풍경을 자랑한다. 로마 시대의 유적과 중세 교회들이 도시 곳곳에 자리 잡고 있으며, '바다 오르간'과 '태양의 인사' 같은 독창적인 어트랙션으로 유명하다. 아름다운 석양으로 유명해 많은 여행객들이 해 질 녘 해안가를 찾는다.

Zadar

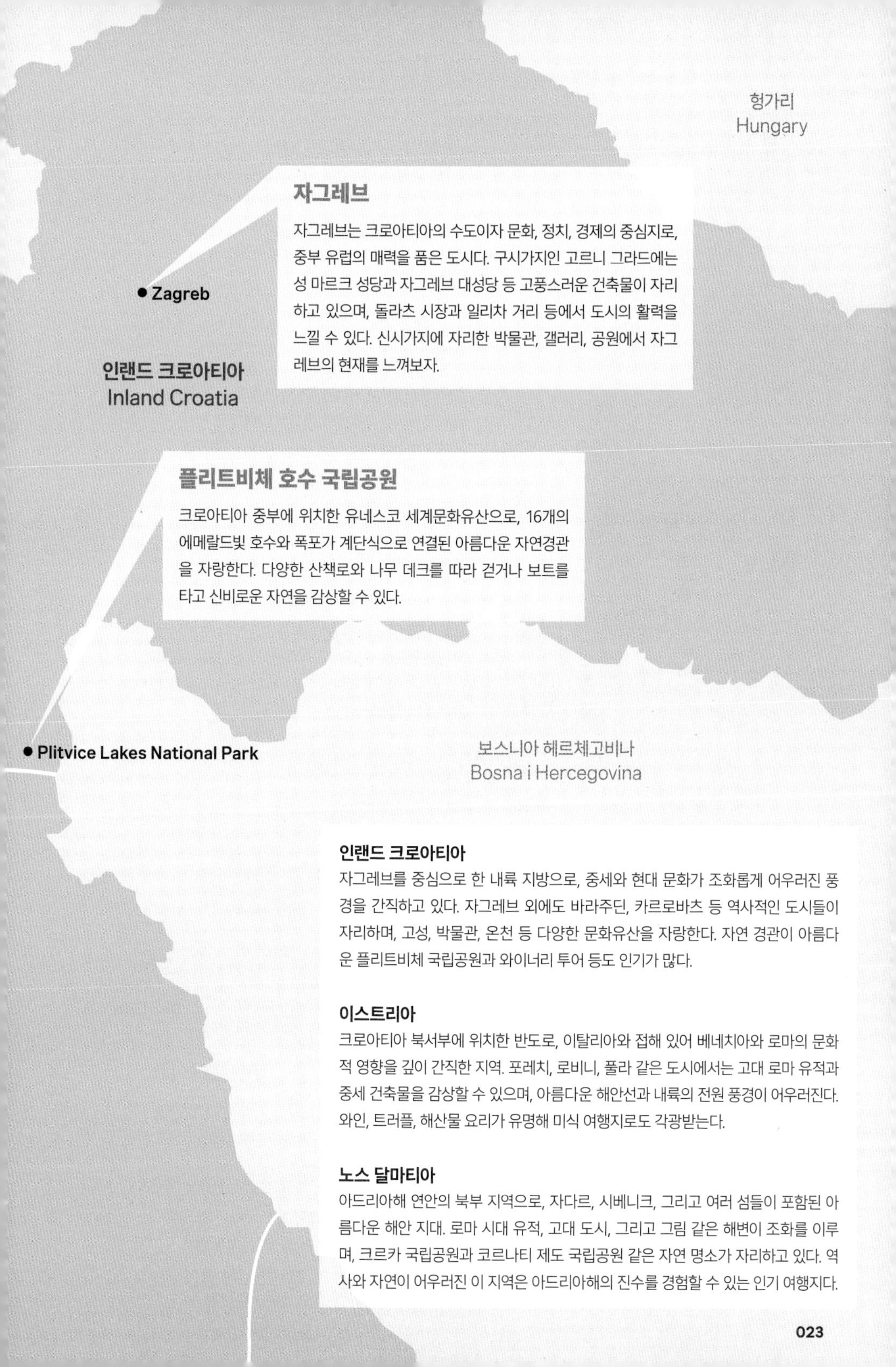

헝가리
Hungary

자그레브

자그레브는 크로아티아의 수도이자 문화, 정치, 경제의 중심지로, 중부 유럽의 매력을 품은 도시다. 구시가지인 고르니 그라드에는 성 마르크 성당과 자그레브 대성당 등 고풍스러운 건축물이 자리하고 있으며, 돌라츠 시장과 일리차 거리 등에서 도시의 활력을 느낄 수 있다. 신시가지에 자리한 박물관, 갤러리, 공원에서 자그레브의 현재를 느껴보자.

• Zagreb

인랜드 크로아티아
Inland Croatia

플리트비체 호수 국립공원

크로아티아 중부에 위치한 유네스코 세계문화유산으로, 16개의 에메랄드빛 호수와 폭포가 계단식으로 연결된 아름다운 자연경관을 자랑한다. 다양한 산책로와 나무 데크를 따라 걷거나 보트를 타고 신비로운 자연을 감상할 수 있다.

• Plitvice Lakes National Park

보스니아 헤르체고비나
Bosna i Hercegovina

인랜드 크로아티아

자그레브를 중심으로 한 내륙 지방으로, 중세와 현대 문화가 조화롭게 어우러진 풍경을 간직하고 있다. 자그레브 외에도 바라주딘, 카르로바츠 등 역사적인 도시들이 자리하며, 고성, 박물관, 온천 등 다양한 문화유산을 자랑한다. 자연 경관이 아름다운 플리트비체 국립공원과 와이너리 투어 등도 인기가 많다.

이스트리아

크로아티아 북서부에 위치한 반도로, 이탈리아와 접해 있어 베네치아와 로마의 문화적 영향을 깊이 간직한 지역. 포레치, 로비니, 풀라 같은 도시에서는 고대 로마 유적과 중세 건축물을 감상할 수 있으며, 아름다운 해안선과 내륙의 전원 풍경이 어우러진다. 와인, 트러플, 해산물 요리가 유명해 미식 여행지로도 각광받는다.

노스 달마티아

아드리아해 연안의 북부 지역으로, 자다르, 시베니크, 그리고 여러 섬들이 포함된 아름다운 해안 지대. 로마 시대 유적, 고대 도시, 그리고 그림 같은 해변이 조화를 이루며, 크르카 국립공원과 코르나티 제도 국립공원 같은 자연 명소가 자리하고 있다. 역사와 자연이 어우러진 이 지역은 아드리아해의 진수를 경험할 수 있는 인기 여행지다.

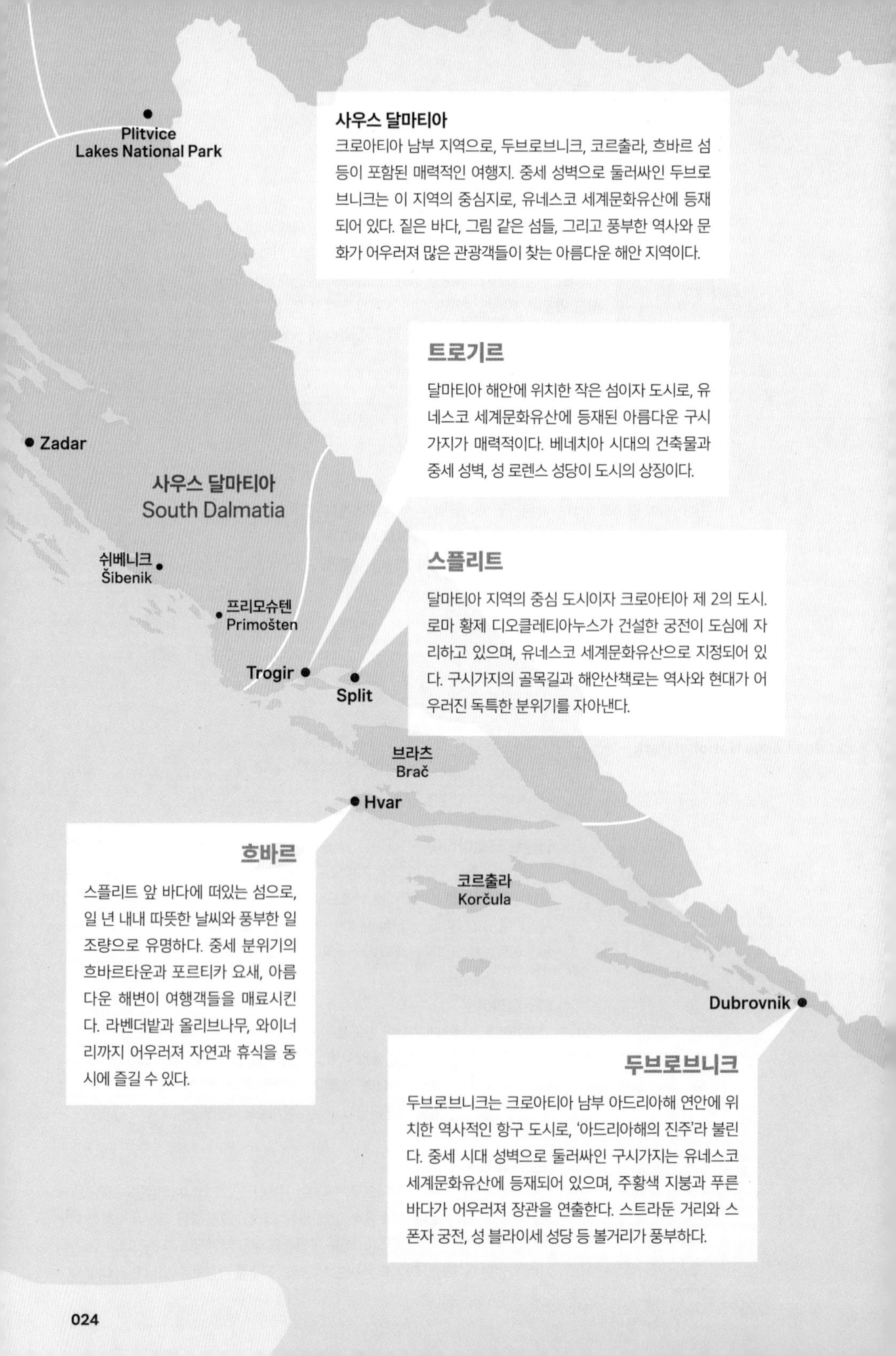

Plitvice
Lakes National Park

Zadar

사우스 달마티아
South Dalmatia

쉬베니크
Šibenik

프리모슈텐
Primošten

Trogir

Split

브라츠
Brač

Hvar

코르출라
Korčula

Dubrovnik

사우스 달마티아

크로아티아 남부 지역으로, 두브로브니크, 코르출라, 흐바르 섬 등이 포함된 매력적인 여행지. 중세 성벽으로 둘러싸인 두브로브니크는 이 지역의 중심지로, 유네스코 세계문화유산에 등재되어 있다. 짙은 바다, 그림 같은 섬들, 그리고 풍부한 역사와 문화가 어우러져 많은 관광객들이 찾는 아름다운 해안 지역이다.

트로기르

달마티아 해안에 위치한 작은 섬이자 도시로, 유네스코 세계문화유산에 등재된 아름다운 구시가지가 매력적이다. 베네치아 시대의 건축물과 중세 성벽, 성 로렌스 성당이 도시의 상징이다.

스플리트

달마티아 지역의 중심 도시이자 크로아티아 제 2의 도시. 로마 황제 디오클레티아누스가 건설한 궁전이 도심에 자리하고 있으며, 유네스코 세계문화유산으로 지정되어 있다. 구시가지의 골목길과 해안산책로는 역사와 현대가 어우러진 독특한 분위기를 자아낸다.

흐바르

스플리트 앞 바다에 떠있는 섬으로, 일 년 내내 따뜻한 날씨와 풍부한 일조량으로 유명하다. 중세 분위기의 흐바르타운과 포르티카 요새, 아름다운 해변이 여행객들을 매료시킨다. 라벤더밭과 올리브나무, 와이너리까지 어우러져 자연과 휴식을 동시에 즐길 수 있다.

두브로브니크

두브로브니크는 크로아티아 남부 아드리아해 연안에 위치한 역사적인 항구 도시로, '아드리아해의 진주'라 불린다. 중세 시대 성벽으로 둘러싸인 구시가지는 유네스코 세계문화유산에 등재되어 있으며, 주황색 지붕과 푸른 바다가 어우러져 장관을 연출한다. 스트라둔 거리와 스폰자 궁전, 성 블라이세 성당 등 볼거리가 풍부하다.

슬로베니아
Slovenia

블레드

율리안 알프스에 위치한 작은 마을로, 블레드 호수와 중세 시대 블레드 성으로 유명하다. 호수 한가운데 떠있는 섬과 그 위의 성모승천 교회는 블레드의 상징적인 풍경을 만든다. 아름다운 자연과 고즈넉한 분위기로, 유럽에서 가장 낭만적인 여행지 중 하나로 손꼽힌다.

보힌

슬로베니아 북서부에 위치한 보힌은 아름다운 호수와 알프스 자연경관을 자랑하는 지역이다. 트리글라브 국립공원의 중심부에 자리 잡고 있으며, 하이킹, 카약, 수영 등 다양한 야외 활동을 즐길 수 있다.

류블랴나

슬로베니아의 수도이자 최대 도시. 친환경적이고 예술적인 감각이 돋보이는 도시로, 자연과 문화가 조화롭게 어우러진 곳이다. 도시를 가로지르는 류블랴니차 강과 강을 따라 늘어선 카페, 다리들이 독특한 분위기를 자아낸다. 류블랴나 성에서 내려다보는 도시 풍경은 아름답고 매력적이다.

피란

이스트리아 반도에 위치한 슬로베니아의 거의 유일한 항구 도시로, 베네치아 시대의 영향을 강하게 받은 곳이다. 구시가지의 좁은 골목과 타르티니 광장, 성 조지 성당은 피란의 대표적인 명소다. 바다와 어우러진 고풍스러운 건축물이 매력적이며, 석양이 특히 아름다워 많은 여행객들이 찾는다.

포스토이나

슬로베니아 남서부에 위치한 동굴 도시로, 세계적으로 유명한 포스토이나 동굴이 자리한 곳이다. 이 동굴은 24km에 이르는 복잡한 석회암 동굴 시스템으로, 관광객들은 전기 기차를 타고 동굴 내부를 탐험할 수 있다.

이 정도는 알아야 할 기본정보

국명

크로아티아 공화국
Republic of Croatia

크로아티아어로는 '흐르바츠카 Hrvatska'라 부른다. 인터넷 주소 뒤에 .hr이 붙는 것도 이런 이유 때문이다.

슬로베니아 공화국
Republic of Slovenia

슬로베니아는 '슬라브인의 땅'이라는 의미로, 현지어로는 '슬로베니야 Slovenija'로 읽는다.

국기

크로아티아

슬로베니아

수도

자그레브 Zagreb

류블랴나 Ljubljana

시차

8시간

한국이 크로아티아, 슬로베니아보다 8시간 앞서 있으며, 서머타임(3월 말~10월 말)을 시행하는 기간에는 시차가 7시간으로 줄어든다.

비행 시간

직항 기준
11~12시간

경유 포함
15~20시간

언어

크로아티아어

슬로베니아어

크로아티아어와 슬로베니아어는 모두 남슬라브어군에 속하지만, 서로 다른 언어로 구분된다. 단, 크로아티아어를 구사하는 사람들은 어느 정도 슬로베니아어를 이해할 수 있으며, 반대의 경우도 가능하다.

비자

180일 동안 최대 90일까지 무비자 체류 가능

크로아티아와 슬로베니아는 모두 쉥겐 협정에 가입된 국가로, 한국 국적자는 두 나라를 여행할 때 단기 비자(관광 비자)가 면제된다.

인구

약 387만 명

약 212만 명

면적

약 56,594 km^2
남한 면적의 약 56%

약 20,271 km^2
남한 면적의 약 20%, 경상남북도 면적과 유사

통화

유로 €

두 나라 모두 EU 가입국으로,
유로를 사용한다.

환율

€1 = 약 1,500원

팁

필수 아님

전압

220V, 50Hz

콘센트 유형:
C형, F형(유럽 대륙 표준)

대부분의 한국 가전제품은
별도의 변압기 없이 사용할 수 있다.

화폐

동전 8종

€0.01(=1센트)

€0.02(=2센트)

€0.05(=5센트)

€0.10(=10센트)

€0.20(=20센트)

€0.50(=50센트)

€1

€2

지폐 7종

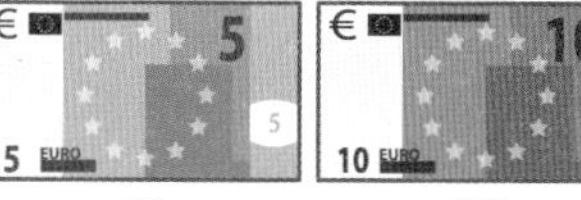
€5 €10

€20

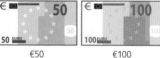

€50 €100

€200

€500

와이파이

두 나라 모두 와이파이 환경이 좋아 여행 중 인터넷 사용에 큰 불편이 없다. 하지만 이동이 많다면 E심 또는 현지 유심을 준비하는 것이 좋다.

전화

크로아티아 +385

슬로베니아 +386

긴급 연락처

주 크로아티아 대한민국 대사관

- Ksaverska cesta 111 a-b, 10000 Zagreb, Croatia
- 대표 전화번호: +385-1-4821-282
  긴급 연락처 (근무시간 외): +385-91-2200-325
- croatia@mofa.go.kr
- 월~금요일 8:30~16:30

주 슬로베니아 대한민국 대사관

- Trg republike 3/XI, 1000 Ljubljana, Slovenia
- 대표 전화번호: +386-1-200-8281
  긴급 연락처 (근무시간 외): +386-40-896-968
- embassy.slo@mofa.go.kr
- 월~금요일 9:00~12:00, 14:00~17:00

최고의 여행을 위한 여행 캘린더

크로아티아 Croatia

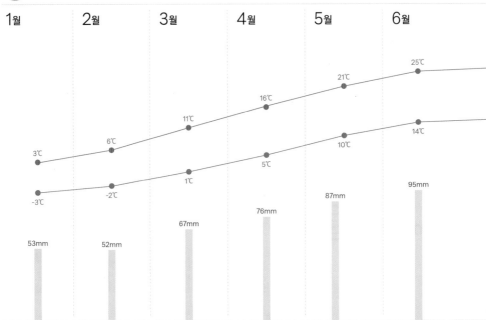

	1월	2월	3월	4월	5월	6월
최고 기온	3℃	6℃	11℃	16℃	21℃	25℃
최저 기온	-3℃	-2℃	1℃	5℃	10℃	14℃
강수량	53mm	52mm	67mm	76mm	87mm	95mm

바다를 접하고 있는 달마티아와 이스트리아 지역은 따뜻하고 건조하며, 꽃이 피기 시작한다. 내륙 지역(자그레브)은 온화하고 간헐적으로 봄비가 내린다. 춥지도 덥지도 않고, 붐비지도 않아서 여유롭게 여행하기 좋다.

맑은 날이 이어져 여행하기 좋은 계절. 아드리아해 연안은 30℃가 넘는 기온 때문에 탈 듯이 뜨겁지만, 그늘에 들어가면 금방 땀이 식을 만큼 건조한 날씨다. 선크림과 선글라스, 모자 등만 있으면 못갈 곳이 없다.

크로아티아의 공휴일 *2025년 기준

- **1월 1일** 새해 첫날
- **1월 6일** 주님 공현 대축일
- **5월 1일** 노동절
- **5월 30일** 국경일
- **6월 22일** 반파시즘 투쟁의 날
- **8월 5일** 고향 감사의 날
- **8월 15일** 성모승천 대축일
- **11월 1일** 모든 성인 대축일
- **11월 18일** 전쟁 희생자 추모의 날
- **12월 25일** 크리스마스
- **12월 26일** 성 스테파노 축일

대표 축제

매년 7월 중순 ~ 8월 중순

두브로브니크 여름 축제 Dubrovnik Summer Festival

두브로브니크 구시가지에서

크로아티아 최대의 문화 축제로, 연극, 오페라, 콘서트 등 다양한 공연이 두브로브니크의 고대 성벽을 배경으로 펼쳐진다. 축제를 앞둔 두브로브니크는 여름 성수기의 최절정을 향해 달려간다. 모든 것이 비싸고 붐비지만, 그래도 그 모든 것을 감수할 만큼 잊지 못할 여름 축제다.

*자그레브 기준

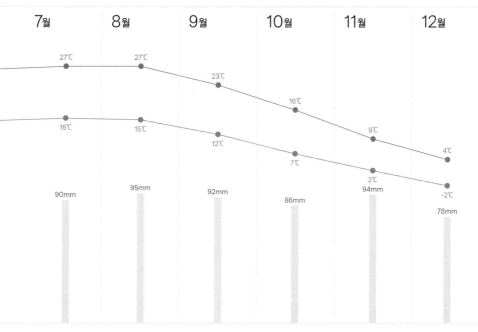

	7월	8월	9월	10월	11월	12월
평균 최고 기온	27℃	27℃	23℃	16℃	9℃	4℃
평균 최저 기온	16℃	15℃	12℃	7℃	2℃	-2℃
강수량	90mm	95mm	92mm	86mm	94mm	78mm

늦여름까지 해변에서 수영이 가능하며, 관광객이 줄어들어 여유로운 여행이 가능하다. 11월로 갈수록 아침 저녁으로 찬바람이 불고 일교차가 커지니 외투를 준비하는 것이 좋다.

비교적 온화한 겨울이지만 해안 지역에서는 비가 자주 내리므로 우산이나 우비를 챙기는 것이 좋다. 완연한 비수기에 접어들어 대부분의 교통편이 끊기거나 편수가 줄어든다. 여행자가 적어서 한가한 것은 장점이지만, 즐길거리 볼거리가 현저히 줄어서 추천하지 않는다.

매년 7월~8월

스플리트 여름 축제 Split Summer Festival

스플리트 디오클레티아누스 궁전 및 야외무대에서

1700년 된 디오클레티아누스 궁전에서 연극, 발레, 오페라 공연이 펼쳐지는 독특한 분위기의 축제. 시공간을 뛰어넘는 특별하고 다채로운 체험을 할 수 있다.

매년 7월 (보름달이 뜨는 주말)

자다르 풀문 축제 Zadar Full Moon Festival

자다르 구시가지 및 해변가에서

석양이 아름다운 자다르 해안에서 펼쳐지는 전통 음악, 음식, 수공예품 축제. 보름달 아래서 전통 배를 타고 신선한 해산물을 맛볼 수 있는 특별한 경험을 하기 위해 전 유럽의 여행자들이 몰려온다.

슬로베니아 Slovenia

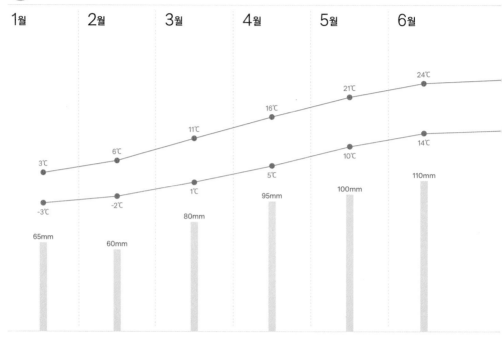

	1월	2월	3월	4월	5월	6월
최고 기온	3℃	6℃	11℃	16℃	21℃	24℃
최저 기온	-3℃	-2℃	1℃	5℃	10℃	14℃
강수량	65mm	60mm	80mm	95mm	100mm	110mm

알프스 지역은 여전히 쌀쌀하지만, 저지대는 매일 매일 기온이 올라간다. 트리글라브 국립 공원 주변은 푸른 자연이 살아나며, 하이킹 시즌이 시작된다.

내륙 지역은 덥지만 크로아티아보다 약간 서늘하다. 알프스 지역에서는 여전히 시원하며, 트레킹과 등산이 활발하다. 블레드 호수, 보힌 호수 주변은 여름 피서지로 각광받는다.

슬로베니아의 공휴일 *2025년 기준

- **1월 1일~2일** 새해 연휴
- **2월 8일** 프레셰렌의 날
- **4월 27일** 점령에 대한 반란의 날
- **5월 1일~2일** 노동절 연휴
- **6월 25일** 국가의 날
- **8월 15일** 성모승천 대축일
- **10월 31일** 종교개혁 기념일
- **11월 1일** 모든 성인 대축일
- **12월 25일** 크리스마스
- **12월 26일** 독립과 통일의 날

대표 축제

매년 2월~3월

푸스트 축제 Fašenk or Pust

슬로베니아 전역에서

슬로베니아에서 가장 오래된 전통 가면 축제로, 겨울을 쫓고 봄을 맞이하는 의식이다. 이 축제는 가톨릭의 사순절이 시작되기 전 주말과 화요일에 열리며, 슬로베니아 전역에서 지역별로 특화된 다양한 행사와 퍼레이드가 펼쳐진다.

*류블랴나 기준 ● 평균 최고 기온 ● 평균 최저 기온 ■ 강수량

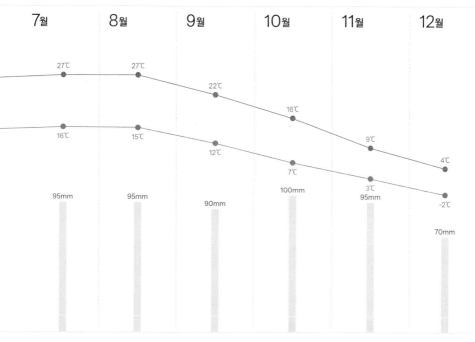

	7월	8월	9월	10월	11월	12월
평균 최고 기온	27℃	27℃	22℃	16℃	9℃	4℃
평균 최저 기온	16℃	15℃	12℃	7℃	3℃	-2℃
강수량	95mm	95mm	90mm	100mm	95mm	70mm

단풍이 아름답게 물들며, 블레드 호수 주변은 환상적인 풍경으로 변한다. 와인 생산지(프리모르스카 지역)에서 와인 축제가 열린다. 슬로베니아는 크로아티아보다 조금 더 일찍 가을이 시작된다.

알프스 자락에 위치한 보힌 지역은 스키와 겨울 스포츠 시즌이 시작된다. 류블랴나와 블레드의 눈 덮인 겨울 풍경도 낭만적이다. 단, 겨울 스포츠를 즐기는 경우를 제외하고는 비수기에 해당하므로 모든 것이 제한되고 불편하다.

매년 7월 말

블레드 크림케이크 축제 Bled Days and Bled Night

블레드 호수 주변에서

블레드의 대표 디저트인 크림케이크와 함께 지역 전통 음식을 즐길 수 있는 축제. 밤에는 불꽃놀이와 라이브 음악이 도시를 물들인다.

매년 11월

류블랴나 국제 영화제

LIFFe - Ljubljana International Film Festival

류블랴나의 여러 극장에서

전 세계 영화 제작자와 관객이 모여 독립 영화, 다큐멘터리, 단편 영화를 감상할 수 있는 기회로, 출품작들의 수준이 매우 높다.

믿고 따라가는 추천 여행 코스

COURSE ①

크로아티아 하이라이트 코스

여행 기간 7일

항공편 자그레브 IN, 두브로브니크 OUT

TIP 대부분 도시에서 1박씩 머물고 이동하는 루트로, 오전 일찍 출발해야 하루를 알차게 활용할 있다. 이 코스를 그대로 따라갈 경우 두브로브니크로 향할수록 물가가 비싸지는 경향이 있다. 자그레브보다 최소 1.5배는 모든 경비가 비싸지고, 인파도 많아진다.

DAY 1 자그레브

- AM 반 옐라치치 광장에서 시작해서 북쪽으로 이어지는 구시가지
- PM 일리차 거리에서 토미슬라브 광장까지 녹지대를 따라 남쪽으로 이어지는 신시가지
- H 자그레브

DAY 2 자그레브-플리트비체 호수 국립공원

- AM 자그레브에서 플리트비체로 이동
  - 약 2시간
- PM 16개의 아름다운 호수와 폭포를 연결하는 하이킹 코스 완주
  - 약 30분
- H 라스토케

DAY 3 라스토케-자다르

- AM 라스토케 숙소 체크아웃
  - 약 2시간
- AM 로마 유적지가 보존되어 있는 자다르 구시가지
- PM '바다 오르간'과 '태양의 인사'가 있는 해변가에서 여유로운 시간 보내기
- PM 자다르 해안 레스토랑에서 신선한 해산물 요리 맛보기
- H 자다르

DAY 4 자다르-스플리트

- AM 자다르 숙소 체크아웃
  - 약 1시간 30분
- AM 스플리트 구시가지 디오클레티아누스 궁전
- PM 마르얀 언덕 하이킹 또는 도시 전망 감상
- PM 레스토랑 부페 피페에서 해산물 요리 맛보기
- H 스플리트

DAY 5 스플리트-두브로브니크

- AM 멋진 해안 도로를 따라 두브로브니크로 이동
  - 약 3시간
- PM 두브로브니크 구시가지 도착, 스트라둔 거리 산책
- H 두브로브니크

DAY 6 두브로브니크

- AM 구시가지 성벽 투어
- PM 케이블카를 타고 스르지산 정상에서 두브로브니크와 아드리아해 전망 감상
- PM 구시가지 스트라둔 대로에서 활기찬 저녁 산책 후 식사
- H 두브로브니크

DAY 7 두브로브니크

- AM 로크룸 섬 반나절 투어
- PM 올드타운 외곽과 해변에서 여유로운 시간, 쇼핑
- H 공항으로 이동해 여행 종료

COURSE ②

자그레브+이스트리아 반도 하이라이트 코스

여행 기간 6일

항공편 자그레브 IN, 자그레브 OUT

TIP 크로아티아 수도인 자그레브로 들어가서 이스트리아 반도를 일주하는 코스. 아드리아해의 아름다운 바다와 로마 유적지를 만날 수 있다. 달마티아 지역에 비해 대중교통이 덜 발달되었으므로 렌터카 이용을 권한다.

DAY 1 자그레브

AM 반 옐라치치 광장, 돌라치 시장, 성 마르크 교회와 고르니 그라드

PM 미마라 박물관, 현대미술관, 토미슬라브 광장이 있는 도니 그라드 산책

H 자그레브

DAY 2 자그레브-플리트비체 국립공원 (라스토케)

AM 자그레브에서 플리트비체로 이동

약 2시간

AM 플리트비체 국립공원 H 코스 하이킹

약 30분

PM 라스토케 마을 산책

H 라스토케 또는 플리트비체

DAY 3 플리트비체-풀라

AM 플리트비체에서 풀라로 이동 중 작은 마을이나 휴게소에서 짧은 휴식

약 3시간 30분

PM 풀라 도착 후 고대 로마 유적지

H 풀라

DAY 4 풀라-로비니-포레치

AM 해안도로를 따라 풀라에서 로비니로 이동

약 40분

AM 로비니 구시가지, 티타 광장, 성 유페미아 성당

약 1시간

PM 포레치 구시가지 산책

H 포레치

DAY 5 포레치-모토분

AM 포레치에서 모토분으로 이동

약 40분

AM 모토분의 중세 마을 성곽 걷기 및 트리플 요리 맛보기

PM 근처의 예술마을 탐방, 갤러리와 거리 음악가들의 공연 감상

H 모토분

DAY 6 모토분-자그레브

AM 모토분에서 자그레브로 이동

약 3~4시간

PM 자그레브 도착 후 자유 일정, 카페에서 커피 혹은 쇼핑으로 여행 마무리

COURSE ③

올어라운드 크로아티아 코스

여행 기간 12일

항공편 자그레브 IN, 두브로브니크 OUT

주요 교통수단 도시 내에서는 도보로 이동, 도시 간 이동은 렌터카를 활용하면 편리하며, 대중교통(버스, 페리)도 적절히 활용

TIP 주차난이 심각한 두브로브니크나 스플리트 같은 대도시는 도착 직후 렌터카를 반납하는 것이 좋다. 스플리트-흐바르 섬-두브로브니크 구간의 페리는 성수기에만 운행되므로 이 시기가 아니라면 스플리트로 돌아와 두브로브니크까지 육로로 이동해야 한다.

DAY 1 자그레브

AM 반 옐라치치 광장, 돌라츠 시장, 성 마르크 교회 등이 있는 구시가지

PM 미마라 박물관 또는 현대미술관 등이 있는 신시가지

H 자그레브

DAY 2 자그레브-이스트리아 반도 로비니

AM 자그레브 숙소 체크아웃

약 3~4시간

PM 성 유페미아 성당이 있는 로비니 구시가지 산책

H 로비니

DAY 3 로비니-포레치

AM 로비니 구시가지 골목 탐험 또는 해안에서 수영

약 40분

PM 포레치 올드타운

약 40분

H 포레치

DAY 4 포레치-모토분-풀라

AM 포레치 숙소 체크아웃

약 40분

AM 모토분 성벽 산책, 트리플 요리 시식

약 1시간 30분

PM 풀라 구시가지 로마 유적지

H 풀라

DAY 5 풀라-플리트비체 국립공원

AM 풀라 숙소 체크아웃

약 3시간

PM 플리트비체 국립공원 하이킹 및 보트 투어

H 플리트비체 국립공원 인근

DAY 6 플리트비체 국립공원-자다르

AM 플리트비체 국립공원 인근 숙소 체크아웃

약 2시간

PM '바다 오르간', '태양의 인사'가 있는 자다르 구시가지 에서 석양 보기

H 자다르

DAY 7 자다르-트로기르

AM 자다르 콜로바레 비치에서 수영

약 1시간 30분

PM 트로기르 구시가지와 치오보 섬

H 트로기르

DAY 8 트로기르-스플리트

AM 트로기르 숙소 체크아웃

약 30분

AM 디오클레티아누스 궁전이 있는 스플리트 구시가지

PM 바츠비체 비치에서 수영 후 마르얀 언덕에서 석양 보기

H 스플리트

DAY 9 스플리트-흐바르 섬

AM 스플리트 페리터미널

약 1시간

AM 흐바르 섬 흐바르타운 골목 산책

PM 포르티카 요새에 오른 후 보니 비치에서 수영

H 흐바르 섬

DAY 10 흐바르 섬-두브로브니크

AM 흐바르 섬 숙소 체크아웃

약 3시간 30분

PM 두브로브니크 구시가지 스트라둔 거리 산책

H 두브로브니크

DAY 11 두브로브니크

AM 두브로브니크 성벽 투어

PM 케이블카를 타고 스르지산 전망대 오르기

H 두브로브니크

DAY 12 두브로브니크

AM 구시가지 올드포트

약 10분

AM 로크룸 섬 해변 휴식

약 10분

PM 기념품 쇼핑 및 마지막으로 구시가지 산책

COURSE ④

크로아티아 & 슬로베니아 일석이조 코스

여행 기간 14일

항공편 자그레브 IN, 두브로브니크 OUT

TIP 대중교통만으로 이동할 때는 이 일정에서 1~2일의 여유를 두는 것이 좋다. 항공 노선에 따라 류블랴나 in을 선택할 수도 있고, 두브로브니크에서 시작해 거꾸로 이동하는 방법도 있다. 구간별로 2~3일씩 렌터카를 활용하면 더 효율적으로 이동할 수 있다.

DAY 1 자그레브

AM 반 옐라치치 광장, 돌라츠 시장, 성 마르크 교회 등이 있는 구시가지

PM 초록 말발굽을 따라 걷는 신시가지 산책

H 자그레브

DAY 2 자그레브-블레드 호수

AM 자그레브 숙소 체크아웃

약 2시간 30분

PM 블레드 호숫가의 블레드 성, 전통 배를 타고 블레드 섬 방문

H 블레드

DAY 3 블레드 호수-보힌 호수

AM 모닝 커피와 함께 블레드 크림케이크 시식

약 30분

AM 보힌 호숫가 하이킹

약 10분

PM 보겔산 케이블카

약 10분

H 보힌

DAY 4 보힌 호수-류블랴나

AM 보힌 숙소 체크아웃

약 1시간

PM 류블랴나 구시가지 프레셰렌 광장과 류블랴나 성

H 류블랴나

DAY 5 류블랴나-포스토이나 동굴 & 프레드야마 성-류블랴나

AM 류블랴나에서 포스토이나로 이동

약 40분

AM 포스토이나 동굴 탐험

약 15분

PM 프레드야마 성 방문 후 류블랴나로 이동

약 1시간

H 류블랴나

DAY 6 류블랴나-피란-포레치

- AM 류블랴나 숙소 체크아웃
  - 약 2시간
- AM 피란의 구시가지 광장과 성 조지 대성당
- PM 피란의 성벽 걷기
  - 약 1시간
- H 포레치

DAY 7 포레치-모토분-로비니

- AM 포레치 올드타운과 유프라시안 성당
  - 약 1시간
- PM 모토분 성벽, 구시가지에서 트리플 요리 시식
  - 약 1시간
- H 로비니

DAY 8 로비니-풀라

- AM 로비니 올드타운과 그라시아 거리 산책
  - 약 1시간
- PM 풀라 로마 유적 탐방, 이스트리아 와인 시음
- H 풀라

DAY 9 풀라-플리트비체 국립공원-라스토케

- AM 풀라 숙소 체크아웃
  - 약 3시간 30분
- PM 플리트비체 국립공원 하이킹 및 보트 투어
  - 약 30분
- H 라스토케

DAY 10 라스토케-자다르

- AM 라스토케 동네 산책
  - 약 2시간
- PM 자다르 콜레바르 비치에서 수영
- PM 자다르 구시가지, '바다 오르간'과 '태양의 인사'에서 석양 보기
- H 자다르

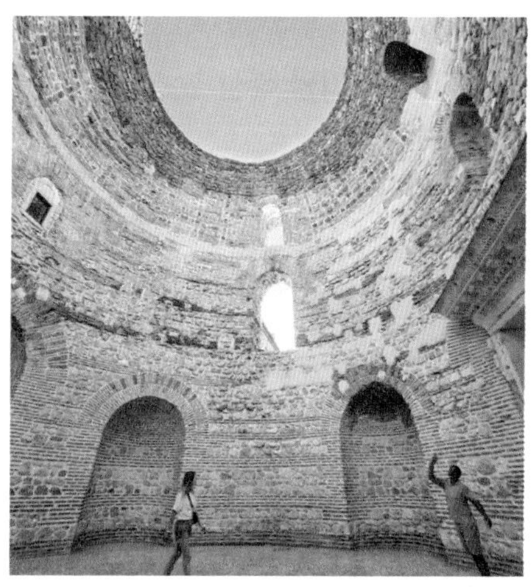

DAY 11 자다르-스플리트

- AM 자다르 숙소 체크아웃
  - 약 2시간(*렌터카라면 스플리트 도착 즉시 반납할 것!)
- PM 디오클레티아누스 궁전이 있는 구시가지
- PM 마르얀 언덕에서의 일몰 감상
- H 스플리트

DAY 12 스플리트-흐바르 섬-두브로브니크

- AM 스플리트 페리터미널
  - 약 1시간
- PM 흐바르 섬 광장에서 포르티카 요새까지 산책, 라벤더 제품 쇼핑
  - 약 3시간 30분
- H 두브로브니크

DAY 13 두브로브니크

- AM 두브로브니크 성벽 투어
- PM 스트라둔 거리 산책, 스르지산 전망대
- H 두브로브니크

DAY 14 두브로브니크

- AM 올드포트에서 배(10분)를 타고 로크룸 섬 방문
- PM 기념품 쇼핑 및 해변 휴식

COURSE ⑤

캐피털 투 캐피털 핵심 코스

여행 기간 4일

항공편 자그레브 IN & OUT

TIP 두 나라의 수도를 중심으로 핵심 여행지를 돌아보는 단기 코스. 한국에서 직항편을 이용해 자그레브로 입국한 후 짧은 시간 동안 효율적으로 두 나라를 여행하고 다시 자그레브로 돌아와 출국하는 일정이다. 자그레브에서 플리트비체 국립공원으로, 그리고 류블랴나에서 블레드 호수로 갈 때는 현지의 원데이 투어를 이용해도 되고, 렌터카를 이용해도 하루 3시간 이내의 이동 거리여서 부담 없는 코스다.

DAY 1 인천-자그레브

- AM 자그레브 공항 또는 기차역 도착 후 호텔 체크인
- PM 자그레브 시내 관광, 트칼치체바 거리에서 저녁 식사 및 맥주 한 잔
- H 자그레브

DAY 2 자그레브-플리트비체 국립공원-류블랴나

- AM 자그레브 숙소 체크아웃
  - 약 2시간
- AM 플리트비체 국립공원 하이킹(약 4~5시간)
  - 약 3시간
- PM 류블랴나 도착 후 체크인
- PM 류블랴나 성에서 야경 감상
- H 류블랴나

DAY 3 류블랴나-블레드 호수-포스토이나 동굴-류블랴나

- AM 블레드 호수로 이동
  - 약 45분
- AM 블레드 호수, 블레드 성, 블레드 섬 방문
  - 약 1시간
- PM 포스토이나 동굴 탐방, 프레드야마 성 방문
  - 약 1시간
- PM 류블랴나 강변 바에서 와인 한 잔
- H 류블랴나

DAY 4 류블랴나-자그레브 & 귀국

- AM 류블랴나 강변 따라 시내 관광
- PM 자그레브로 이동
  - 약 2시간
- PM 자그레브에서 공항 이동 및 귀국

COURSE ⑥

슬로베니아 하이라이트 코스

여행 기간 5일

항공편 류블랴나 IN, 류블랴나 OUT

TIP 슬로베니아의 하이라이트 관광지를 효율적으로 돌아 보는 코스. 동서남북 어디를 가도 3시간이 넘지 않는 슬로베니아에서는 류블랴나에 숙박을 정하고 하루씩 오가도 좋고, 각 도시마다 숙소를 정해도 좋다. 크로아티아보다 슬로베니아가 대중교통편도 더 발달되어 있다.
이탈리아나 헝가리 등 인근 국가의 도시들과 연계하여 출도착 도시를 정하면 좀더 여유 있는 일정이 된다.

DAY 1 류블랴나

- AM 류블랴나 역 또는 버스정류장 도착
- AM 프레셰렌 광장에서 류블랴나 성까지 도시 산책
- PM 슬로베니아 전통음식 클로바사로 점심 식사
- PM 류블랴나 강변 카페와 시장 탐방
- H 류블랴나

DAY 2 류블랴나-블레드

- AM 블레드 호수로 이동
  - 약 1시간
- AM 블레드 성에서 블레드 호수 조망
  - 셔틀 버스 약 15분 30분
- PM 블레드 호수 선착장에서 블레드 섬으로 이동
  - 보트 15분
- PM 블레드 섬에서 블레드 크림케이크 맛보기, 호수 하이킹
- H 블레드

DAY 3 블레드-보힌-류블랴나

- AM 블레드에서 보힌으로 이동
  - 약 30분
- AM 보힌 호수 한 바퀴
  - 약 7분
- PM 보겔산 전망대
  - 약 1시간 20분
- H 류블랴나

DAY 4 류블랴나-포스토이나 동굴 공원-류블랴나

- AM 류블랴나에서 포스토이나 동굴로 이동
  - 약 40분
- AM 포스토이나 동굴 투어
  - 약 15분
- PM 프레드야마 성
  - 약 50분
- H 류블랴나

DAY 5 류블랴나-피란-류블랴나

- AM 류블랴나에서 피란으로 이동
  - 약 1시간 30분
- AM 좁은 골목과 베네치아풍 건축물이 있는 피란 구시가지
- PM 해안가 레스토랑에서 신선한 해산물 요리 맛보기, 바다로 뛰어들어 수영하기
- PM 류블랴나로 귀환 또는 이탈리아나 크로아티아의 다른 도시로 이동

이동의 자유를 보장할 교통편 완전정복

가장 긴 거리인 국제선 구간은 비행기로, 현지의 소도시들 간의 이동은 렌터카로,
그리고 큼직큼직한 대도시를 이동할 때는 장거리 버스로.
마지막으로 크로아티아와 슬로베니아 구간에서는 기차로.
크로아티아와 슬로베니아를 여행하는 내내 여행자의 발이 되어줄 교통편을 종류별로 정리했다.

비행기 Airplane

한국에서는 물론이고 유럽 각 도시에서 두 나라로 이동할 때 가장 빠른 교통수단은 비행기다. 대한항공에 이어 티웨이 항공이 자그레브 직항을 운행하면서 크로아티아로 가는 길이 훨씬 가까워졌다.

크로아티아로 향하는 항공편은 주로 인천 국제공항에서 출발하여 자그레브 국제공항이나 두브로브니크 공항에 도착한다. 직항편과 경유편이 있으며, 항공사와 노선에 따라 경유지와 비행 시간이 다를 수 있다. 크로아티아와 슬로베니아 두 나라만을 여행한다면 자그레브나 류블랴나로 들어가서(IN) 두브로브니크에서 여행을 마무리(OUT) 하는 동선(혹은 반대 방향)이 대중적이다.

인천-크로아티아 직항 노선

대한민국에서 크로아티아로 운항하는 주요 항공사로는 대한항공, 티웨이 항공, 루프트한자, 터키항공, LOT 폴란드 항공, 아랍에미리트, 에어프랑스 등이 있다. 이때 유럽이나 중동의 도시를 경유하면 선택의 폭이 훨씬 넓어진다. 참고로, 대한민국 경상도 크기의 슬로베니아에서는 수도 류블랴나에 유일한 국제공항이 있다.

	운행 노선	운행 횟수	비행 시간
티웨이 항공	인천→자그레브	주 3회(화, 목, 토)	약 15시간(경유 포함)
	자그레브→인천	주 3회(화, 목, 토)	약 11시간
대한항공	인천→자그레브	주 3회(화, 목, 토)	약 11시간
	자그레브→인천	주 3회(화, 목, 토)	약 11시간 20분

티웨이 항공의 경우, 인천에서 자그레브로 갈 때 급유를 위해 키르기스스탄 비슈케크 공항을 경유한다. 이때, 승객은 내리지 않는다.

크로아티아 국내선, 크로아티아 항공 Croatia Airlines

크로아티아와 슬로베니아는 국내선 항공편이 발달된 나라는 아니다. 그러나 유럽의 도시를 경유해 크로아티아에 도착할 때, 혹은 크로아티아 내에서 이동할 때는 주로 국적기인 크로아티아 항공을 이용하게 된다. 크로아티아 항공은 국내선뿐만 아니라 국제선도 운항하며, 총 8개의 국내선 목적지와 26개의 국제선 목적지로 연결된다.
한국에서 직항으로 크로아티아에 도착할 경우 자그레브 출도착만 가능한데, 이때 두브로브니크까지 여행을 끝내고 다시 자그레브로 돌아오는 국내선 노선은 매우 유용하다.

출발	소요 시간	도착
두브로브니크DBV ←	약 1시간 10분	→ **자그레브**ZAG
스플리트SPU ←	약 45분	→ **자그레브**ZAG
자다르ZAD ←	약 45분	→ **자그레브**ZAG
풀라PUY ←	약 50분	→ **자그레브**ZAG
리예카RJK ←	약 40분	→ **자그레브**ZAG

크로아티아 항공 🏠 www.croatiaairlines.com
자그레브 공항 🏠 www.zagreb-airport.hr
두브로브니크 공항 🏠 www.airport-dubrovnik.hr

항공권 발권 요령

❶ 항공권은 미리 예약할수록 저렴하다. 성수기에 두 나라를 방문한다면 심하다 싶을만큼 서두르는 것이 좋다. 6개월 전부터 서칭하고 가격 추이를 지켜보자.

❷ 출발 및 도착 날짜를 유연하게 조정하면 더 저렴한 항공편을 찾을 수 있다. IN, OUT 도시가 같을 경우 더 저렴하다. 하지만 이 경우 국내선 항공이 추가되므로 다구간과의 요금 차이를 잘 따져봐야 한다.

❸ 애플리케이션을 통한 앱 체크인이 가능해지면서 전 세계 주요 공항에서는 아예 보딩패스가 없어지는 추세이니, 발권한 항공사의 애플리케이션은 무조건 다운받고 회원가입을 하자.

❹ 새벽 시간과 밤늦은 시간대에는 낮 시간에 비해 항공료가 저렴해지므로, 이 시간대를 공략한다. 같은 노선이더라도 항공사마다 요금이 다르고, 하루에도 예매하는 시점에 따라 요금이 달라진다.

렌터카 Rent a Car

크로아티아와 슬로베니아는 렌터카 여행의 천국이다. 구석구석 멈추고 싶은 절경이 숨어 있고, 놓치고 싶지 않은 소도시가 쉬어가라 유혹한다. 운전자들의 매너도 좋은 편이고, 극성수기를 제외하고는 도로 사정도 여유롭다. 여기에 더해 조금 불편한 대중교통도 렌터카 여행을 부추기는 요인이다. 낯선 외국에서의 운전을 망설이고 있다면, 이 두 나라에서는 용기를 내보자.

	풀라	포레치	로비니	플리트비체	자다르	트로기르	스플리트	두브로브니크
자그레브	267km 3시간 20분	278km 3시간 30분	252km 3시간 10분	130km 1시간 40분	285km 3시간 30분	380km 4시간 45분	410km 5시간 10분	600km 7시간 30분
풀라	-	56km 50분	36km 30분	350km 4시간 20분	400km 5시간	480km 6시간	510km 6시간 20분	700km 8시간 45분
포레치	-	-	35km 40분	360km 4시간 30분	410km 5시간 10분	490km 6시간 10분	520km 6시간 20분	710km 8시간 50분
로비니	-	-	-	340km 4시간 15분	390km 4시간 50분	470km 5시간 50분	500km 6시간 15분	690km 8시간 40분
플리트비체	-	-	-	-	120km 1시간 30분	210km 2시간 40분	240km 3시간	430km 5시간 20분
자다르	-	-	-	-	-	130km 1시간 40분	160km 2시간	350km 4시간 20분
트로기르	-	-	-	-	-	-	30km 25분	240km 3시간
스플리트	-	-	-	-	-	-	-	210km 2시간 40분

렌터카 예약 시 고려해야 할 사항

1일 요금에 속지 말자

보통 팝업창이나 광고지에 적힌 가격은 최소 7일 이상 빌렸을 경우 1일 요금을 표시한 것이고, 이때 보험료 등의 제반 비용이 제외된 경우가 많다. 따라서 렌트비가 저렴한 회사일수록 1일 보험료가 얼마나 추가되는지 여부와 주행거리 제한 여부 등을 미리 확인해야 한다. 또한 픽업과 드롭 지점이 다를 경우의 추가 요금에 대해서도 미리 확인해야 한다.

한국에서 예약하면 편리하다

성수기라면 무조건 한국에서 미리 예약해야 한다. 성수기에는 현지에서 차량 수급이 쉽지 않고 도시별로 요금이 천정부지로 치솟기도 하는데 선예약을 통해 안정적으로 차량을 확보할 수 있기 때문이다. 글로벌 렌터카 허츠 Hertz의 경우, 한국어 사이트를 통해 유럽 각 지역의 프로모션 요금을 지속적으로 선보이고 있어서 이를 잘 활용하면 여러모로 편리하다. 회원 가입할 때 기입해 둔 한국 내 운전면허증 번호만으로 현지에서 별도의 절차 없이 바로 차량을 인수할 수 있다.

차량 종류 및 크기는 일행과 일정에 따라

여행 인원과 짐의 양을 고려하여 적절한 차량을 선택한다. 도시 주행이 많다면 주차에 용이한 소형차가, 장거리나 산악 지역을 주행할 예정이라면 중형차나 SUV가 적합하다.

오토 차량은 더 일찍 예약해야 한다

유럽에서는 오토 차량 빌리기가 쉽지 않다. 차종도 제한되어 있고 수량도 많지 않아서 비용이 더 비싼데도 일찍 예약이 마감된다. 여행 동선이 결정되면 일정에 맞춰 예약을 서둘러야 한다.

보험 조건 확인은 필수

자차 보험CDW, Collision Damage Waiver이 포함되었는지 확인해야 한다. 국경을 넘을 계획이라면, 국경 횡단비Cross Border Fee가 포함된 렌트인지 확인하고, 도난 방지 보험THW, Theft Waiver 가입 여부도 체크! 가능하면 이 모든 것이 포함된 풀커버리지로 선택하는 것이 좋다.

추천 렌터카 업체

허츠 코리아 Hertz Korea 허츠는 전 세계적으로 운영되는 글로벌 렌터카 브랜드다. 한국에는 허츠 코리아가 있어서 유럽 현지에서도 한국어로 된 서비스를 받을 수 있다는 것이 최대 장점이다. 사전 예약하면 한국 고객 전용 할인 요금 및 추가 혜택(무료 업그레이드, 보험 혜택 등)을 받을 수 있고, 무엇보다 가장 최상의 컨디션으로 관리된 차량을 이용할 수 있다.

🏠 www.hertz.co.kr

유니 렌트 Uni Rent 크로아티아 로컬 렌터카계의 최강자. 주요 도시는 물론이고 소도시까지 가장 많은 지점을 운영하고 있다. 합리적인 가격과 다양한 차량 옵션을 제공한다. 특히 크로아티아 내에서의 여행에 적합하다.

🏠 www.uni-rent.net

테이크카스닷컴TakeCars.com 크로아티아와 슬로베니아에서 모두 이용 가능한 렌터카 서비스로, 다양한 차량과 투명한 조건을 제공한다. 보증금 없는 렌터카 옵션도 있다.

🏠 www.takecars.com

아반트카Avantcar 신형 차량과 친환경 옵션(전기차 등)을 제공하는 것이 특징이다. 류블랴나, 자그레브 등 주요 공항과 도심에서 이용할 수 있으며, 유럽 내 국경 이동이 가능한 렌트 옵션이 많다.

🏠 www.avantcar.si

출발 전 체크 사항

한국 운전면허증과 국제운전면허증을 모두 소지해야 차량을 인수할 수 있다. 차량 인수 시 외관과 내부 상태를 꼼꼼히 확인하고, 이상이 있다면 사진을 찍어둔다.

체크 리스트

- ☐ 의자와 백미러 세팅
- ☐ 휴대폰 거치대 설치
- ☐ 블루투스 연결
- ☐ 주유구 오픈(버튼 또는 여는 방법) 확인
- ☐ 사이드브레이크 체크
- ☐ 트렁크 개폐 확인
- ☐ 비상등 작동 및 위치 확인
- ☐ 방향 지시등과 와이퍼 작동법 확인
- ☐ 상향등 조작법 확인

주유와 주차

셀프 주유가 기본. 비어있는 주유기에 차를 세우고 주유한 후 편의점을 겸하는 계산대에서 정산한다. 이때 주유기의 번호를 기억하면 정산이 편리하다. 렌탈 시 해당 차량의 유종을 확인하는 것도 중요하다.
대도시(류블랴나, 자그레브)에서는 주차 공간이 턱없이 부족하므로 숙소 예약 시에 호텔 주차장 이용 여부를 확인해야 한다. 조금 과장하자면 극성수기에는 숙박비만큼이나 비싼 주차비를 낼 수도 있다.
거리 주차 시 반드시 유료 주차권을 뽑아 차량 앞 유리창에 비치해 둔다. 주차권 없이 주차하면 벌금! 또 현금만 가능한 주차기계가 많으니, 동전을 넉넉히 준비하는 것이 좋다.
일부 구도심은 차량 진입이 금지된 구역(예: 두브로브니크 구시가지)이 있는데, 두 나라 모두 대부분의 올드타운에서는 차량 통행이 금지된다.

주행 시 주의사항

❶ 크로아티아의 고속도로는 톨게이트 시스템. 입구에서 티켓을 뽑고, 출구에서 요금 지불하는 방식이다. 대부분 카드 결제도 가능하지만 소액이므로 현금을 준비하는 것이 좋다.

❷ 슬로베니아의 고속도로는 비넷Vignette이라는 스티커가 있어야 이용할 수 있다. 별도의 톨게이트는 없지만, 비넷 체크로 요금이 빠져나간다. 렌터카의 경우 대부분 연간권이 부착되어 추가 요금 없이 고속도로 통행이 가능하지만, 만약 포함되지 않았다면 주유소에서 개별적으로 구입해야 한다.

❸ 크로아티아 북쪽 도시에서 두브로브니크로 이동할 때는 보스니아 헤르체고비나의 도시 네움Neum을 지나야 한다. 일정 중에 이 구간이 있다면 출발 전 렌터카 회사에 국경 이동이 가능한지 반드시 확인해야 한다.

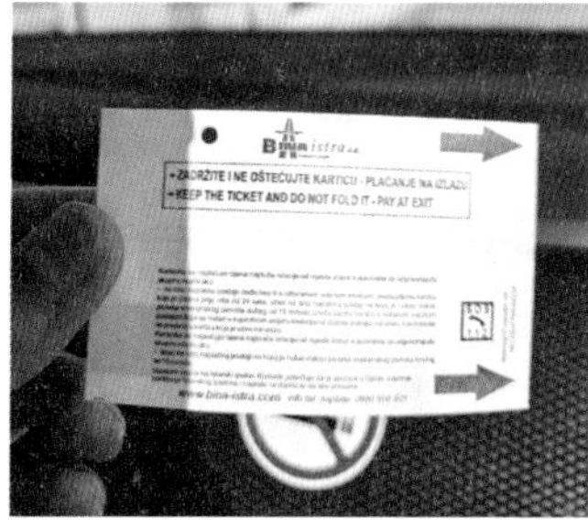

한눈에 보는 크로아티아 VS 슬로베니아

	크로아티아	슬로베니아
고속도로 통행료	톨게이트에서 결제	비넷Vignette 스티커 필수
국경 통과 시 가능 여부	네움 경유 시 확인 필요	크로아티아-슬로베니아 간 이동 가능 여부 확인
주차 주의점	도심 주차 어려움, 유료 주차 필수	도심 주차장 확보 필수
겨울철 운전	해안도로는 문제 없음	산악 지역 윈터 타이어 필수
음주운전 기준	혈중알코올농도 0.05% 이상 벌금	
제한 속도	도심 50km/h, 일반도로 90km/h, 고속도로 110~130km/h	

장거리 버스 Bus

장거리 버스는 크로아티아 여행자가 가장 많이 이용하는 교통수단이다. 비행기나 기차에 비해 노선 수가 많고, 무엇보다 버스터미널과 시내까지의 거리가 가까우며, 요금 또한 가장 저렴하기 때문이다. 그러나 서유럽이나 호주 등에 비해 시스템이 그리 원활하지는 않다. 성수기에는 안내도 없이 연착되거나 변경되는 일도 비일비재하다. 장거리 버스를 이용한다면, 무조건 출발 시간보다 일찍 나가고 볼 일이다.

한편, 슬로베니아의 장거리 버스는 국내 주요 도시와 인근 국가를 연결하는 효율적인 교통수단이다. 수도인 류블랴나를 중심으로 다양한 노선이 운영되며, 버스 네트워크가 잘 구축되어 있다.

주요 버스 회사

플릭스 버스 FlixBus 유럽 전역에서 가장 많이 이용하는 장거리 버스. 크로아티아와 슬로베니아 내 주요 도시 간 노선을 운행한다. 버스 안에 무료 와이파이, 전원 콘센트, 넉넉한 다리 공간, 수하물 공간 및 화장실 등의 편의시설을 갖추고 있다.

아리바 버스 Arriva 플릭스 버스와 함께 크로아티아와 슬로베니아에서 폭넓게 이용되는 장거리 버스. 동유럽 전역을 국경 없이 연결한다.

🏠 www.arriva.com.hr

크로아티아 버스 Croatia Bus 크로아티아의 대표적인 버스 회사. 20여 년 전 크로아티아 국내 노선으로 시작해서 현재는 유럽 내 다양한 국제 노선으로 확대 운영한다.

🏠 www.croatiabus.hr / www.croatiabus.getbybus.com

티켓 구매 및 예약

버스 티켓은 각 버스 회사의 공식 웹사이트나 현지 버스터미널에서 구매할 수 있다. 최근에는 많은 여행자들이 겟바이버스 GetByBus 앱을 통해 버스 정보를 확인하고 티켓을 예매한다.

GetByBus 🏠 www.getbybus.com

자그레브-유럽의 도시 간 장거리 버스

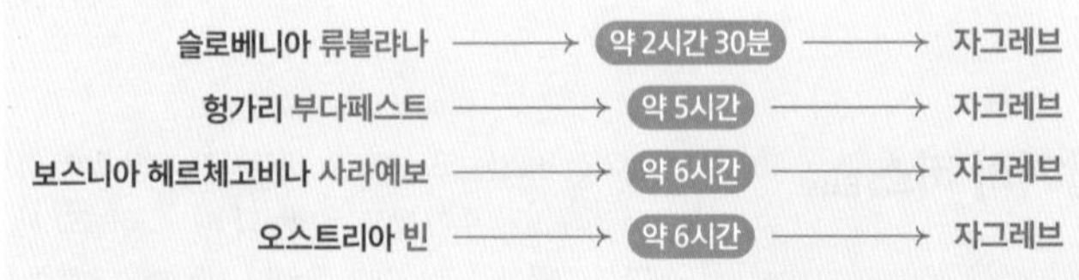

슬로베니아 류블랴나 → 약 2시간 30분 → 자그레브
헝가리 부다페스트 → 약 5시간 → 자그레브
보스니아 헤르체고비나 사라예보 → 약 6시간 → 자그레브
오스트리아 빈 → 약 6시간 → 자그레브

장거리 버스 이용 시 주의사항

1 버스 시간표는 계절이나 요일에 따라 변동될 수 있으므로, 여행 전에 최신 정보를 확인하는 것이 중요하다. 현지에서는 온라인 예매보다 현장 티켓팅이 더 일반적이다.
2 큰 짐은 버스 아래 수하물 칸에 넣고 탄다. 이때 짐 1개당 비용이 발생하는데, 현금만 가능하다. 또 일부 버스터미널에서는 현금 발권만 가능하므로, 미리 약간의 현금을 준비하는 것이 좋다.
3 대부분 지정 좌석이 아니므로 출발 시간보다 먼저 나가서 줄을 서는 것이 좋다. 가급적 창가 자리를 사수할 것.
4 예매하지 못했다면 일단 타고 보자. 검표원이나 기사에게 티켓을 직접 구입하는 경우도 많다.
5 늦을 수는 있어도 안 오지는 않는다. 스플리트, 자다르, 두브로브니크 같은 대도시에서는 비교적 시간을 잘 지키지만 소도시로 갈수록 연착이 잦다. 반면 일찍 도착하는 경우도 있으니 이래저래 미리 터미널에 나가서 기다리는 것이 답이다.

기차 타고 두 나라 여행하기

해안도로가 많은 크로아티아와 국토가 좁은 슬로베니아는 기차 여행이 발달된 나라들은 아니다. 모든 정규 열차에서 유레일 패스를 사용할 수 있지만 그보다는 로컬 기차표가 저렴한 편이고, 국내 노선보다는 유럽의 다른 도시와 연결하는 국제 노선이 발달되었다. 슬로베니아 수도 류블랴나와 크로아티아 수도 자그레브 사이에는 기차 이용도 추천할 만하다.
칸칸마다 객실로 구성된 기차 내부도 우리 눈에는 새로운 경험이고, 무엇보다 차창 밖으로 보이는 두 나라 시골 마을의 목가적인 풍경을 볼 수 있어서 매우 낭만적이다.

크로아티아 철도 🏠 www.hzpp.hr
슬로베니아 철도 🏠 www.slo-zeleznice.si
레일유로 🏠 www.raileurope.com

페리 Ferry

크로아티아는 수많은 섬과 해안선을 가지고 있어서 주요 도시와 섬들을 연결하는 페리 노선이 발달되어 있다. 아드리아해를 사이에 두고 마주보는 이탈리아와는 육로보다 페리로 오가는 것이 가까운 도시가 많다. 한편 내륙 국가인 슬로베니아에서는 성수기의 피란-베네치아 페리 노선이 유일하다.

페리 요금은 노선, 운항사, 좌석 종류, 계절 등에 따라 변동되고, 겨울 비수기에는 아예 운항이 정지되는 구간도 있다.

주요 페리 회사

야드롤리니아Jadrolinija 크로아티아 최대의 국영 페리 회사로, 국내 여러 섬과 해안 도시를 연결하는 다양한 노선을 운영한다. 국내 노선뿐만 아니라 이탈리아와 크로아티아를 연결하는 국제 노선도 운영하는데, 주요 노선으로는 바리-두브로브니크, 안코나-스플리트, 안코나-자다르 등이 있다.

🏠 www.jadrolinija.hr

카페탄 루카-크릴로 Kapetan Luka-Krilo 고속 카타마란 선박을 보유한 페리 회사로, 스플리트, 흐바르, 코르출라, 두브로브니크 등 인기 있는 해안 도시와 섬들을 연결한다.

🏠 www.krilo.hr

SNAV와 콤파스 Kompa 이탈리아와 크로아티아를 연결하는 페리 회사들로, SNAV의 주요 노선은 안코나-스플리트 구간이고. 콤파스의 주요 노선은 베네치아-풀라, 베네치아-포레치, 베네치아-로비니 등이 있다.

SNAV 🏠 www.snav.it 콤파스 🏠 www.kompas-travel.com

크로아티아와 이탈리아 간 페리

운행 노선	운행 회사	운행 횟수	소요 시간
스플리트 ⇔ 안코나	SNAV와 Jadrolinija	주 3회 운항	약 11시간~11시간 30분
자다르 ⇔ 안코나	Jadrolinija	매일 1회 운항	약 7시간
두브로브니크 ⇔ 바리	Jadrolinija	주 3회 운항	약 8시간
풀라 ⇔ 베네치아	Kompas	주 5회 운항	약 3시간 30분

페리 예약 시 주의할 점

1 사전 예약 필수. 특히 성수기

여름철(6~9월)에는 크로아티아 국내선 및 국제선 페리 티켓이 빠르게 매진되므로 미리 온라인으로 예약하는 것이 좋다. Jadrolinija, SNAV, Krilo 등의 공식 웹사이트 또는 다이렉트 페리스 Direct Ferries 같은 예약 플랫폼을 이용하면 편리하다.

2 출발 시간 & 노선 확인

운항 스케줄은 계절에 따라 변경될 수 있으므로, 예약 전 최신 정보를 확인해야 한다. 이탈리아 행 국제선 페리는 야간 운항이 많으므로, 숙소 및 도착 후 일정도 고려한다.

3 차량 탑승 여부 체크

차량을 동반할 경우 차량 크기 및 탑승 가능 여부를 사전에 확인하고 예약해야 한다. 일부 노선(특히 고속 페리)은 차량 탑승이 불가능할 수 있다.

4 좌석 종류 선택

일반석, 비즈니스석, 침대형 객실 등 다양한 옵션이 있다. 야간 페리 이용 시에는 침대형 객실도 고려할 만하다. 저렴한 이코노미 좌석은 별도의 좌석 지정 없이 선착순이니, 가급적 빨리 탑승하도록 하자.

승선할 때 주의할 점

1 탑승 시간 준수

국내선은 출발 30~45분 전, 국제선은 출발 60~90분 전까지 터미널에 도착해야 한다. 차량을 동반한 경우 더 일찍 도착하는 것이 좋다.

2 신분증 & 티켓 준비

국내선은 일반적으로 신분증 검사가 필요 없지만, 국제선은 여권 필수. QR코드 또는 인쇄된 티켓을 준비하면 빠르게 탑승할 수 있다.

3 수하물 규정 확인

일반적으로 기내 반입 수하물(배낭, 캐리어 등)과 추가 짐 요금 규정이 있다. 일부 페리는 큰 캐리어를 별도 보관해야 할 수도 있으니, 미리 확인하자.

4 날씨 영향 확인

크로아티아 해안 지역은 날씨 변화가 잦아, 강풍이나 폭풍우로 인해 페리가 지연되거나 취소될 수 있다. 출발 전 운항 여부를 다시 한 번 확인할 것!

5 국제선 세관 및 입국 절차

크로아티아-이탈리아 간 페리는 국경을 넘는 것이므로, 세관 및 입국 심사가 필요할 수 있다. 특히 차량 동반 시 추가 검사가 있을 수 있으니, 여유 시간을 갖고 대기하자.

PART 2

가장 멋진 크로아티아 & 슬로베니아 테마 여행

우리가 미처 몰랐던

꼬꼬무 키워드

크로아티아 사람들은 느긋하다. 바쁜 여행자들에게 천천히 걸어도 괜찮다고 말한다. 조금 느린 듯해도 중요한 것을 놓치지 않으려 애쓰며, 옛것을 지키는 것에 자부심을 가지고 있다. 21세기에도 어린왕자의 별처럼 밤이 되면 점등인이 불을 밝히는 도시가 있다는 사실, 놀랍지 않은가.

Pomalo

CROATIA

#포말로 Pomalo

덴마크에 '휘게'가 있다면, 크로아티아에는 '포말로'가 있다. 크로아티아어에서 포말로는 '천천히', '서두르지 않고', '느긋하게'라는 의미. 이는 단순한 단어 그 이상으로, 크로아티아 사람들의 삶의 방식과 철학을 반영하는 표현이다.

만나고 헤어질 때 "잘 지내~"라는 의미로 사용하기도 하고, 일상 대화에서 추임새처럼 사용될 때는 "천천히 해도 괜찮아"라는 느낌을 전달하는 단어다.

원래 이 단어는 크로아티아에서도 **달마티아** 지역에서 사용하던 단어라고 한다. 아드리아해와 접하고 있는 이 지역 사람들은 삶을 즐기고 현재를 사는 것을 중요하게 여긴다. 포말로는 느긋하게 바다와 태양을 즐기는 크로아티아 사람들의 생활 방식 그 자체다.

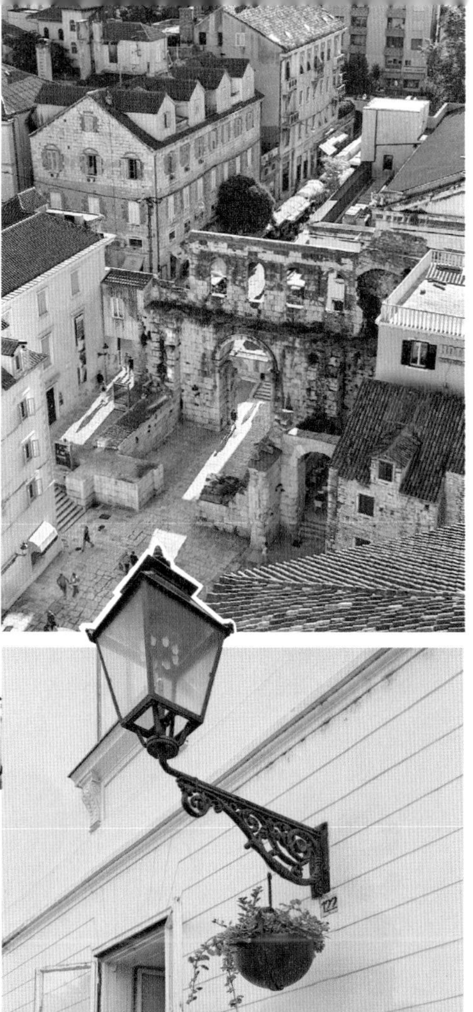

#달마시안 Dalmatians

디즈니 애니메이션 〈101마리 달마시안101 Dalmatians〉은 전 세계적으로 유명한 달마시안 강아지들의 이야기다. 그런데 바로 그 달마시안들의 고향이 크로아티아라는 사실을 아는 사람은 많지 않다.

달마시안은 크로아티아의 달마티아 지역에서 유래한 견종이다. 흰색 바탕에 검은 점이 있는 개들이 달마티아 지역에서 오랫동안 존재해 왔으며, 고대 석판, 회화, 문서 등에서 이 개들의 모습을 발견할 수 있다. 초기에는 사냥개, 마차 호위견, 경비견 등으로 사용되었고, 이후 영국과 미국에서는 사람들을 보호하고, 말과 소방장비를 **지키는 역할**을 했다.

한국에 진돗개가 있다면, 크로아티아에는 달마시안이 있다!

#가스등 Plinska lampa(Gas lamp)

크로아티아, 특히 수도 자그레브는 전통 가스등으로 유명하다. 19세기부터 이어져 온 도시의 상징적인 문화유산으로, 오늘날까지도 도시의 밤을 지키는 주요한 역할을 하고 있다.

자그레브의 가스등은 1863년에 처음 설치되었다. 자그레브 구시가지인 그라데츠Gradec와 캅톨Kaptol 지역을 중심으로 설치되었으며, 오늘날에도 약 200여 개의 가스등이 존재한다.

자그레브의 가스등이 유명한 이유는 여전히 '가스등 점등사'라는 직업을 가진 사람들이 직접 하나씩 점등하고, 아침에는 불을 끄는 전통이 유지되고 있기 때문. 가스등은 정기적으로 관리되며 자그레브 시에서 이 모든 것을 담당하고 있다.

슬로베니아라는 영문 이름에는 세 가지 키워드가 숨어있다.
슬로우, 러브, 마니아. 이는 이 작은 나라가
세계의 여행자들에게 건네는 매력적인 선물과 같다.
'천천히, 사랑하며, 찐하게' 여행할 수 있는 곳.
그곳으로 오라고 말이다.

#SLOw

'슬로우'는 느림, 여유로운 삶의 방식을 강조한다.
슬로베니아는 자연과 조화를 이루며 천천히 삶을 즐기는 문화를 가지고 있다. 급하게 관광지를 돌기보다, 자연 속에서 하이킹을 하고, 와인을 음미하며, 소도시를 탐방하는 식의 여행이 슬로베니아답다.

S L  V E

#LOVE

'러브'는 사랑과 따뜻한 환대, 사람들과의 교감을 나타낸다.
작지만 따뜻하고 환영하는 분위기가 가득한 이 나라에서 현지인들은 방문객을 친절하게 맞이한다. 수도인 류블랴나Ljubljana는 슬로베니아어로 '사랑스러운'이라는 의미를 가지고 있다.

N I A

#MAnia

'마니아'는 강렬한 열정과 독특한 매력을 상징한다.

작지만 열정적인 나라, 다양한 모험 스포츠(래프팅, 암벽등반, 동굴 탐험)와 액티비티가 슬로베니아 곳곳에 가득하다. 누구라도 이 땅에서는 열정적인 마니아가 된다.

길을 잃어도 좋을

골목길 풍경

여행이 끝난 후 기억에 저장되는 하나의 장면. 크로아티아와 슬로베니아는 유난히 골목 풍경이 기억에 남는다. 세월이 만든 반질반질한 돌바닥을 따라가면 그 끝이 바다와 맞닿아 있던 탓일까. 길을 잃어도 좋을 두 나라의 골목 스폿을 소개한다.

Croatia

유네스코 세계문화유산에 등재된 두브로브니크의 구시가지 골목

매력 포인트

① 좁고 구불구불한 골목들은 중세 시대의 석조 건물, 성벽, 작은 광장으로 연결된다.

② 하얀 돌바닥이 햇빛에 반사되면 골목 전체가 눈부시게 반짝인다.

추천 장소

스트라둔에서 모세혈관처럼 이어지는 작은 골목들

Croatia

베네치아를 닮은 로비니의 골목

매력 포인트

① 로비니의 구시가지는 구불구불한 자갈길 골목, 알록달록한 집들, 바다가 보이는 작은 카페로 유명하다.

② 골목마다 화분, 예술 작품, 현지 상점이 줄지어 있어, 사진 촬영 명소로 인기가 많다.

추천 장소

성 유페미아 성당으로 향하는 그리시아 거리

Croatia

스플리트에서 만나는 디오클레티아누스 궁전의 뒷골목

매력 포인트

① 디오클레티아누스 궁전의 골목들은 마치 타임머신을 타고 로마 시대로 이동한 듯한 느낌을 준다.

② 좁은 골목길 사이에는 작은 상점, 레스토랑, 현지 시장이 자리 잡고 있으며, 곳곳에서 음악이 흐른다.

추천 장소

낮에는 제우스 신전과 석조 거리, 밤에는 조명으로 빛나는 페리스틸 광장

Croatia

세상에서 가장 아름다운 석양이 기다리는 자다르의 골목

매력 포인트

① 로마 시대부터 길이 나서 대리석처럼 반질거리는 돌바닥은 구시가지에서 시작해 바다까지 이어진다.

② 그 끝에는 알프레도 히치콕 감독이 '세상에서 가장 아름다운 석양'이라고 극찬한 자다르의 태양과 바다가 기다린다.

추천 장소

나로드니 광장에서 로만 포럼까지 이어지는 시로카 대로

Croatia

바람이 데려다 준 흐바르 섬의 골목

매력 포인트

① 흐바르타운의 모든 길은 요새가 있는 언덕으로 향한다. 오르막을 오르며 송글송글 땀이 맺힐 즈음, 아드리아해의 바람이 더위를 날려준다.

② 10분 정도만 계단길을 오르면 그 이후는 요새로 향하는 낮은 경사의 산책로가 이어진다.

추천 장소

성 스테판 광장에서 포르티카 요새로 향하는 계단길

Slovenia

그린 캐피털 류블랴나에서 만나는 미학적인 골목

매력 포인트

① 슬로베니아의 가우디라 불리는 요제 플레츠니크가 설계한 류블랴나의 구시가지는 골목마저 힙하다.

② 류블랴니차 강을 따라 이어지는 작은 골목들에는 카페, 상점, 레스토랑이 즐비하며, 공공 조각과 조형물들이 어우러져 모던하면서도 미학적이다.

추천 장소

프레셰렌 광장에서 브레그까지 이어지는 강변의 작은 골목들

Slovenia

일상과 바다가 맞닿은 피란의 골목

매력 포인트

① 피란의 구시가지에는 구불구불한 돌바닥 골목이 미로처럼 얽혀 있으며, 골목을 따라가면 바다가 보이는 언덕으로 이어진다.

② 좁은 골목 사이에는 알록달록한 집들이 줄지어 있으며, 바람에 흔들리는 빨래와 무심히 놓인 의자 등 일상의 흔적들이 정답다.

추천 장소

타르티니 광장에서 피란 성벽까지 이어지는 골목길. 시간이 된다면 성벽길도 추천

바다와 호수가 보이는

최고의 뷰 포인트

평지보다는 언덕이 많고, 언덕에 오르면 예외 없이 주황색 지붕과 바다가 보인다.
크로아티아와 슬로베니아를 여행하면서 평지를 걸을 거란 생각은 하지 말자.
높이 올라갈수록 아름답고, 숨이 찰수록 '진짜'가 기다린다!

스르지산 전망대 Srd Hill

두브로브니크

두브로브니크 올드타운과 아드리아해를 한눈에 담을 수 있는 장소로, 케이블카를 타고 쉽게 오를 수 있다. 특히 일몰 때 구시가지와 바다가 황금빛으로 물드는 풍경은 가슴이 웅장해지는 절경이다.

로브리예나츠 요새 Lovrijenac Fortress

📍 두브로브니크

올드타운 바깥 절벽 위에 세워진 요새로, 중세 분위기의 올드타운을 조금 떨어진 거리에서 조망할 수 있다. 지중해의 푸른 물결과 구시가지의 붉은 지붕들이 선명하게 대비된다.

마르얀 언덕 Marjan Hill

스플리트

나지막한 계단길을 따라 걷다보면 어김없이 길고양이가 길을 알려준다. 어느새 다다른 중턱에는 전망 카페와 전망대가 나오고, 조금 더 오르면 스플리트 구시가지와 항구의 모습이 손에 잡힐 듯 펼쳐진다.

포르티카 요새
Fortress Fortica

흐바르 섬

흐바르 섬의 가장 높은 곳에 자리한 요새로, 흐바르 항구와 주변 작은 섬들, 그리고 아드리아해를 오가는 크루즈의 하얀 궤적까지 한눈에 들어온다.

블레드 성 Bled Castle

블레드

슬로베니아 블레드 호수 위 절벽에 위치한 중세 시대 성으로, 청록색 호수와 동화 같은 타운 전경을 조망할 수 있는 최고의 뷰 포인트. 성은 호수에서 약 130m 높이의 절벽 위에 자리 잡고 있어서 호수는 물론 줄리안 알프스의 풍경까지 파노라마로 펼쳐진다.

크로아티아가 간직한

유네스코 세계문화유산

크로아티아는 아드리아해를 사이에 두고 이탈리아와 마주하고 있다.
그래서일까. 이 땅에는 로마 제국 영토였던 시절의 화려한 궁전과 유적이 유난히 많이 남아 있다.
한편 현대의 바다는 아름다운 자산이지만, 중세 시대의 바다는 이민족의 침략을 막아내야 할 최후의 보루였을 터.
외세를 막아내기 위해 도시 전체를 에워쌓던 성벽들이 오랜 세월을 견디고 살아남아 세계문화유산에 등재되었다.

1979년 등재

드브로브니크 구시가지

'아드리아해의 진주'로 불리는 드브로브니크는 중세 시대 라구사 공화국의 성벽과 석조 건축물이 잘 보존된 도시로, 르네상스, 고딕, 바로크 양식이 어우러진 문화유산이다. 성벽으로 둘러싸인 구시가지 전체가 세계문화유산으로 지정되어 있다.

1997년 등재

포레치의 유프라시안 대성당 복합단지

비잔틴 건축양식의 초기 기독교 성당. 비잔틴 양식으로 조성된 금빛 장식물과 세밀한 모자이크 타일이 6세기 건축물의 아름다움을 보여준다. 고고학적 유물과 종탑 등 성당을 둘러싼 복합단지 전체가 세계문화유산에 해당한다.

1979년 등재

스플리트의 디오클레티아누스 궁전과 역사 지구

로마 황제 디오클레티아누스가 은퇴 후 거주할 목적으로 지은 궁전. 무려 1700년이 넘는 세월이 흘렀지만 놀라울 만큼 잘 보전되어 있다. 3세기 로마 유적과 중세의 건축물, 그리고 현재를 살아가는 일상이 어우러져 독특한 타임슬립의 경험을 선사한다.

1997년 등재

트로기르의 역사 지구

트로기르 구시가지는 고대 그리스 시대에 형성된 도시로, 달마티아의 작은 보석이라 불린다. 섬처럼 형성된 구시가지에 중세 건축물이 잘 보존되어 있으며, 빼곡히 자리한 좁은 골목과 요새, 아름다운 성당 등에는 여러 시대의 역사가 층위를 이루고 있다.

2008년 등재

흐바르의 스타리 그라드 평야

스플리트와 두브로브니크 사이에 위치한 흐바르 섬. 그 섬의 절반 가량을 차지하는 스타리 그라드 평야는 고대 그리스인들이 조성한 농경지로, 2400년이 지난 현재도 전통 농업 방식이 그대로 지속되고 있다. 특히 올리브와 포도는 이 지역의 특산품으로 올리브 오일과 와인 생산이 활발하다.

1979년 등재(자연유산)

플리트비체 호수 국립공원

크로아티아에서 가장 유명한 국립공원으로, 아름다운 폭포와 에메랄드빛 호수들이 연결되어 경이로움의 끝판을 보여준다. 한때 '악마의 정원'으로 불릴만큼 오랫동안 사람의 발길이 닿지 않았지만, 발견된 이후 드러난 모습은 신비 그 자체다. 이를 지키고 유지하기 위해 1979년 세계자연유산에 등재되었다.

기원전 1000년경

일리리아인과 켈트족 거주

ⓒⓢ 양국 모두 초기 거주민의 활동

기원전 2~1세기

로마 제국의 지배

ⓒ 크로아티아(달마티아) 편입

ⓢ 슬로베니아(노리쿰, 판노니아) 편입

닮은 듯 다른

두 나라의 역사

크로아티아와 슬로베니아는 이웃하고 있다. 지정학적으로 이어졌을 뿐 아니라, 두 나라는 고대로부터 로마 제국, 합스부르크 제국, 유고슬라비아의 지배를 받으며 비슷한 역사적 흐름을 공유하고 있다.

닮은 듯 다른 언어만큼이나 크로아티아와 슬로베니아는 각기 다른 문화를 형성하고 있는데, 그 배경에는 해양과 산악이라는 지리적 뿌리가 놓여있다. 크로아티아는 해안 지역(달마티아 해안)을 통해 베네치아 공화국의 영향을 받았고, 슬로베니아는 내륙과 알프스 문화권의 영향을 더 많이 받았다. 크로아티아는 아드리아해를 중심으로 한 해양국가의 이미지가 강한 반면, 슬로베니아는 호수와 동굴 등이 아름다운 내륙국가의 면모를 갖추고 있는 것도 이 때문이다. 현대에 이르러 두 나라는 유럽 통합 과정에서 EU 및 NATO 회원국으로 활발하게 참여하며 안정적인 민주주의 국가로 거듭나고 있다.

다음은 크로아티아와 슬로베니아의 주요 역사적 사건을 하나의 연대표로 정리한 것이다. 두 나라의 역사는 서로 긴밀하게 얽혀 있으며, 같은 제국이나 국가의 지배를 받은 시기도 많다.

ⓒ크로아티아 ⓢ슬로베니아

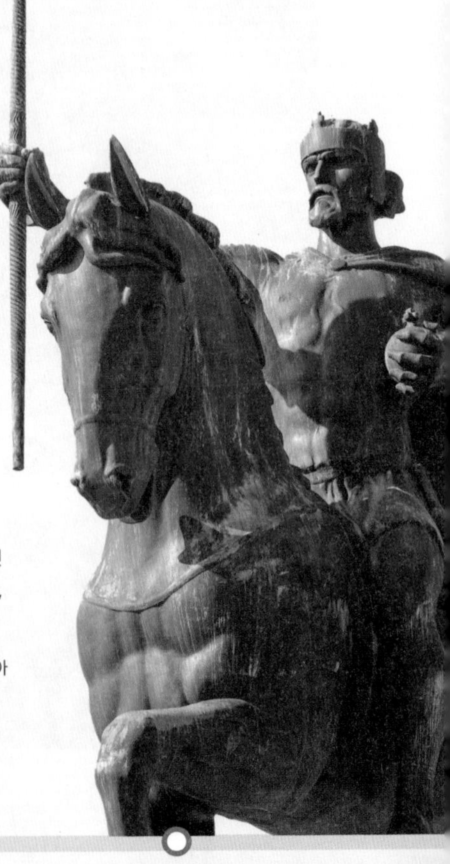

5세기

서로마 제국의 멸망

게르만족과 슬라브족의 이주 시작

7세기

슬라브족 정착

ⓒⓢ 크로아티아와 슬로베니아 모두 슬라브족의 주요 정착지

7세기 중반

카란타니아 공국 형성

ⓢ 슬로베니아에 슬라브 최초의 공국 설립

925년

크로아티아 왕국 수립

ⓒ 크로아티아 왕국 전성기 (토미슬라브 왕)

2004년
EU 및 NATO 가입
ⓢ 슬로베니아 가입

2013년
크로아티아 EU 가입
ⓒ 크로아티아, EU 가입 및 유럽 통합

2023년
크로아티아 유로화 도입
ⓒ 크로아티아, 유로존 가입

1991년
독립 선언
ⓒⓢ 크로아티아와 슬로베니아 각각 유고슬라비아로부터 독립

1945년
유고슬라비아 사회주의 연방공화국 수립
ⓒⓢ 양국 모두 유고슬라비아의 일부로 편입

1941년
제2차 세계대전
ⓒ 크로아티아(크로아티아 독립국)
ⓢ 슬로베니아(독일·이탈리아 점령)

1918년
오스트리아-헝가리 제국 붕괴
ⓒⓢ 크로아티아와 슬로베니아, 유고슬라비아 왕국에 편입

19세기 중반
민족주의 운동
ⓒⓢ 양국 모두 슬라브 민족주의와 자치 요구 확산

1699년
오스만 제국 후퇴
ⓒ 크로아티아 내륙 대부분 회복
ⓢ 슬로베니아 안정기

16세기
종교 개혁과 가톨릭 재편
ⓒⓢ 양국 모두 루터교 전파 후 가톨릭으로 재편

1102년
헝가리-크로아티아 동군연합
ⓒ 크로아티아가 헝가리와 동군연합 체결

13세기
합스부르크 왕조의 통치 시작
ⓢ 슬로베니아, 합스부르크 지배하에 들어감

1527년
합스부르크 지배
ⓒ 크로아티아도 합스부르크에 보호 요청 (오스만 제국 침략)

이 정도는 알아야 할

크로아티아 & 슬로베니아 인물열전

도시의 광장에서 혹은 거리에서, 우리 눈에는 낯설지만 그 포스가 남다른 동상들이 눈에 띈다. 크로아티아와 슬로베니아에서는 그들을 모르면 간첩 소리 들을 유명인들의 동상이다. 모르면 궁금하고, 알고 보면 반가운 두 나라의 유명 인물들을 만나보자.

크로아티아 Croatia

반 요시프 옐라치치

Ban Josip Jelačić, 1801-1859

크로아티아의 민족운동 지도자이자 오스트리아 제국의 장군. 마치 우리나라의 이순신 장군님처럼, 크로아티아의 통합을 이끈 상징적인 인물이다. 그의 이름을 딴 반 옐라치치 광장은 자그레브의 랜드마크이자 크로아티아의 가장 상징적인 장소로, 옐라치치 장군의 위상을 짐작하게 한다.

📍 자그레브 반 옐라치치 광장

그레고리 닌스키

Grgur Ninski, 10세기경

슬라브어로 미사를 집전한 최초의 성직자로, 크로아티아 문화와 언어 보존에 기여했다. 스플리트에 있는 그의 동상은 발가락을 문지르면 소원이 이루어진다는 전설로 유명하다. 누구인지 모르고 동상만 보면 딱 마법사 같은데, 소원까지 들어준다니 진정한 성직자시다.

📍 스플리트 구시가지

슬로베니아 Slovenia

프란체 프레셰렌

France Prešeren, 1800-1849

슬로베니아의 국민 시인. 오스트리아의 지배를 받고 있던 당시 슬로베니아인들의 상실감을 시로 표현했고, 그가 쓴 시는 슬로베니아 국가의 가사로 사용되고 있다. 류블랴나 구시가에 그의 이름을 딴 광장이 있고, 광장 한가운데 동상이 있다.

📍 류블랴나 프레셰렌 광장

요제 플레츠니크

Jože Plečnik, 1872-1957

슬로베니아가 낳은 세계적인 건축가. 체코의 프라하 성을 건축했으며, 류블랴나의 건축을 현대적으로 탈바꿈시킨 주인공이다. 트리플 다리, 국립대학 도서관, 센트럴마켓 등 그가 설계한 건축물들을 류블랴나 곳곳에서 만날 수 있다.

📍 류블랴나 곳곳

이반 메슈트로비치

Ivan Meštrović, 1883-1962

그레고리우스 닌 동상을 조각한 유명 조각가이자 예술가. 우리에게는 조금 낯선 이름이지만 크로아티아인들이 가장 사랑하는 독보적인 예술가다. 크로아티아 전역에서 그가 만든 동상과 공공조각품들을 만날 수 있다.

📍 자그레브, 스플리트

니콜라 테슬라

Nikola Tesla, 1856-1943

전기공학의 선구자. 당대에 에디슨과 전류 방식을 두고 갈등관계에 있던 최고의 과학자이기도 하다. 자그레브 시청사 담벼락에는 그의 부조 조각상이 있고, 테슬라 박물관에서는 그의 일생을 조망한 다양한 전시를 볼 수 있다.

📍 자그레브 시청사

마르코 폴로

Marco Polo, 1254-1324

베네치아 출신으로 알려져 있는 마르코 폴로가 사실은 크로아티아의 코르출라Korčula 섬에서 태어났다고 한다! 스플리트 인근의 코르출라 섬은 마르코 폴로의 흔적을 간직한 곳으로, 그가 태어난 집은 현재 마르코 폴로 박물관으로 운영되고 있다.

📍 코르출라 섬

알아두면 여행이 즐거워지는
현지 언어
비행기
C Avion 아비온
S Letalo 레탈로
섬
Otok 오톡
박물관
Muzej 무제이
입구
C Ulaz 울라즈
S Vhod 브호드
해변
Plaža
플라자
자동차
C Automobil 아우토모빌
S Avto 아브토
궁전
Palača 팔라차
광장
Trg 트르그
버스
Autobus
아우토부스
KOLODVOR
출구
C Izlaz 이즐라즈
S Izhod 이즈호드
안녕하세요
C Dobar dan
도바르 단
안녕하세요
S Dober dan
도베르 단

크로아티아와 슬로베니아는 대체로 영어가 잘 통하는 유럽 국가들로, 현지 언어를 몰라도 여행하는 데 큰 불편이 없다. 그러나 시골 마을에서 어르신들을 만났을 때, 또는 택시를 타고 내릴 때 등, 일상에서 소소하게 건네는 현지 인사말은 여행을 즐겁게 만드는 무기가 된다. 또 입구, 출구 같은 일상적인 단어 몇 가지는 눈에 익혀두는 것이 여행의 기술이다.

크로아티아어와 슬로베니아어는 모두 남슬라브어군에 속한다.
두 언어 모두 철자와 발음이 유사하며, 발음 규칙이 비교적 명확한 공통점이 있다.
문법과 어휘, 발음에서 약간의 차이를 보이지만 대체로 알파벳 소리나는 대로 읽으면 된다.
우리에게는 조금 낯선 Č, Ć, Đ, Š, Ž 등의 발음만 알아두면 웬만한 간판은 어렵지 않게 읽을 수 있다.

Č

🔈 [tʃ]
한국어 유사발음 'ㅊ'

'초'와 비슷하게 발음되는 강하고 명확한 소리.
예: čokolada (초콜릿)

Š

🔈 [ʃ]
한국어 유사발음 'ㅅ'

'시'와 비슷한 소리.
예: šuma (숲)

Ž

🔈 [ʒ]
한국어 유사발음 'ㅈ'(경음)

'ㅈ'보다 더 진한 소리.
예: žena (여성, 부인)

Ć

🔈 [tɕ]
한국어 유사발음 'ㅉ'과 'ㅊ' 사이
Č 보다 부드럽게 발음되는 'ㅊ' 소리.
예: ćao (안녕, 인사말)
*슬로베니아에서는 사용하지 않는 알파벳

Đ

🔈 [dʑ]
한국어 유사발음 'ㅈ'과 'ㄷ' 사이

'ㄷ'에서 부드럽게 'ㅈ'으로 넘어가는 소리.
예: đak (학생)
*슬로베니아에서는 사용하지 않는 알파벳

필수 인사말

두 나라가 동일하게 발음되는 단어도 있지만, 대체로 다르다. 동일한 세 단어를 포함해 아래의 7개 인사말만 알면 두 나라 모두에서 유용하다.

안녕하세요.

Ⓒ Dobar dan
🔈 도바르 단

Ⓢ Dober dan
🔈 도베르 단

잘 지내세요?

Ⓒ Kako ste?
🔈 카코 스테?

Ⓢ Kako ste?
🔈 카코 스테?

감사합니다

Ⓒ Hvala
🔈 흐발라

Ⓢ Hvala
🔈 흐발라

미안합니다

Ⓒ Oprostite
🔈 오프로스티테

Ⓢ Oprostite
🔈 오프로스티테

잘 가요

Ⓒ Doviđenja
🔈 도비젠야

Ⓢ Nasvidenje
🔈 나스비덴에

안녕 (비격식)

Ⓒ Bok
🔈 복

Ⓢ Živjo / Zdravo
🔈 지브요 / 즈드라보

좋은 하루 보내세요

Ⓒ Ugodan dan
🔈 우고단 단

Ⓢ Lep dan
🔈 레프 단

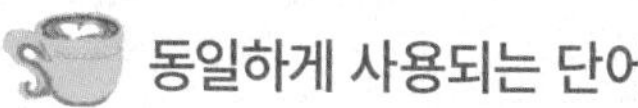

동일하게 사용되는 단어

박물관 Muzej 🔊 무제이	발음이 같거나 유사한 단어들이 많다. 이 단어들은 두 언어에서 거의 동일하게 사용되거나 약간의 발음 차이만 있으니 알아두면 일석이조다.	광장 Trg 🔊 트르그

궁전 Palača 🔊 팔라차	바다 More(More) 🔊 모레(모르예)	호수 Jezero 🔊 예제로	섬 Otok 🔊 오톡	비치(해변) Plaža 🔊 플라자
시장 Tržnica 🔊 트르즈니차	경찰서 Policijska postaja 🔊 폴리치스카 포스타야		물 Voda 🔊 보다	커피 Kava 🔊 카바
맥주 Pivo 🔊 피보	생선 Riba 🔊 리바	소고기 Govedina 🔊 고베디나	거리 Ulica 🔊 울리차	민박 Sobe 🔊 소베

알아두면 좋은 대중교통 관련 단어들

버스		기차와 버스를 제외하고는 두 나라 단어가 큰 차이를 보인다. 국경을 넘어갈 때 혼란이 없도록 간단한 단어는 눈에 익히도록 하자.		비행기	
Ⓒ Autobus 🔊 아우토부스	Ⓢ Avtobus 🔊 아우토부스			Ⓒ Avion 🔊 아비온	Ⓢ Letalo 🔊 레탈로
배		기차		자동차	
Ⓒ Brod 🔊 브로드	Ⓢ Ladja 🔊 라드야	Ⓒ Vlak 🔊 블락	Ⓢ Vlak 🔊 블락	Ⓒ Automobil 🔊 아우토모빌	Ⓢ Avto 🔊 아브토
자전거		입구		출구	
Ⓒ Bicikl 🔊 비치클	Ⓢ Kolo 🔊 콜로	Ⓒ Ulaz 🔊 울라즈	Ⓢ Vhod 🔊 브호드	Ⓒ Izlaz 🔊 이즐라즈	Ⓢ Izhod 🔊 이즈호드

잊지 못할 발칸의 맛

먹킷리스트

낯선 여행지와 친해지는 가장 좋은 방법은 그곳의 음식을 맛보는 것이다.
그런데 현실적으로 두 나라를 여행하며 맛보는 음식의 절반은 이탈리아 요리일 확률이 높다.
애써 찾지 않으면 모르고 지나치기 딱 좋은 발칸의 맛을 소개한다.

고기

자작한 소고기 조림

파슈티차다 Pašticada

크로아티아 달마티아 지역의 대표적인 소고기 요리. 소고기를 레드 와인, 식초, 향신료로 마리네이드 한 후 천천히 조리하여 깊고 진한 맛을 낸다. 레스토랑에서는 주로 뇨키Gnocchi와 함께 제공된다.

숯불향 가득한 고기구이

체밥치치 Ćevapčići / Ćevapi

발칸 반도 전역에서 즐겨먹는 요리로, 소고기, 돼지고기, 양고기를 섞어 만든 작은 소시지 형태의 요리. 마치 떡갈비처럼 빚어낸 고기를 숯불이나 그릴에서 천천히 구워내는데, 이때 나는 불향이 체밥치치 특유의 풍미를 더해준다. 빵 또는 카이막 크림치즈와 곁들여 나오며, '체바치치', '체바피'라고도 부른다.

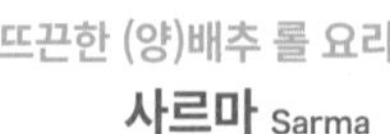

뜨끈한 (양)배추 롤 요리

사르마 Sarma

배추 잎에 다진 고기(주로 돼지고기와 소고기 혼합)와 쌀을 채워 만든 발칸식 롤 요리. 주로 양배추를 이용하는데 겨울철, 특히 크리스마스 시즌에 자주 먹는다.

생선

국물이 있는 생선 요리

브루데트 Brudet

다양한 생선을 넣어 만든 토마토 기반의 스튜로, 마치 우리나라의 매운탕과 같은 비주얼이다. 각 지역마다 레시피가 다르며, 달마티아식 브루데트가 특히 유명하다.

그릴에 구운 생선

그라델레 Gradele

생선에 소금과 올리브 오일을 발라 숯불 위에서 구워낸 요리. 갓 구운 생선에 레몬을 뿌려 먹으면 신선하고 담백한 맛을 즐길 수 있다.

에피타이저로 먹는 생선 육회

카르파치오 Carpaccio

생선을 얇게 썰어 올리브 오일, 레몬즙, 허브로 간을 한 요리. 카르파치오는 발칸 반도 뿐 아니라 유럽 전체에서 널리 조리되는 일종의 육회인데, 생햄이나 육류 대신, 발칸 반도에서는 생선을 이용한 카르파치오가 유명하다.

오징어 요리의 모든 것

리그네 Lignje

구이, 튀김, 리조또 등으로 조리된 다양한 오징어 요리를 총칭하는 말이 '리그네'다. 일반적으로 리그네는 잘게 썬 오징어 튀김을 의미하고, '리그네 리조또'는 '오징어먹물 리조또'의 현지식 이름이다.

과일

달콤함 과잉

납작 복숭아 Flat Peach

발칸 반도에서 생산되는 납작 복숭아는 도넛 복숭아donut peach 라는 별명을 가진 독특한 품종다. 일반 복숭아와는 달리 납작한 모양을 하고 있으며, 풍부한 향과 달콤한 맛 덕분에 발칸 지역은 물론 전 세계적으로도 인기를 끌고 있다. 껍질째 먹는 쫀득하면서도 부드러운 식감, 그리고 풍부한 단맛은 귀국 후 두고두고 생각나는 맛이다. 여행 중에 많이 먹어두자.

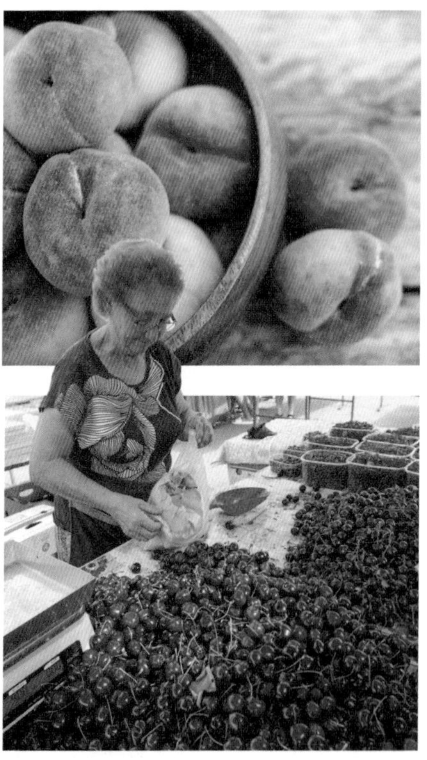

상큼함 터지는

체리 Cherry

강한 햇살이 내리쬐는 발칸 지역의 체리는 매우 달고 풍미가 강하다. 당도와 산미의 균형 또한 좋아서 다양한 디저트로 변형하기에 좋다. 체리 주스와 체리 리큐르 마라스키노Maraschino는 이 지역의 특산물로 유명하고, 파이, 타르트, 케이크 등과도 잘 어울린다. 여행자에게는 시장에서 한 움큼 사서 오물오물 씨 발라먹는 생 체리가 최고다.

디저트와 베이커리

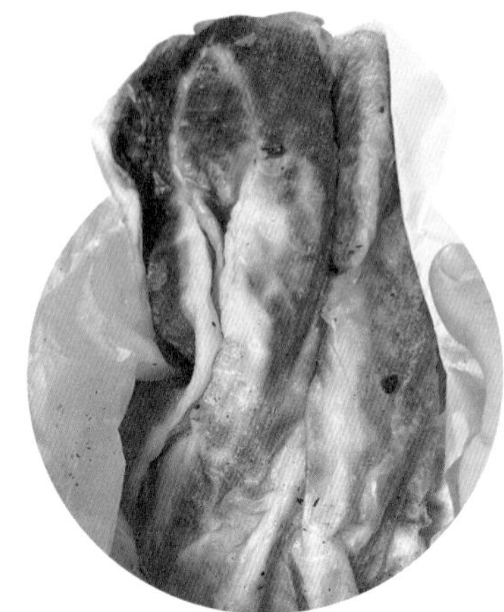

식사로도 든든한 빵

부렉 Burek

얇은 반죽(필로 도우)에 고기, 치즈, 감자, 또는 시금치 등을 채워 구운 발칸 지역의 전통 파이. 슬로베니아를 포함한 발칸 반도 전역에서 사랑받는 길거리 음식으로, 간단한 간식이나 든든한 한 끼 식사로 즐길 수 있다. 시금치 부렉과 치즈 부렉 강추.

발칸의 국민빵집,
믈리나르 VS 판 펙

크로아티아와 슬로베니아 두 나라에서 도시마다 한 군데 이상 만나게 되는 빵집들. 사람들이 모이는 번화가 모퉁이에는 어김없이 믈리나르와 판 펙이 있다. 마치 한국의 파리바게트와 뚜레쥬르처럼 말이다. 믈리나르에는 깜짝 놀랄만큼 맛있는 부렉과 조각피자가 있어서 왠만한 레스토랑보다 알찬 한 끼를 약속한다. 판 펙은 조금 더 팬시한 파이와 샌드위치로 빵러버들을 유혹한다. 두 곳 모두 어떤 빵을 선택해도 평균 이상의 맛을 보장한다.

동글동글 도너츠

프리툴레 Fritule

크로아티아의 전통 디저트로, 작은 크기의 도넛 모양이다. 럼주, 레몬 껍질, 설탕 등을 넣어 반죽한 뒤 튀겨내며, 초콜릿, 견과류, 잼 등을 토핑해서 단맛을 더한다.

육즙 가득 수제 소시지

클로바사 Klobasa

슬로베니아 전통 소시지로, 돼지고기를 주재료로 하며 마늘, 소금, 후추 등 간단한 향신료로 맛을 낸다. 훈제 후 삶거나 구워 먹으며, 겨자, 감자 샐러드, 절인 양배추와 함께 즐긴다. 보리 수프와 곁들이면 한 끼 식사로도 훌륭하다.

부드러운 크림케이크

크렘슈니타 Kremšnita

슬로베니아와 크로아티아에서 인기 있는 크림케이크로, 바삭한 페이스트리 층 사이에 바닐라 커스터드 크림과 휘핑크림을 채운 디저트. 특히 슬로베니아의 블레드 지역에서 만든 크렘슈니타가 유명하다.

달콤함으로 가득 채운 롤케이크

포티차 Potica

얇게 민 반죽에 견과류, 꿀, 시나몬, 또는 양귀비씨 등을 채워 돌돌 말아 구운 롤케이크. 주로 부활절과 크리스마스 같은 특별한 행사에 즐기며, 슬로베니아에서는 결혼식 날 꼭 먹어야 하는 전통 디저트다.

여행의 텐션을 높여주는

맥주와 이색 음료

물 좋은 곳에서는 맛있는 술과 음료가 있기 마련이다.
두 나라를 대표하는 맥주들도 그렇게 탄생했다. 그리고 그 좋은 물로 그들만의 콜라와 환타까지 만들어냈다.
이제 여행자들 사이에서 발칸 콜라와 파란 환타 마시기는 여행의 미션이 될 정도. 놓치지 말고 도전해 보자.

크로아티아

카를로바츠코 Karlovačko

크로아티아 전역에서 사랑받는 국민 맥주. 자그레브 남쪽의 작은 마을 카를로바츠Karlovac에서 만들어진다. 깔끔하고 시원한 라거로, 크로아티아 요리와 잘 어울린다.

오주이스코 Ožujsko

크로아티아에서 가장 인기 있는 맥주 브랜드로, 작은 동네 슈퍼에서도 흔히 볼 수 있을만큼 대중적이다. 가볍고 청량하며, 적당한 쓴맛과 부드러운 몰트향이 어우러진 라거 맥주.

슬로베니아

유니온 Union

슬로베니아를 대표하는 맥주 브랜드로, 수도 류블랴나에서 생산된다. 크리스피한 라거 스타일로, 전통적이고 균형 잡힌 맛이 특징이다. 맥주 공장 투어도 인기 있다.

라스코 Laško

슬로베니아에서 가장 오래된 맥주 브랜드. 1825년에 설립된 유서 깊은 양조장으로 유명하다. 라스코의 라거 맥주는 부드럽고 상쾌한 목넘김이 특징으로, 일상적으로 즐기기에 적합하다.

이런 거 마셔봤어?
레몬맥주 VS 레몬 워터

레몬맥주 Limunovo pivo

크로아티아 여행에서 반드시 맛봐야 할 넘버 원 드링크. 클래식한 라거에 상큼한 레몬주스를 섞어서 만드는 라들러Radler 스타일의 맥주다. 참고로, 라들러란 맥주에 레몬주스, 라임주스, 또는 탄산수 등을 섞어 만든 상큼하고 청량한 혼합 음료를 말한다. 알코올 도수가 낮고, 과일 향이 강해 무더운 여름철에 특히 인기가 많다. 여러 브랜드에서 다양한 맛의 레몬맥주가 판매되고 있는데, 레몬맥주 역시 오주이스코와 카를로바츠코 브랜드가 가장 많이 팔린다.

야나 워터 Jana

크로아티아와 슬로베니아에서 가장 흔하게 접하게 될 생수 브랜드 야나. 순수한 생수는 물론이고 각종 향이 가미된 비타민 워터도 인기가 있다. 레몬맥주의 알코올마저 부담스럽다면 알코올 제로의 야나 비타민 음료 또는 레몬 워터에 도전해 보자.

음료수 어디까지 마셔봤니?
파란 환타 VS 콕타

파란 환타 Fanta Shokata

'환타 쇼카타'라 불리는 파란색 환타. 우리 눈에는 정말 낯선 색조합이지만 레몬과 엘더플라워Elderflower의 조합으로 주황색의 고정관념을 뛰어넘고 있다. 발칸 지역에서 인기 있는 전통 음료 '쇼카타Socata'를 현대적으로 해석한 제품으로, 아드리아해의 푸른 바다와도 오버랩되어 오래 기억에 남는 맛이다.

콕타 Cockta

1953년에 탄생한 허브가 가미된 탄산음료. 슬로베니아를 비롯한 발칸 반도 전역에서 사랑받는 음료수로 발칸의 코카콜라라고도 불린다. 실제 코카콜라와 비슷한 시기에 출시되었으나, 코카콜라와 달리 코카나무 열매를 사용하지 않으며, 허브, 로즈힙(들장미 열매), 레몬, 오렌지 등의 천연 재료를 활용해 만든다. 설탕 함량이 상대적으로 낮아 부담 없이 즐길 수 있다.

이건 여기가 최고!

쇼핑 아이템들

명품 쇼핑을 원한다면 두 나라는 좋은 선택지는 아니다. 화려한 로고의 명품백이나 최신상의 SPA 브랜드는 찾아보기 어렵다. 대신 우리가 주목해야 할 것은 건강하고, 정답고, 의미 있는 이곳만의 쇼핑 아이템들. 누구라도 간직하고 싶고 누구와 나누어도 즐거울, 최고의 선물들을 소개한다.

라벤더 제품

크로아티아 특히 달마티아 해안 지역에서는 라벤더가 풍부하게 재배된다. 오일, 비누, 포푸리 등 다양한 제품을 구매할 수 있다. 가져올 수는 없지만 라벤더 아이스크림을 맛보는 것도 잊지 말 것!

리치타르 Licitars

생강과 꿀을 섞어 만든 하트 모양의 자그레브 전통쿠키. 유네스코 무형문화유산에도 등재될 만큼 크로아티아 전통 문화와 닿아 있다. 먹을 수도 있지만 맛보다는 모양에 의미를 두자. 최근에는 기념품 가게에서 리치타르의 모양을 딴 마그네틱 등을 많이 판매한다.

넥타이의 원조, 크로아티아

크로아티아는 넥타이가 탄생한 나라다. 17세기 크로아티아와 오스만 제국의 전쟁 당시, 전장으로 떠나는 남편들에게 아내들이 부적처럼 스카프를 매주었는데, 이를 본 프랑스 군사들이 크로아티아 병사들의 스카프를 따라 매면서 오늘날 넥타이가 되었다. 당시 크로아티아 병사를 '크라바트'라고 불렀는데, 여기에 착안해서 초기에는 넥타이를 '크라바트'라고 불렀다. 자그레브에 있는 가장 오래된 넥타이 브랜드숍 이름 역시 '크라바타'인데, 이곳에서 구입하는 넥타이는 틀림없는 원조 인증이다!

트러플 제품

크로아티아의 이스트리아 지역은 고급 트러플(송로버섯) 생산지로 유명하다. 따라서 크로아티아는 세계 3대 식재료에 속하는 트러플 제품을 가장 저렴하게 구입할 수 있는 곳이다. 트러플 오일, 트러플 소스, 트러플 소금 등 다양한 트러플 제품에 도전해 보자.

천연 화장품

두브로브니크에 있는 말라 브라차 수도원 약국은 유럽에서 세 번째로 오래된 약국이다. 무려 1317년에 문을 연 곳으로, 이곳만의 천연 성분 화장품 제조법이 700년째 전해 내려온다. 예전에는 수도사들이 직접 소규모로 제작했다고 하는데, 지금도 이 약국에서만 소량으로 판매하고 있다. 추천 제품은 로즈 크림과 로즈 워터. 그리고 다양한 향의 핸드크림. 진정작용에 탁월하다고 하는데, 일단 향과 보습력은 합격이다.

전통 술

우리나라의 복분자주나 막걸리처럼 두 나라에서도 전통술을 즐겨 마신다. 슬로베니아에서는 자두와 꿀 등을 첨가한 전통술 슬리보비츠Slivovitz(자두 브랜디)와 메들리카Medica(꿀 리큐어)가 추천할 만하고, 크로아티아에서는 체리를 첨가한 마라스카Maraska(체리주)가 대표적이다. 현지의 바나 주류 매장에서 맛보고 구입할 수 있다.

파그 치즈 Paški sir

크로아티아 파그 섬에서 생산되는 양젖 치즈. 섬의 염분 많은 바람과 허브를 먹고 자란 양들의 우유로 만들어져 독특한 풍미를 지니는데, 짭짤하고 고소하면서도 깊은 감칠맛과 허브 향이 느껴진다.

올리브 오일

크로아티아의 이스트리아 지역은 세계적으로 인정받는 고품질 올리브 재배지로, 신선하고 과일 향이 강한 엑스트라 버진 올리브 오일의 주산지다. 슬로베니아에서는 프리모르스카Primorska 지역의 올리브 오일이 유명한데, 부드럽고 섬세한 맛이 특징이다.

세스틴 우산

Šestinska kišobran

돌라츠 시장을 덮고 있는 빨간 차양막은 자그레브 근교 세스틴Šestine 마을의 농부들이 사용하던 전통 수공예 우산에서 착안했다. 선명한 빨간색에 감각적 패턴이 돋보이는 세스틴 우산은 자그레브를 대표하는 기념품으로 인기가 높다.

레이스와 린넨 제품

크로아티아와 슬로베니아는 예로부터 전통 자수와 레이스로 유명하다. 동네 아주머니들이 직접 제작한 전통 자수 테이블보, 스카프, 드레스 등을 동네 어귀에서 판매하고 있다.

축구 유니폼

모드리치Luka Modric의 나라 크로아티에서는 붉은 격자무늬의 축구 유니폼 하나쯤 구매해야 한다. 거의 모든 기념품숍에서 판매하고 있으며 가격 또한 부담 없다.

마그네틱

어느 여행지에 가든 마그네틱 제품 하나쯤은 업어오는 게 여행자의 예의! 냉장고 문짝에 붙여두면 볼 때마다 크로아티아와 슬로베니아가 생각날 것이다.

도시 이름이 적힌 기념품

개인적인 취향이긴 하지만, 여행지마다 도시 이름이 새겨진 종을 모은다. 마치 스타벅스 머그잔처럼 말이다. 이름이 새겨진 기념품 중에서 실용적이기까지 한 텀블러는 누구라도 좋아할 강추 선물템이다.

피란 소금

슬로베니아의 피란은 소금으로 유명하다. 이곳에서 생산되는 천연 해양 소금은 품질 좋기로 유럽 전역에서도 손꼽힌다. 요리용은 물론이고 비누, 샴푸 등으로 다양하게 제작되어 기념품으로 판매된다.

PART 3

진짜 크로아티아를 만나는 시간

인랜드 크로아티아
Inland Croatia
1841

여행이 시작되는 곳

자그레브
ZAGREB

'물을 뜨다'라는 의미의 '자그라비'에서 유래된 자그레브. 소박한 이야기에서 시작된 이 도시의 처음은 미약했지만 전설과 역사의 시간을 거쳐 오며 자그레브는 한 나라의 수도가 되었다. 그러나 이 도시에 처음 발을 디딘 여행자에게는 뭔가 아쉬운 마음이 크다. 크지 않은 시가지에 지진의 상흔까지 겹쳐 안타까움을 자아내기 때문. 하지만 당장 눈앞에 펼쳐지는 현재의 모습에 실망하기는 이르다. 경사진 언덕길을 따라 걷다보면 어느새 아드리아해에서 날아온 바람 한 줌이 이마를 스치고, 붉은 지붕의 자그레브가 여행자들에게 말을 건넨다. 곧 멋진 여행이 시작될 거라고!

어떻게 가면 좋을까

여행지로서 자그레브의 가장 큰 장점 중 하나는 국제선이 드나들기 편리한 '위치'다. 중부와 남동부 유럽을 모두 아우르는 입지에, 아드리아해까지 인접하고 있어서 육해공 교통의 중심지라 할 수 있다.

VISITOR CENTER

자그레브 관광안내소
Trg Bana Josipa Jelačića
월~금요일 9:00~20:00
주말·공휴일 10:00~18:00
014-814-051
www.zagreb-touristinfo.hr

인접한 유럽 도시와의 거리

비행기 Airplane

자그레브 국제공항은 도심에서 15km 가량 떨어져 있어서, 시내까지 자동차로 20~30분 정도면 도착할 수 있다. 정식 이름은 프라뇨 투즈만 국제공항Franjo Tuđman Airport. 규모가 크지는 않지만, 국제공항답게 현대적인 설비와 편리한 동선을 자랑한다. 도착 층에 인포메이션과 렌터카 부스 등이 자리하고 있다.

자그레브 공항 Franjo Tuđman Airport
Ulica Rudolfa Fizira 21 060 320 320 www.zagreb-airport.hr

공항 → 시내

공항에서 시내까지는 총 세 종류의 버스가 운행되는데, ①자그레브 공항과 자그레브 중앙 버스정류장까지를 정기적으로 운행하는 **공항 셔틀버스**, ②자그레브 대중교통 ZETZagreb Electric Tram **290번 버스**, ③도어 투 도어 서비스를 제공하는 **GoOpti 셔틀버스**가 있다.

① **공항 셔틀버스**는 대체로 오전 5시부터 오후 8시30분까지 30분 간격으로 운행되고, 공항-버스정류장-공항의 단조로운 루트로 운행된다. 편도 요금은 €8. 버스정류장 근처에 숙소를 정했다면 가장 합리적인 이동 방법이다.

공항 셔틀버스 Pleso www.plaesoprijevoz.hr

② 공항과 시내를 오가는 **ZET 290번 일반버스**는 정차하는 정류장이 많아서 셔틀보다 오래 걸리고, 정확한 정류장을 알아야 하는 단점이 있다. 반면 편도 €0.93(60분 이용권)의 저렴한 요금은 분명한 장점이다.

③ **고 옵티 버스**를 이용할 예정이라면 미리 홈페이지(goopti.com/en)를 통해 주소와 인원수, 시간 등을 예약하는 것이 좋다.

택시를 이용할 경우는 볼트Bolt와 우버Uber 두 종류 모두 사용할 수 있고, 20분 정도면 자그레브 시내 어느 곳이든 도착할 수 있다. 공항에서 시내까지 요금은 거리에 따라 4인승 €15~20 정도. 3명 이상이라면 택시가 가장 좋은 선택이다.

기차 Train

산악지대가 많은 크로아티아에서 기차 여행은 일반적이지 않다. 그러나 슬로베니아나 헝가리, 오스트리아 등의 주변 국가에서 자그레브로 드나들 때는 시간을 지키지 않는 버스보다는 훨씬 유용한 교통수단이 된다. 자그레브 기차역은 토미슬라브 광장 맞은편에 있는 중앙역이 유일하며, 국내외 어디에서 오는 기차든 이 중앙역에 도착한다. 기차역 내부는 넓지 않아서, 하루 €3 정도에 이용할 수 있는 짐 보관소와 작은 매점 정도의 편의시설만 있다.

자그레브 중앙역 Trg. Kralja Tomislave 12 2, 4, 6, 9번 트램과 31, 34번 심야 트램
060-333-444 www.hzpp.hr

기차 검색 및 예약 www.raileurope.com www.hzpp.hr

버스 Bus

자그레브 버스터미널은 중앙역에서부터 트램으로 2구간, 도보로 15분 정도 떨어진 신시가지에 있다. 공항버스, 시외버스, 그리고 국제버스까지 모두 이곳에 도착한다. 교통의 요지인 수도답게, 44개에 달하는 플랫폼에서 매일 출도착하는 버스들로 분주하다. 홈페이지를 통해 티켓을 예약할 수도 있고, 터미널에서 현장 구매도 가능하다. 크로아티아의 버스는 정시에 도착하지 않을 확률이 상당하므로, 예매든 현장 구매든 원하는 시간보다 미리 나가서 준비할 것을 권한다.

버스터미널 Avenija Marina Držića 4 2, 5, 6, 7, 8번 트램과 31번 심야 트램
060-313-333 www.akz.hr

버스 예매 사이트 플릭스버스 www.flixbus.com 겟바이버스 www.getbybus.com

어떻게 다니면 좋을까

자그레브 교통 요금

티켓 종류	요금	
주간 1회권	€0.53	30분 유효
	€0.93	60분 유효
	€1.33	90분 유효
야간 1회권	€1.99	
1일권	€3.98	

자그레브의 대중교통은 ZET에서 통합관리하고 있다. 버스, 트램, 푸니쿨라, 그리고 외곽에 위치한 케이블카까지 자그레브에서 움직이는 대중교통은 모두 ZET의 시스템으로 움직인다. 요금 또한 어떤 교통수단을 이용하든 동일하게 적용되며, 유효 시간 안에 무제한으로 이용 가능하다. 현지인들은 교통카드를 이용해서 할인받을 수 있지만, 여행자는 1회용이나 1일용 개별권 정도면 충분하다. 시내 대부분의 구간은 도보로 이동할 수 있고, 구시가지에서 신시가지로 이동할 때나 중앙역 등으로 갈 때는 트램을 이용해 보는 것도 좋다. 시내 외곽에 위치한 미로고이 묘지 정도는 버스를 타고 이동하는 것이 최선이다.
티켓은 곳곳에 위치한 키오스크나 정류장에 위치한 가판대 Tisak에서 구입할 수 있고, 타고 내릴 때 개찰구에 접촉하면 된다.

자그레브 교통국 ZET 🏠 www.zet.hr

트램 Tram

ZET의 시스템은 도심의 교통수단은 트램으로, 그 외의 지역은 버스로 연결하고 있다. 따라서 볼거리가 모여 있는 시내 지역에서는 버스보다 트램을 더 자주 만나게 된다. 자그레브의 트램은 이 도시를 상징하는 꽤 유명한 마스코트로, 파란색의 트램에 올라 시내를 한 바퀴 도는 것만으로도 여행의 추억이 된다.
1~17번까지의 주간 노선과 31~34번까지의 야간 트램이 운행되고 있으며, 이 가운데 6번 트램이 구시가지와 신시가지, 중앙역과 버스정류장까지 연결하는 황금 노선이다. 10여 개의 노선이 오가는 반 옐라치치 광장에서는 다양한 랩핑과 디자인의 트램들을 만날 수 있다.

버스 Bus

자그레브를 넘어 근교 도시로 향할 때 유용하다. 147개의 노선이 빼곡하게 시내와 외곽을 연결하고, 멀리는 슬로베니아의 류블랴나까지 가는 노선이 있다.

자그레브 프리패스, 자그레브 카드

24시간 동안 자그레브 시내의 교통수단과 6개 어트랙션을 무료로 이용할 수 있는 카드. 공사 중인 박물관이 많아서, 예전에 판매했던 72시간 카드는 더 이상 구입할 수 없다. 카드는 관광안내소와 교통카드 판매대 등에서 구입할 수 있고, 온라인에서 구입 후 다운로드 받은 코드를 핸드폰에 저장해서 사용할 수 있다.

1. ZET에서 운영하는 자그레브 대중교통 무료 이용. 단 공항에서 시내로 오가는 교통편은 제외.
2. 브로큰 릴레이션십스 박물관, 초콜릿 박물관, 시립 박물관, 현대 미술관, 니콜라 테슬라 기술 박물관, 자그레브 동물원 무료 입장.
3. 그 외 8개 갤러리의 입장료 할인과 다수의 제휴 레스토랑 식음료 할인.

자그레브 카드 € 24시간 €20 🏠 www.zagrebcard.com

시티 투어 버스 City Tour Bus

천정이 열리는 오픈 버스를 타고 자유롭게 타고 내리며 자그레브를 여행 수 있는 투어 버스. 매일 5차례 버스가 출발하고, 버스를 탄 채로 한 바퀴를 돌면 1시간 정도가 소요된다. 시내 중심은 물론이고, 꽤 먼 거리의 미로고이까지 커버하는 동선이라서 짧은 시간 안에 주요 관광지를 효율적으로 둘러 볼 수 있다. 24시간 내에 7개 정류장에서 자유롭게 타고 내릴 수 있으며, 헤드폰을 통해 한국어를 포함한 10개 언어로 오디오를 들을 수 있다.

시티 투어 버스 🕓 출발 시간 10:00, 11:15, 12:30, 13:30, 14:00 € 24시간권 어른 €20.00, 어린이 €8.00 📞 091-545-8608 🏠 www.infozagreb.hr/en/explore-zagreb/sightseeing/city-tours-by-bus

자그레브 트램 노선도

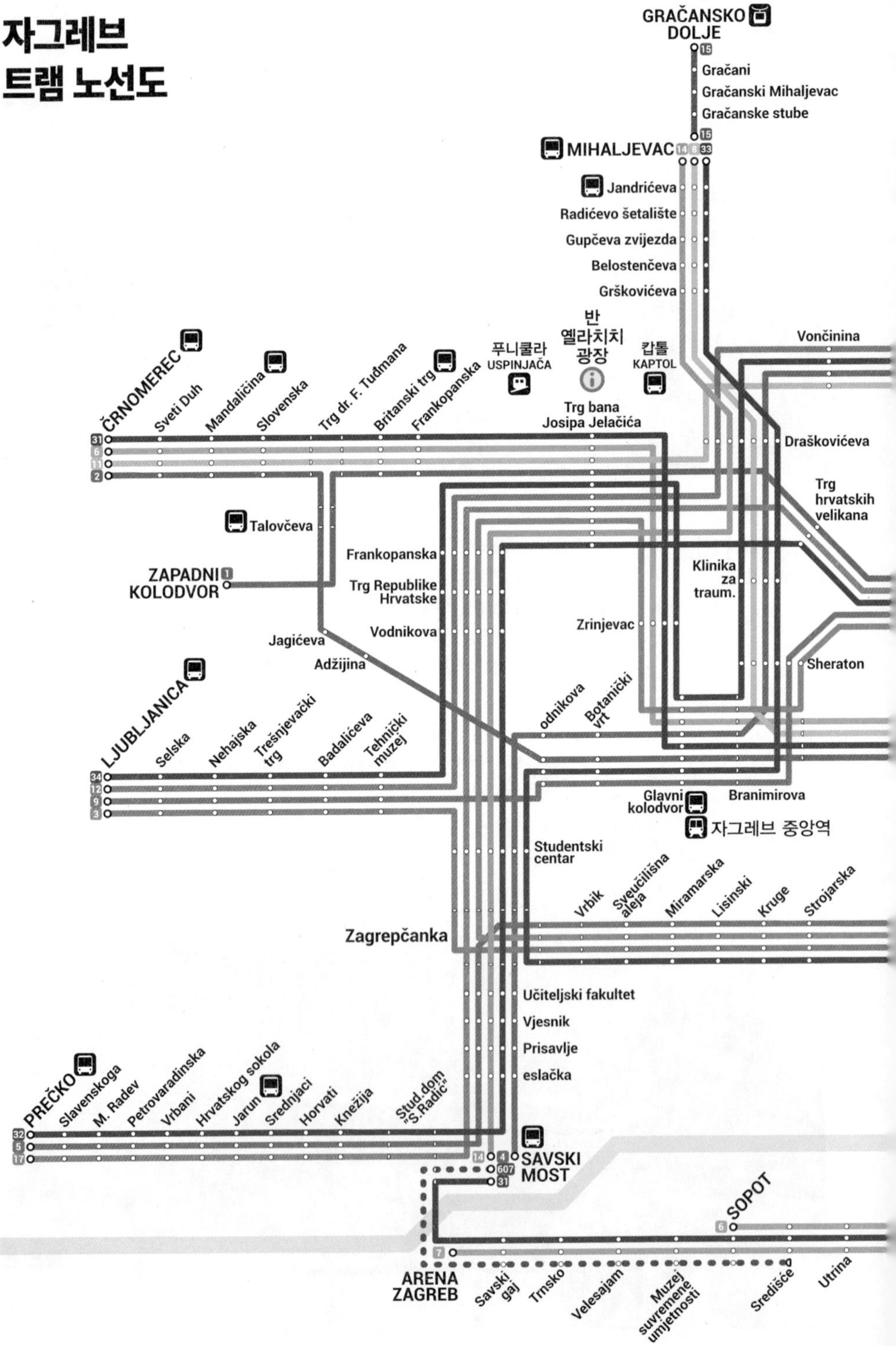

GRAČANSKO DOLJE
15
Gračani
Gračanski Mihaljevac
Gračanske stube
15
MIHALJEVAC
14
8
33
Jandrićeva
Radićevo šetalište
Gupčeva zvijezda
Belostenčeva
Grškovićeva
반 옐라치치 광장
푸니쿨라
USPINJAČA
캅톨
KAPTOL
Trg bana Josipa Jelačića
Vončinina
Draškovićeva
Trg hrvatskih velikana
ČRNOMEREC
Sveti Duh
Mandaličina
Slovenska
Trg dr. F. Tuđmana
Britanski trg
Frankopanska
31
6
11
2
Talovčeva
ZAPADNI KOLODVOR
1
Frankopanska
Trg Republike Hrvatske
Vodnikova
Jagićeva
Adžijina
Klinika za traum.
Zrinjevac
Sheraton
LJUBLJANICA
Selska
Nehajska
Trešnjevački trg
Badalićeva
Tehnički muzej
odnikova
Botanički vrt
34
12
9
3
Glavni kolodvor
자그레브 중앙역
Branimirova
Studentski centar
Vrbik
Sveučilišna aleja
Miramarska
Lisinski
Kruge
Strojarska
Zagrepčanka
Učiteljski fakultet
Vjesnik
Prisavlje
eslačka
PREČKO
Slavenskoga
M. Radev
Petrovaradinska
Vrbani
Hrvatskog sokola
Jarun
Srednjaci
Horvati
Knežija
Stud. dom "S. Radić"
32
5
17
14
4
607
31
SAVSKI MOST
SOPOT
6
7
ARENA ZAGREB
Savski gaj
Trnsko
Velesajam
Muzej suvremene umjetnosti
Središće
Utrina

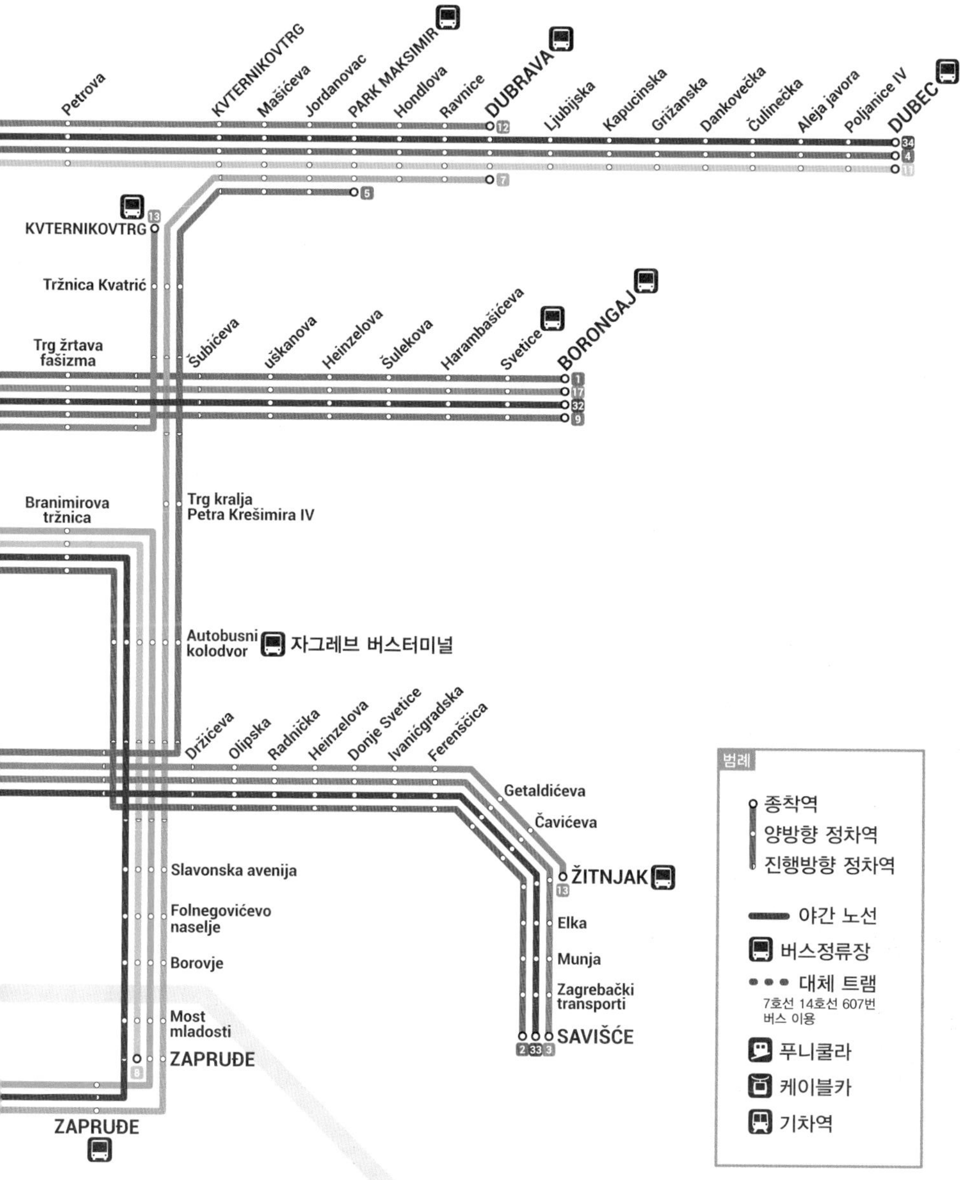

Petrova
KVTERNIKOVTRG
Mašićeva
Jordanovac
PARK MAKSIMIR
Hondlova
Ravnice
DUBRAVA
Ljubijska
Kapucinska
Grižanska
Dankovečka
Čulinečka
Aleja javora
Poljanice IV
DUBEC
12
34
4
11
7
5
13
KVTERNIKOVTRG
Tržnica Kvatrić
Trg žrtava fašizma
Šubićeva
uškanova
Heinzelova
Šulekova
Harambašićeva
Svetice
BORONGAJ
1
17
32
9
Branimirova tržnica
Trg kralja Petra Krešimira IV
Autobusni kolodvor
자그레브 버스터미널
Držićeva
Olipska
Radnička
Heinzelova
Donje Svetice
Ivanićgradska
Ferenščica
Getaldićeva
Čavićeva
ŽITNJAK
13
Elka
Munja
Zagrebački transporti
SAVIŠĆE
2
33
3
Slavonska avenija
Folnegovićevo naselje
Borovje
Most mladosti
ZAPRUĐE
8
ZAPRUĐE
범례
종착역
양방향 정차역
진행방향 정차역
야간 노선
버스정류장
대체 트램
7호선 14호선 607번 버스 이용
푸니쿨라
케이블카
기차역

자그레브 한눈에 보기

미로고이 묘지 15
Mirogojska cesta
Aleja Hermanna Bollea
Bijenička Cesta
Ksaverska cesta
자그레브 구시가지
09 성 마르크 광장
Kaptol
Mesnička ul.
자그레브 신시가지
돌라츠 시장 03
02 자그레브 대성당
일리차 거리
푸니쿨라
01 반 옐라치치 광장
Vlaška ul.
Ilica
관광안내소
Trg Republike Hrvatske
Gundulićeva ul.
Preradovićeva ul.
TRG N.Š.ZRINSKOG
Boškovićeva ul.
Hebranga ul.
Trg Josipa Jurja Strossmayera
Ul. Kneza Mislava
Hotel Sheraton
Ul. Jurja Žerjavića
토미슬라브 광장 06
Mihanovićeva ul.
07 보태니컬 가든
자그레브 중앙역
니콜라 테슬라 기술박물관

Kaufland
Laščinska Cesta
Jordanovac ul.
Laščinska Cesta
종합병원
16 막시미르 공원
자그레브 동물원
Jordanovac ul.
Petrova ul.
종합병원
Bukovačka cesta
스타디온 막시미르
Jordanovac ul.
Maksimirska Cesta
Srebrnjak
Zajčeva ul.
Horvatovac
Petrova ul.
Petrova ul.
Ul. Dragutina Domjanića
Maksimirska Cesta
Trg John F. Kennedy
Anastasia suites Zagreb
Ul. kralja Zvonimira
종합병원
Ul. Pavla Šubića
Ul. kneza Branimira
Ul. Vjekoslava Heinzela
N
0
100m
Hilton Garden Inn Zagreb - Radnicka
자그레브 국제공항
자그레브 버스터미널
Konzum

자그레브 추천 코스

자그레브를 제대로 보려면 최소 2박3일 정도는 필요하다. 첫째 날은 구시가지에 모여있는 볼거리들을 여유있게 돌아보는 코스. 볼거리가 많아서 하루 종일 걷고 먹고 기웃거리다 보면 어느새 대성당 첨탑에 노을이 짙게 물든다.

Day 1

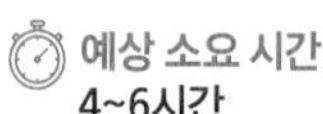

예상 소요 시간
4~6시간

반 옐라치치 광장
여행의 시작점

도보 5분

자그레브 대성당
여전히 공사 중

도보 5분

돌라츠 시장
식재료가 만드는 원색의 향연

도보 7분

오파토비나 공원
고즈넉하고 편안한 시크릿가든

도보 5분

트칼치체바 거리
자그레브의 여유와 낭만

도보 10분

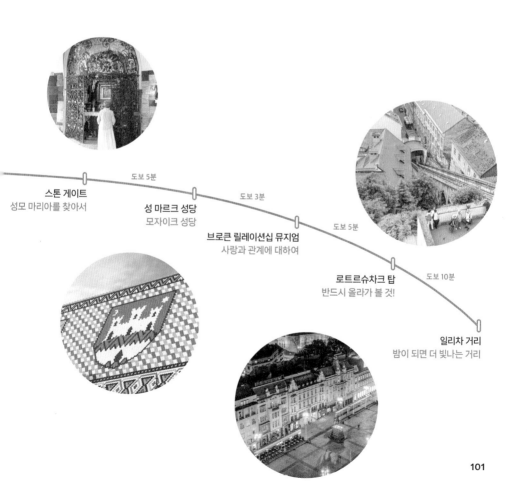

도보 5분

스톤 게이트
성모 마리아를 찾아서

도보 3분

성 마르크 성당
모자이크 성당

도보 5분

브로큰 릴레이션십 뮤지엄
사랑과 관계에 대하여

도보 10분

로트르슈차크 탑
반드시 올라가 볼 것!

일리차 거리
밤이 되면 더 빛나는 거리

Day 2

자그레브 여행 이틀째는 레누치의 초록 말발굽을 따라 신시가지를 돌아보는 코스다. 첫째 날에 비해 도보 이동 거리가 있으니 운동화 끈 동여매고 출발하자. 하루의 여유가 더 있다면 마지막 날에는 트램을 타고 막시미르 공원이나 미로고이 묘지 등으로 나가보는 것도 좋다.

예상 소요 시간
4~6시간

일리차 거리
내가 제일 화려해!

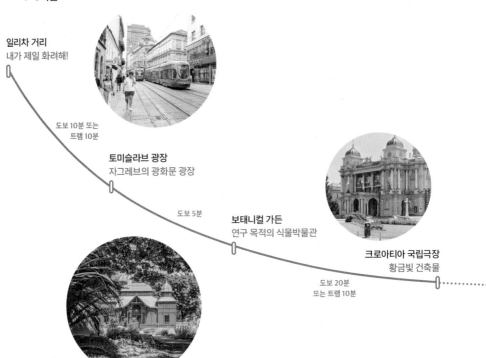

도보 10분 또는 트램 10분

토미슬라브 광장
자그레브의 광화문 광장

도보 5분

보태니컬 가든
연구 목적의 식물박물관

크로아티아 국립극장
황금빛 건축물

도보 20분 또는 트램 10분

Day 3

예상 소요 시간
4~6시간

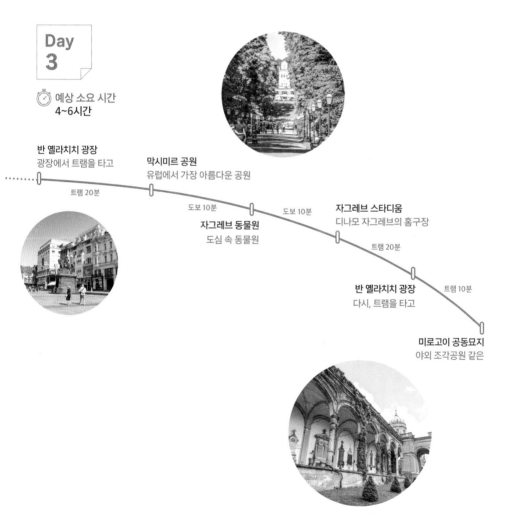

반 옐라치치 광장
광장에서 트램을 타고

트램 20분

막시미르 공원
유럽에서 가장 아름다운 공원

도보 10분

자그레브 동물원
도심 속 동물원

도보 10분

자그레브 스타디움
디나모 자그레브의 홈구장

트램 20분

반 옐라치치 광장
다시, 트램을 타고

트램 10분

미로고이 공동묘지
야외 조각공원 같은

AREA ····①

역사와 문화가 살아있는 자그레브의 심장

고르니 그라드 (구시가지)

Gornji Grad

#자그레브 역사지구 #대성당 #시장
#캅톨 언덕 #반 옐라치치 #메슈트로비치

자그레브의 구시가지에 해당하는 고르니 그라드는 도시 북쪽에 자리한 언덕 지대다. 이 일대는 다시 그라데츠(그리츠)와 캅톨이라는 지명으로 나뉘는데, 현재 성 마르크 광장을 중심으로 한 서쪽 언덕 지대가 그라데츠에 해당하고, 대성당이 위치한 동쪽이 캅톨이다. 이 일대는 자그레브의 탄생과 역사를 품고 있는 타임캡슐과 같아서 언제나 여행자들로 북적인다.

자그레브 구시가지 상세 지도

미로고이 묘지 15
막시미르 공원 16
트칼치체바 거리 05
06 메슈트로비치 아틀리에
03 히스토리바 & 클럽
04 오파토비나 공원
Opatička ul.
Tkalčićeva
St Mark's Square
성 마르크 성당 08
09 성 마르크 광장
Kaptol
Ul. Antuna G. Matoša
Mesnička ul.
Kamenita ul.
07 스톤 게이트
Opatovina
Ćirilometodska ul.
나이브 아트 미술관 10
01 크라바타
11 브로큰 릴레이션쉽 뮤지엄
14 그리치 터널
성 카타린 교회
02 피의 다리
02 코노바 브라세라
로트르슈차크 타워 12
04 크로샤라
자그레브 대성당 02
Ul. Pavla Radića
03 돌라츠 시장
Ul. Josipa Eugena Tomića
13 푸니쿨라
01 스타리 피야커 900
Pod zidom
일리차 거리
빈첵 Vincek
03 뮬러
반 옐라치치 광장 01
Ban Jelačić Square
Ilica
관광안내소

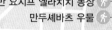

반 요시프 옐라치치 동상
만두셰바츠 우물

Selska cesta
Preradovićeva ul.

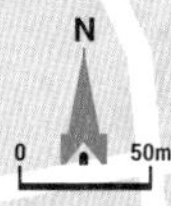

N
0 50m

우리 여기서 만나요! ······ ①

반 옐라치치 광장 Ban Jelačić Square

현지인들은 돌라츠 시장을 자그레브의 배꼽이라 부르지만, 여행자의 시각으로는 바로 이곳, 반 옐라치치 광장이야말로 자그레브의 배꼽이자 중심이다. 구시가와 신시가를 연결하는 중심이기도 하고, 셀 수 없이 많은 역사적 사건과 기억이 중첩되어 있는 상징적 중심이기도 하다. 18세기에 이 광장은 세금을 걷는 곳이기도 했고, 잦은 외침 때마다 시민들의 저항과 항쟁이 이어졌던 구심점이기도 했다. 광장을 지키고 있는 구조물 중 가장 눈에 띄는 것은 말을 탄 옐라치치 장군의 동상이고, 우측의 시계탑과 좌측의 우물도 눈여겨 볼 오브제다.

시계탑은 자그레브 시민들이 가장 많이 이용하는 약속장소로, 365일 시계탑 밑에서 서성이는 사람들을 만날 수 있다. 한때 자그레브의 모든 시계는 6대를 이어온 '레바로비치 Lebarovic' 시계점에서 만들어졌다고 한다. 옐라치치 광장의 시계탑은 이런 관행을 깨고 오스트리아에서 들여온 최초의 시계이자, 자그레브 최초의 공공시계탑이다. 자세히 보면 비엔나의 시계탑과 디자인과 스타일이 비슷한 것을 알 수 있다.

자그레브의 배꼽답게 거의 모든 노선의 트램이 광장 앞을 지나고, 가장 큰 관광안내소도 광장 동쪽에 자리하고 있다.

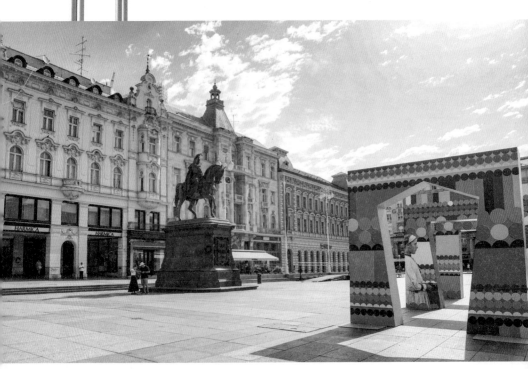

반 요시프 옐라치치 동상 Statue of Ban Josip Jelačić

19세기에 실존했던 크로아티아 독립의 영웅, 반 요시프 옐라치치 총독의 동상이다. 그는 농노제도를 폐지하고 크로아티아 의회선거를 체계화한 인물로 알려져 있다. 1866년부터 광장의 중앙에 설치되었지만, 1974년부터 1990년까지는 헝가리에 대한 저항의 상징으로 북쪽을 향해있던 옐라치치 동상이 강제로 철거되고 '공화국 광장'으로 이름마저 바뀌는 일도 있었다. 현재 자리를 지키고 있는 옐라치치 동상은 도시의 남쪽을 바라보도록 재설치 되었고, 이름도 되찾아 지금과 같은 옐라치치 광장이 되었다.

만두셰바츠 우물 Mandusevac Fountain

광장의 동쪽, 옐라치치 동상의 좌측에 자리한 만두셰바츠 우물. 전설에서 따온 이름이지만 현재의 우물은 모던하기 이를 데 없다. 우물이라기보다는 분수에 가까운 형태이지만 전설을 알고보면 묘하게 어여쁜 소녀 만다가 나타나 물을 떠줄 것 같은 느낌이다. 잠시 맑은 물을 바라보며 뜨거운 광장의 아스팔트 열기를 피해가기도 좋다.

우물에서 유래한 도시, 자그레브

전설에 따르면 오랜 옛날 자그레브 지역 전체가 극심한 가뭄에 시달렸다고 한다. 이를 안타깝게 본 크로아티아의 한 장군이 자신의 검을 마른 땅에 대자 그 자리에서 맑은 물이 솟아올랐다. 장군은 부하들을 향해 커다란 소리로 외쳤다. "자그레비테(물을 퍼올려라)!" 그리고 근처를 지나던 소녀에게도 말했다. "어여쁜 만다야, 나에게 저 물을 떠다오"
바로 그 소녀 만다가 물을 떠온 우물은 만다의 우물이라는 뜻의 '만두셰바츠'가 되었고, 물을 뜨다라는 크로아티아어 자그라비테에서 유래한 '자그레브'는 이 도시의 이름이 되었다.
그럼, 검으로 우물을 만든 전설의 장군은 누구일까? 그의 이름은 바로 반 요시프 옐라치치! 광장을 지키고 있는 동상의 주인공이다.

오늘도 묵묵히 공사 중 ······ ②

자그레브 대성당 Zagrebačka Katedrala

자그레브 대성당은 우리가 유럽의 성당에서 기대하는 모든 것을 담고 있다. 네오고딕 양식의 화려함, 웅장한 대리석의 단단함, 하늘을 찌를 듯한 첨탑, 거기에 1000년 가까운 세월에 더해진 서사까지. 캅톨 지역의 정신적 지주답게, 108m 높이의 성당 첨탑은 천년 동안 자그레브에서 가장 높은 건축물이었고 현재도 도시 어디에서나 쉽게 찾아볼 수 있는 랜드마크다. 1102년에 완공되어 1217년에 성모 마리아에게 헌정되어 '성모승천 대성당'이라고도 불리고, 성당 내부에 대주교 스테피나츠 Stepinac의 관이 있어서 '스테판 성당'이라고도 불린다.

13세기에는 타타르족의 침공으로 훼손되고, 15세기에는 오스만튀르크의 침략에 맞서 가톨릭을 지킨 최후의 보루였지만 이로 인한 훼손이 심각했다. 19세기에는 대지진으로 훼손되었으며, 가장 최근인 2020년에 또다시 지진으로 인해 첨탑과 건물 전체가 훼손되는 수난을 겪었다. 수난이 거듭될수록 대성당은 불사조 같은 상징이 되어 더욱 단단한 시민들의 지지를 받고 있다. 그리고 역시나, 대성당은 오늘도 공사 중이다. 당분간 내부 관람이 불가능하지만 입구를 지키고 있는 6명의 수호성인 조각상은 공사 펜스 너머로 지켜볼 수 있다. 아쉬운 마음은 대성당 광장에 세워진 황금빛 성모 마리아 기념탑을 보는 것으로 달래자.

🚶 반 옐라치치 광장에서 도보 7분 📍 Kaptol 31

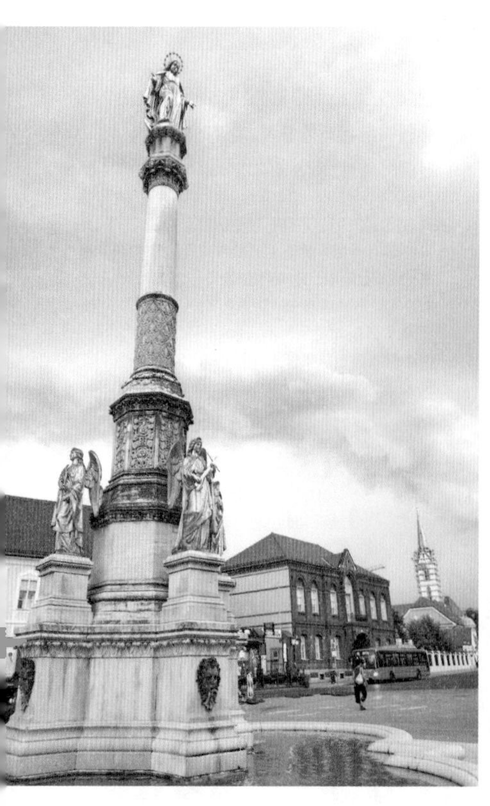

자그레브의 배꼽 ③

돌라츠 시장 Market Dolac

자그레브에서 가장 큰 농산물 시장으로, 현지인들은 이곳을 '자그레브의 배꼽'이라 부른다. 그라데츠와 캅톨로 나뉘어 싸우던 시절에도 두 마을 사람들이 물건을 사고 팔며 잠시 화해의 시간을 가졌던 시장터. 싱싱한 채소와 과일이 지천인 이곳에서 일단 배꼽시계부터 해결해 보자는 생각은 예나 지금이나 마찬가지였던 것 같다. 현재의 돌라츠 시장은 1930년대에 낡은 주거지역을 허물고 옛 시장터에 새롭게 들어선 근대적 시장이다. 처음에는 근처 농장의 농산물 위주로 판매되었지만, 현재는 크로아티아 전역에서 생산되는 다양한 미식재료가 넘치는 곳이 되었다. 돌라츠 시장과 옐라치치 광장 사이의 작은 공터에서는 형형색색의 꽃시장이 열린다. 이래저래 돌라츠 시장은 온갖 색들의 팔레트 같은 공간이다. 그중에서도 결정적인 컬러는 돌라츠 시장 전체를 덮고 있는 파라솔의 강렬한 붉은색. 자그레브를 상징하는 시각적 이미지가 된 '세스틴 우산'에서 모티브를 가져온 것이다. 세스틴 우산은 크로아티아 기념품으로도 사랑받고 있다.
오전 일찍 열리는 만큼 오후 시간에는 이미 시장이 파하는 곳이 많으니, 반드시 오전에 방문할 것을 권한다.

반 옐라치치 광장에서 도보 3분 Dolac 9
월~금요일 6:30~16:00, 토요일 6:30~15:00, 일요일 6:30~14:00
부활절, 12월 25일 01-6422-501 www.trznice-zg.hr

기억해야 할 두 이름, 쿠미차와 그린차그

돌라츠 시장 입구에 서 있는 쿠미차의 동상을 찾아보자! 자그레브 인근 마을에서 직접 키우거나 만든 제품을 판매하던 아주머니를 '쿠미차Kumica'라 부른다. 쿠미차는 돌라츠 시장의 상징이자 정신이라 할 수 있는데, 신선한 과일이나 채소, 달걀, 빵, 유제품 등이 든 커다란 광주리를 이고 시장을 누비던 우리네 할머니들과도 닮았다.
쿠미차 아주머니를 찾았다면 이번에는 그린차그Grincajg를 찾아보자. 그린차그는 자그레브의 식탁에서 빠질 수 없는 스프의 육수용 '채소 꾸러미'를 말한다. 당근, 파슬리, 샐러드, 케일 등이 든 좋은 그린차그를 사는 것은 자그레브 사람들에게 매우 중요한 일이다. 그린차그의 퀄리티가 스프의 맛을 좌우하니까.

시크릿 가든 ······ ④

오파토비나 공원 Park Opatovina

돌라츠 시장의 북쪽으로 난 뒷골목, 오파토비나 Opatovina 스트리트를 따라 올라가면 막다른 곳에 공원 입구가 나온다. 성직자들이 가꾸던 과수원을 시민들에게 개방한 것이라고 하는데, 의외로 눈길을 끄는 요소들이 많다. 벽면에 길게 누운 걸리버 벽화와 애완견을 산책시키는 동네 사람들, 잔디 위를 뛰어다니는 아이들, 다듬어지지 않은 나무들과 어딘지 모르게 비밀스러운 벤치들. 굳이 표현하자면 동네 커뮤니티와 자연이 교차하는 공간이라고 표현할 수 있을까. 관광지의 번잡함을 피해 잠시 쉬어가기 좋은 공원이다. 공원 안쪽으로 가면 트칼치체바 거리로 연결되는 오래된 돌계단이 나온다.

🚶 돌라츠 시장에서 북쪽으로 난 길을 따라 도보 5분

📍 Park Opatovina 🕓 24시간 개방 € 무료

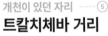

개천이 있던 자리 ······ ⑤

트칼치체바 거리

Tkalčićeva ulica

트칼치차 스트리트 Ul. Ivana Tkalčića를 따라 길게 이어지는 레스토랑과 카페 거리. 예전 이곳은 그라데츠와 캅톨의 경계가 된 곳으로, 19세기에 복개 공사를 하기 전까지 개천이 흐르던 곳이다. 종교 중심지인 그라데츠와 상업 중심지인 캅톨은 떼려야 뗄 수 없는 공생관계이면서도 언제나 으르렁거리는 경쟁관계였다.

개천을 사이에 두고 두 마을이 어찌나 싸웠던지, 다리 위에서는 종종 유혈사태까지 벌어졌는데, 지금도 남아있는 지명 '피의 다리 Bloody Bridge'가 그 증거다. 피로 낭자했을 그 자리에 현재는 같은 이름의 기념품점이 자리하고 있다.

약 600m 남짓한 트칼치체바 거리를 걷다보면 그 옛날 두 마을 사람들이 물건을 사고 팔며 화합했던 돌라츠 시장을 거쳐 마침내 하나로 화합한 반 옐라치치 광장까지 이르게 된다. 그러나 이 거리를 한 번에 완주하기는 쉽지 않다. 길 양옆에 늘어선 힙하고 핫한 레스토랑과 분위기 있는 카페, 그리고 크고 작은 소품숍들까지 여행자의 발길을 잡는 것들 천지니까 말이다.

크로아티아에서 가장 유명한 조각가의 작업실 ······ ⑥

메슈트로비치 아틀리에 Atelijer Meštrović

크로아티아가 자랑하는 예술가 이반 메슈트로비치의 집이자 작업실이었던 공간. 첫 작품부터 1942년 자그레브를 떠나기 직전까지, 초기 40년 동안 제작된 작품들이 예술가의 실제 공간 속에서 살아 숨 쉬듯 전시되어 있다. 대리석, 석재, 목재와 청동으로 만들어진 조각상과 부조, 스케치, 판화 등의 다양한 작품이 공간마다 어우러져 있다. 2022년 3월부터 시작된 리노베이션 공사가 3년째 진행 중으로, 2025년 현재 여전히 입장할 수 없다.

🚶 성 마르크 광장에서 북쪽으로 도보 5분 📍 Mletačka ul. 8

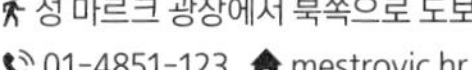

📞 01-4851-123 🏠 mestrovic.hr

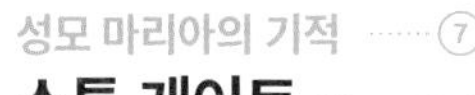

성모 마리아의 기적 ······ ⑦

스톤 게이트 Stone Gate

13세기 그라데츠에는 도시를 요새화하기 위한 5개의 목조 성문이 설치되었는데, 그중에서 현재까지 남아있는 유일한 성문이 바로 동쪽을 지키던 스톤 게이트다. 그마저도 원래의 목조 문은 대화재로 소실되었고, 지금의 석조 문은 1760년에 다시 만든 것이다.

1731년 5월 30일, 자그레브는 이 유일한 성문마저 소실될 뻔한 대화재에 휩싸였다. 꼬박 하루 동안 불을 끄고 난 후, 잿더미에 가까운 성문에서 성모 마리아의 성화가 온전한 모습으로 발견되었다. 실의에 빠져있던 사람들은 이 일이 성모 마리아의 성령으로 이루어졌다 믿으며 제단을 만들고 기도를 드리기 시작했다. 이후 5월31일은 '자그레브의 날'로 지정되었고, 스톤 게이트의 성모 마리아는 자그레브의 수호성인으로 받들어지고 있다. 아치형의 문으로 들어서면 마치 굴처럼 생긴 공간에 검은 쇠창살로 둘러싸인 작은 예배당이 나오는데, 이 안에 살아남은 성모 마리아 그림이 모셔져 있다. 어떤 시간에 가도 두손 모아 기도하는 시민들의 모습을 볼 수 있으니 그들 옆에서 경건한 마음으로 소원을 빌어보자.

캅톨 방향 게이트의 입구에 있는 조각상의 주인공은 로마 시대 전설적인 인물로, 황제의 명을 받아 로마 시내에 출몰한 용을 물리친 영웅 세인트 조지의 기마상이다. 말을 탄 세인트 조지가 자신이 물리친 용을 밟고 늠름하게 서 있다.

🚶 반 옐라치치 광장에서 트칼치체바 거리 쪽으로 도보 10분

📍 Kamenita ul. 1 📞 01-4851-611

🏠 www.zupa-svmarkaev.hr

레고 성당 혹은 모자이크 교회 ······ ⑧

성 마르크 성당 Crkva sv. Marko

원래 이 성당의 지붕이 이렇게 화려했던 건 아니었다. 13세기 초에 처음 지어졌을 당시에는 고딕 양식의 평범한 모습이었으나, 1876년부터 6년간 대대적인 보수를 거치면서 원래의 지붕을 걷어내고 현재와 같은 원색적인 무늬의 타일로 탈바꿈했다. 총 지휘를 맡은 건축가 프리드리히 폰 슈미트는 성 마르크 성당의 지붕 위에 모자이크로 된 두 개의 문장을 올렸는데, 왼쪽의 문장 안에는 중세 크로아티아, 슬로베니아, 그리고 달마티아 세 왕국의 상징물을 넣었고, 오른쪽에는 자그레브 시의 문장을 넣었다. 건축가의 바람대로, 당시 분리되어 있던 네 지역이 현재는 두 나라로 합쳐졌으니, 성스러운 장소라 칭송받을 만하다. 지붕 외에도 눈여겨 볼 곳은 남측 입구 상단에 나무로 조각되어 있는 성모 마리아와 예수, 그리고 열두 제자의 모습이다. 발칸 반도 일대에서는 보기 드문 양식으로 손꼽히며 문화재로 지정되어 있다.

화려한 지붕 장식과 달리 소박한 성당 내부에는 조각가 이반 메슈트로비치가 만든 십자가가 시선을 끈다. 십자가를 둘러싼 스테인드글라스와 오래된 프레스코화도 성스럽고 경건한 분위기를 만드는 조연이다. 그러나, 현재 이 모든 것은 여행자 신분으로는 볼 수 없게 되었다. 지진의 복구 때문에 일요일 미사 시간을 제외하고는 출입을 제한하고 있기 때문이다. 어쩌면, 실제 눈앞에 보이는 성 마르크 성당은 생각보다 작게 느껴질 수 있다. 그러나 레고를 연상시키는 지붕 장식이 주는 강렬함만큼은 그 어떤 랜드마크보다 오랜 여운을 남긴다.

- 스톤 게이트에서 도보 5분
- Trg Sv. Marka 5
- 01-485-1611
- www.zupa-svmarkaev.hr

그라데츠의 심장 ⑨

성 마르크 광장 Markove Trg

성 마르크 성당이 있는 성 마르크 광장은 한때 마녀사냥이 행해졌던 중세 흑역사의 현장이었지만, 현재는 어퍼타운의 행정 중심지가 되었다. 총독이 거주했던 총독궁은 오늘날 자그레브 정부청사의 역할을 하고 있고, 광장을 사이에 두고 마주보고 있는 건물에는 흐르바츠키 사보르Hrvatski sabor라 불리는 크로아티아 의회가 자리잡고 있다. 이외에도 자그레브 시의회, 헌법재판소 등의 주요 정부기관들이 성 마르크 광장을 둘러싸고 있다.

"테슬라는 크로아티아 태생이다!"

성 마르크 광장을 등지고 대로변으로 들어서면 오른쪽에 자리한 시의회City Assembly Of The City Of Zagreb 건물이 보인다. 사실 비슷비슷한 건물들이 붙어있어서 이곳이 시의회인지 또 다른 관공서인지조차 구분이 쉽지 않지만, 명확하게 이곳이 시의회 건물임을 알려주는 표식물이 딱! 자리하고 있다. 바로 건물 외관에 붙어있는 니콜라 테슬라의 조각상. 크로아티아에서 태어난 테슬라는 에디슨과 같은 시기에 활약한 과학자이자 발명가인데, 흔히 세르비아계 출신의 물리학자로 알려져 있다. 하지만 크로아티아에서는 그가 현재의 크로아티아 지역 태생임을 믿어 의심치 않는 분위기. 시의회 벽면에 테슬라 얼굴 조각을 새겨 이렇게 항변하고 있다. 테슬라는 세르비아가 아니라, 크로아티아 태생이라고!

이 밖에도 자그레브 곳곳에서 테슬라의 흔적을 찾아볼 수 있는데, 대표적인 것으로 〈니콜라 테슬라 기술박물관〉이 있다. 이곳의 자랑은 실제와 동일하게 만든 테슬라 실험실. 테슬라 발명품을 직접 작동시켜볼 수 있는 흥미진진한 공간이다. 어린이와 함께 하는 여행이라면 꼭 한번 방문해 볼 것!

니콜라 테슬라 기술박물관
Nikola Tesla Technical Museum
Savska cesta 18
01-4844-050
www.tmnt.hr

답습되지 않은, 순수 그 자체 ······ ⑩

나이브 아트 미술관 Croatian Museum of Naïve Art

교육 받지 않은 순수함이 묻어나는 작품을 '나이브 아트'라고 한다. 나이브 아트 미술관은 정규 미술교육을 받지 않은 작가들이 주축이 된 나이브 아트가 전 세계를 휩쓸던 1952년에 설립되어 현재까지 그 명맥을 유지하는 곳이다. 멕시코 화가 프리다 칼로의 작품을 볼 때 느껴지는 제도권 밖의 순수와 열정이 이곳의 작품들에서도 느껴진다. 조금 투박하지만 정겹고, 낯선 듯 익숙한 작품들에 빠져 잠시 쉬어가도 좋을 곳.

34명의 상설전시 작가들 중 눈여겨 볼 대표 작가로는 이반 헤네랄리치Ivan Generalić, 이반 라부진Ivan Rabuzin, 빌렘 반 벤크Willem van Genk 등이 있다.

🚶 성 마르크 광장에서 도보 5분 📍 Ćirilometodska ul. 3
🕒 월~금요일 9:00~17:00, 토요일 10:00~14:00
€ 어른 €5.50, 학생 €3 📞 01-4851-911
🏠 www.hmnu.hr

이별을 공유합니다 ······ ⑪

브로큰 릴레이션십 뮤지엄 Museum of Broken Relationships

'깨어진 관계'로 직역되는 이 박물관의 주제는 이별이다. 더 정확히는 한때 사랑했으나 깨어져 버린 연인들에 대한 모든 것이다. 이 박물관의 설립자는 자그레브 출신의 예술가들로, 서로 사랑했던 두 사람은 헤어지면서 공동소유였던 물품들을 누가 가질 것인지에 대해 고민하다가 이 공간에 대한 아이디어를 냈다고 한다. 박물관을 가득 채운 전시물들은 전 세계 여러 나라를 순회하며 기증받은 물품들이며, 이들의 취지에 열광한 많은 사람들이 지금도 박물관에 수많은 실연 물품들을 보내오고 있다. 하이힐, 지갑, 지우개, 도끼, 열쇠, 반지 등 일상 속의 평범한 물건들이 저마다의 사연을 품고 '공유된 이별'의 전시품들이 된다. 2011년에는 유럽에서 가장 혁신적인 박물관에 수여되는 케네스 허드슨 상을 수상하기도 했다.

브로큰 릴레이션십 박물관 바로 옆에는 성 카타린 교회Church of St. Catherine와 카타린 광장이 자리하고 있는데, 자그레브에서 가장 아름다운 바로크 양식 성당으로 손꼽힌다. 성당 뒤쪽 공터에서 바라보는 전망이 아름답기로 유명하지만, 잦은 공사로 광장으로의 진입이 금지될 때가 많다.

🚶 성 마르크 광장에서 도보 5분 📍 Ćirilometodska ul. 2
🕒 여름 9:00~22:00, 겨울 9:00~21:00
⊗ 크리스마스 이브, 크리스마스, 부활절, 1월 1일, 모든 성인의 날
€ €7 📞 01-4851-021 🏠 www.brokenships.com

제트기 소리와 맞먹는 130데시벨의 대포 소리 …… ⑫

로트르슈차크 타워 Kula Lotrščak

혹시 이 일대를 지나다가 귀청을 울리는 대포 소리를 듣는다면 놀라지 말고 시간을 확인해 보자. 1877년 새해 전야에 처음 발사된 이 대포는 1차 세계대전 기간을 제외하고는 오늘날까지 150여 년 동안 매일 정오에 한 차례씩 발사되고 있다. 대포 소리에 맞춰 도시의 모든 교회는 정오의 종을 울리고, 시민들은 시계를 맞추어 왔다.

타워가 세워진 역사는 13세기로 거슬러 올라간다. 타타르족의 침략을 받아 쫓겨온 당시의 국왕 벨라 4세가 이곳 그라데츠에 머물러 목숨을 구했는데, 이에 대한 감사로 벨라 4세는 그라데츠를 왕립자유도시로 선언했다. 또한 이 도시를 최고의 요새로 만들기 위해 많은 공을 들였는데, 이때 만들어진 성곽과 문 가운데 하나가 바로 로트르슈차크 타워다. 타워의 주요 임무는 도시의 남쪽 입구를 지키는 것. Lotrščak이라는 이름은 성문이 닫히기 전 저녁에 울리는 종을 의미하는 라틴어 문구 'campana lantrunculorum(도둑의 종)'에서 유래되었는데, 실제로 이곳은 대포 이전에 종이 있던 자리였다.

16세기 이후 더 이상 군사적인 목적은 사라지고 17세기에는 창고로 사용되기도 했고, 19세기에는 다방으로 이용되었다는 기록도 있다. 어느 시기에는 가정집으로 이용되기도 했다는데, 현재도 이 타워는 적의 공격이 있을 경우 당국에 반환한다는 조건으로 마을 사람들에게 임대되어 운영되고 있다. 실제 매표소를 지키고 있는 분도 마을 주민이고, 타워로 올라가는 회전 철계단 사이로 보이는 화분과 가재도구들이 정겹게도 이 사실을 입증해주고 있다. 꼭대기 전망대에 오르면 자그레브 시내가 한 눈에 들어온다.

성 마르카 광장에서 도보 7분 · Strossmayerovo šetalište 9
화~금요일 9:00~19:00, 토, 일요일 11:00~19:00 · 월요일 · €3
01-4851-926 · www.gkd.hr/en/stronglotrscak-tower-strong

눈 깜짝 할 사이에 도착! ······ ⑬

푸니쿨라 Funicular

자그레브를 상징하는 파란색의 트램에 이어 또 하나의 파란색 명물이 된 푸니쿨라. 언덕으로 이루어진 도시를 효율적으로 이동하는 교통수단이기는 하지만, 그 길이가 너무나 짧아 무려 '세계에서 가장 짧은 케이블카'라고 한다. 총 길이 66m를 오르거나 내려가는 데 약 1분이 소요되고, 차량도 오르고 내리는 단 2대 뿐이다. 최대 28명이 탑승할 수 있고, 이 가운데 16개의 좌석이 있지만 엉덩이를 붙이자마자 떼야 할 판이다. 반 옐라치치 광장에서 일리차 거리를 따라 서쪽으로 걷다보면 오른쪽으로 난 작은 골목 끝에 파란 푸니쿨라와 승강장이 보인다. 선로 옆에는 보행로가 있으니, 올라갈 때는 푸니쿨라를 타고 내려올 때는 산책삼아 걸어보는 것도 좋다.

🚶 반 옐라치치 광장에서 도보 5분 📍 Tomićeva ul. 🕒 6:30~22:00
€ €0.66(*버스, 트램, 케이블카 통합 티켓으로 푸니쿨라도 이용 가능(*94페이지 참조))
📞 01-4833-912

걸어 들어가야 할 역사의 한 조각 ······ ⑭

그리치 터널 Tunel Grič

자그레브의 지하에는 크고 작은 규모의 터널들이 얽혀있는데, 최근 들어 하나 둘 공개되면서 터널에 얽힌 역사적 사실들도 새롭게 주목받고 있다. 그리치 터널도 그중 한 곳으로, 1943년 제2차 세계대전 공습 대피용으로 지어진 터널을 반세기가 지난 2016년 여름부터 일반에게 공개하고 있다.

메스니츠카 거리Mesnička ulica에서 라디체바 거리 Radićeva ulica까지 이어지는 내부에는 여러 거리로 향하는 중간 출구가 있으며, 기본적인 상하수도 설비와 조명이 설치되어 있다. 곳곳에 벙크처럼 형성된 공간들은 대피 기간 동안 가족 단위의 생활도 가능했을 것 같아 보인다. 실제 이곳은 1991년에서 1995년까지 이어진 크로아티아 독립전쟁 기간에도 대피소 역할을 수행했다고 한다. 일단 터널로 들어서면 중간 출구가 나올 때까지 계속 걸어가는 수밖에 없다. 어두컴컴하고 축축한 터널을 걷다보면 이 도시가 얼마나 많은 전쟁을 치러낸 곳인지 새삼 인식하게 된다.

🚶 Radićeva 거리 19번지 또는 Mesnička 거리 12번지에 터널로 통하는 입구가 있다. 이외에도 3군데 입구가 더 있지만, 찾기가 쉽지 않다.
📍 Mesnička ul. 🕒 9:00~21:00 € 무료

야외 조각공원 같은 ⑮

미로고이 묘지
Mirogoj Cemetery

도시 북쪽, 녹음으로 둘러싸인 넓고 평화로운 땅 미로고이. 마치 훌륭한 야외 조각공원처럼 보이지만, 이곳은 유럽에서 가장 아름다운 공동묘지다. 그도 그럴 것이 원래 이곳은 크로아티아 유명 정치인의 여름별장이었는데, 자그레브 시가 매입해 공동묘지로 조성한 것이다. 산 사람을 위한 별장에서 죽은 이를 위한 안식처로 역할만 바뀌었을 뿐, 아름다운 환경은 그대로다.

넓은 녹지 위에 형성된 산책로와 조각상, 파빌리온들은 이곳을 방문하는 사람들에게 독특한 고즈넉함을 선사하는데, 그중에서도 500m 길이의 웅장한 네오르네상스 양식 회랑은 크로아티아가 자랑하는 건축물로도 손꼽힌다. 1876년에 문을 연 묘지에는 크로아티아 예술계와 학계의 유명인사들이 잠들어 있다. 미로고이 묘지의 회랑을 설계하고 대성당과 예술공예 박물관 등 자그레브 시내의 다양한 건축물의 복원과 건축에 관여했던 헤르만 볼Hermann Bolle도 이곳에서 영원한 안식에 들었다.

🚶 칸톨 일대에서 106번, 226번 버스로 10~15분 소요
📍 Aleja Hermanna Bollea 27
🕓 6:00~18:00 € 무료
📞 01-4696-707
🏠 www.gradskagroblja.hr

유럽에서 가장 아름다운 공원 ⑯

막시미르 공원 Park Maksimir

자그레브 서북쪽에 자리한 316헥타르의 넓은 녹지대. 유럽에서 가장 아름다운 공원이라는 찬사를 듣고 있는 막시미르 공원이다. 공원의 설립자인 주교 막시밀리안 브르호베치의 이름을 딴 이 공원은 1794년 개장 당시는 남동부 유럽 지역 최초의 시민 공원이었다. 공원 내에 5개의 호수와 울창한 수풀림이 어우러져 휴식과 재충전이 필요한 사람들의 안식처와 같은 곳이다. 부지 내에 자그레브 동물원이 자리하고 있으며, 공원 맞은편에는 크로아티아 리그 1팀 '디나모 자그레브'의 홈구장 '스타디온 막시미르 Stadion Maksimir'가 자리하고 있어서 어린이와 청소년을 동반한 여행자들은 일부러 찾아오는 명소기도 하다. 시내에서 트램으로 15분 이상 소요되므로, 하루 정도 시간을 비워두고 공원, 동물원, 스타디움을 연결해 둘러보는 것이 좋다.

🚶 반 옐라치치 광장에서 11, 12번 트램을, 기차역에서 4번 트램을 이용 막시미르 공원 하차 📍 Maksimirski perivoj 1 🕓 24시간 € 무료 📞 01-2320-460 🏠 www.park-maksimir.hr

존재 자체가 역사 ······①

스타리 피야커 900 Stari Fijaker 900

고풍스러운 건물 외관 때문에 선뜻 문을 열기 어렵지만, 실내로 들어서면 의외의 편안함이 느껴진다. 그도 그럴 것이 이곳은 자그레브에서 가장 오래된 로컬 레스토랑 중 한 곳이기 때문. 크로아티아 요리에 대한 자부심이 느껴진다. 튀긴 고기 요리인 슈니첼이나 동유럽 전통음식 굴라시 등은 호불호가 없는 시그니처 메뉴다. 스프는 약간 간이 강하지만 샐러드와 함께 먹으면 밸런스가 좋다. 음식의 퀄리티나 양에 비해 가격도 착하다.

반 옐라치치 광장에서 서쪽으로 도보 12분
Mesnička ul. 6 11:00~23:00

01-4833-829
www.starifijaker.hr

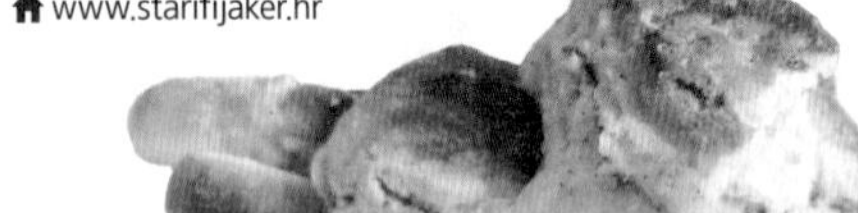

대성당이 마주 보이는 선술집 ······②

코노바 브라세라 Konoba Bracera

대성당 맞은편에 있어서 찾기는 정말 쉽다. 바로 옆에는 캅톨 호스텔이 있는데, 그곳의 조식을 담당하는 레스토랑이기도 하다. 이 때문인지 오전 10시 오픈 시간에 맞춰가도 뭔가 준비가 되어 있는 느낌. 브레이크 타임 없이 하루 종일 커피와 식사를 즐길 수 있는 것도 장점이다. 연노랑 건물의 짙은 밤색 나무문을 밀고 들어가면 창밖으로 대성당과 황금빛 성모 마리아 기념탑이 보인다. 크로아티아 전통 스타일의 생선 요리와 이탈리아식 파스타, 동유럽식 케밥 등 다양한 메뉴가 가능하고, 브런치로는 간단한 샌드위치나 음료만도 주문할 수 있다. 참고로, '코노바'는 크로아티아어로 '선술집'을 의미한다.

반 옐라치치 광장에서 도보 5분,
대성당 맞은편에 위치
Kaptol 5
10:00~23:00
01-4880-262

트칼치체바 거리의 오아시스 ······ ③

히스토리 바 & 클럽 History Bar & Club

트칼치체바 거리 중간에 자리한 분위기 좋은 카페 겸 레스토랑. 오전 일찍부터 새벽까지 운영하며, 브런치에서 클럽 메뉴까지 시간대별로 다양한 메뉴를 자랑한다. 토스트, 햄버거, 감자튀김, 간단한 아시안 누들이 주요 메뉴. 솔직히 음식 맛에 별다른 특징이 있는 건 아니다. 오히려 여유 있는 실내외 좌석과 무심한 듯한 스태프들의 서비스가 편안함을 준다. 식사 시간이 아닐 때는 커피나 맥주 한 잔만 즐기기에도 좋은 곳.

🚶 성 마르크 광장에서 도보 7분, 트칼치체바 거리 중간쯤
📍 Ul. Ivana Tkalčića 68
🕘 9:00~2:00 📞 01-6464-165
🏠 www.history.hr

세계 최초의 넥타이 가게 ······ ①

크라바타 KRAVATA

반 옐라치치 광장에서 50m 남짓, 라디체바 거리를 따라 나지막한 언덕을 오르다 보면 다양한 매장들 사이에서 커다란 넥타이 간판이 눈에 들어온다. 문을 연 지 70년이 넘은 이 가게는 크로아티아에서 가장 오래된 넥타이 제조업체다. 넥타이 자체가 크로아티아에서 처음 만든 제품이니, 크로아티아 최초는 세계 최초라고도 할 수 있다. 크로아티아 국가 문장이나 국기 등을 모티브로 한 붉은 넥타이는 물론이고, 끊임없이 진화하는 현대적인 디자인들도 눈길을 끈다. 100% 실크 소재를 사용해 100% 핸드메이드 방식으로 만들어낸다는 자부심이 대단하다. 넓지 않은 내부에 다양한 디자인의 넥타이들이 빽빽하게 진열되어 있는데, 구입하지 않고 구경만 하기에는 살짝 부담스럽다.

🚶 반 옐라치치 광장에서 도보 3분 📍 Radićeva 13
📞 01-4830-919 🏠 www.kravata-zagreb.com

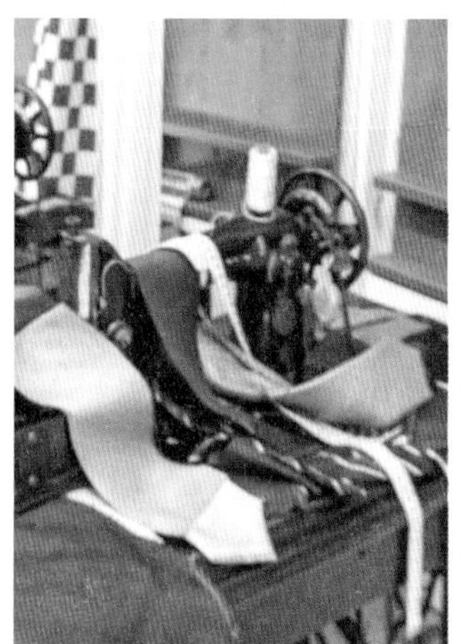

역사적 현장에 자리한 ······ ②

기념품점 '피의 다리' Souvenirs 'Bloody Bridge'

오래 전 그라데츠와 캅톨 사람들은 개천을 사이에 두고 매일 피터지게 싸웠다고 한다. 세월이 흘러 두 지역은 하나의 도시가 되었고, 개천도 복개되어 길이 생겼다. 그리고 바로 그 '피의 다리'가 있던 자리에는 같은 이름의 기념품점이 생겼다. 사실 이곳이 아니더라도 대동소이한 기념품점은 셀 수 없이 많고, 제품의 구색이나 가격도 크게 다르지 않다. 그저 기념품숍을 어느 집이든 한 곳은 들러야 한다면 스톤 게이트 근처에 자리한 이곳도 나쁘지 않다. 마그네틱 제품, 미러볼, 그림 액자, 도자기 제품, 의류 등 여행자에게 필요한 모든 기념품을 구비하고 있다.

🚶 반 옐라치치 광장에서 트칼치체바 거리 쪽으로 도보 5분
📍 Krvavi Most 3 🕘 9:00~22:30 ⊗ 일요일
🏠 www.citypal.me/locations/zagreb/fun-shopping/souvenir-shop

자그레브의 올리브영(?) ······ ③

뮐러 Müller

자그레브 내에만 10개 이상의 매장을 보유한 대형 잡화점. 우리나라로 치면 '올리브영'처럼 화장품, 의약품, 음료, 잡화 등을 판매하고, 지하 식품매장에서는 초콜렛, 과자 등 다양한 제품을 판매하고 있다. 반 옐라치치 광장 만두셰바츠 분수 앞에 있는 매장이 본점 격으로 규모도 가장 크다. 크로아티아 과자나 초콜릿, 마그네틱 등 간단한 선물을 구입하기에 좋다.

🚶 반 옐라치치 광장에 위치
📍 Trg bana Josipa Jelačića 8
🕘 월~토요일 8:00~21:00 ⊗ 일요일
📞 01-489-3150 🏠 www.mueller.hr

선 시식, 후 구매 ······ ④

크로샤라 Crošara

와인, 치즈, 견과류 등 정말 다양한 식재료를 판매하는 매장. 특히 트러플 오일, 트러플 소스 등 송로버섯 관련 제품들은 종류가 다양해서 선택 장애가 올 정도다. 매장 앞의 입간판에는 여러 나라 언어로 시식을 권하고 있는데, 한글로 쓰여진 '무료 시식' 네 글자에 이끌려 매장 안으로 끌려들어 가게 된다. 점원은 친절하고도 집요하게 시식을 권하는데, 다양하게 충분히 맛보고 선택하는 것이 좋다. 크기나 비용면에서 선물용으로 적당한 포장의 식재료들도 많다.

🚶 반 옐라치치 광장에서 트칼치체바 거리 쪽으로 도보 5분
📍 Ul. Pavla Radića 17 🕘 9:00~22:00

AREA ····②

자그레브의 현재를 보여주는

도니 그라드 (신시가지)

Donji Grad

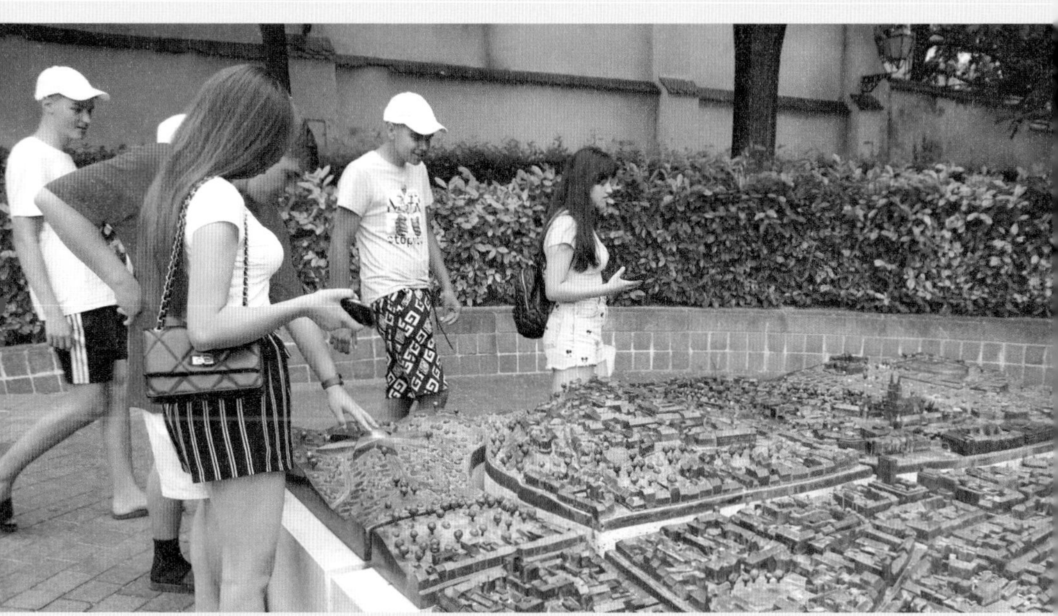

#근대화의 현장 #레누치의 초록 말발굽 #미술관과 박물관 #예술과 휴식 #쇼핑과 식도락 #광장과 공원

'고르니'는 위, '도니'는 아래를 뜻하는 크로아티아어다. 즉 도니 그라드는 아래에 있는 동네라는 뜻. 이름처럼 언덕 아래, 도시 남쪽에 자리한 도니 그라드는 현재 자그레브의 신시가지에 해당한다. 현대적인 건축물과 박물관, 공원, 기차역, 쇼핑센터 등이 자리한 도니 그라드는 자그레브의 오늘을 만날 수 있는 또 다른 여행지다.

자그레브 신시가지 상세 지도

일리차 거리 01
02 빈첵
자그레브360 전망대
Hotel Dubrovnik
츠비예트니 쇼핑센터 01
부디 포노산
02
바탁 01
옥타곤
카이 스트리트 푸드 03
Ilica
03 고고학 박물관
Trg Republike Hrvatske
Gundulićeva ul.
TRG N.Š.ZRINSKOG
08 자그레브 음악아카데미
미술공예 박물관
09 크로아티아 국립극장
스트로스마이어 갤러리 04
Trg Josipa Jurja Strossmayera
Hebranga ul.
Palace hotel
미마라 뮤지엄 10
민족(민속)학 박물관
Gimnazijsko igralište
Mažuranić square
아트 파빌리온
05
Ul. Jurja Žerjavića
The Westin Zagreb
Trg Kralja Tomislava
토미슬라브 광장 06
Trg Marka Marulića
Esplanade Zagreb Hotel
Hotel Central
Mihanovićeva ul.
07 보태니컬 가든
Botanical Garden
자그레브 중앙역
니콜라 테슬라 기술박물관
Savska cesta
Konzum
Miramarska Cesta
자그레브 버스터미널
P
Trg Stjepana Radića
Park Stjepana Srkulja
Ul. grada Vukovara
Ul. grada Vukovara
Ul. grada Vukovara
Hotel International
Ul. Hrvatske bratske zajednice
Park of Fountains
N
0
100m
Ul. Ivana Lučića
P
Konzum

내가 제일 화려해! ······ ①

일리차 거리 Ulica Ilica

고르니 그라드와 도니 그라드를 가르는 경계이자, 신시가지와 구시가지를 구분 짓는 주요 도로. 자그레브에서 가장 긴 도로인 일리차 거리는 반 옐라치치 광장에서부터 서쪽 구도심까지 약 6㎞ 가량 이어진다. 이 길을 따라 쇼핑몰, 레스토랑, 카페 등이 즐비하고, 해가 지면 화려한 조명들이 불을 밝혀 이곳이 자그레브의 메인 스트리트임을 알려준다.

지금은 문을 닫은 고층 전망대, 자그레브 360

일리차 거리와 반 옐라치치 광장이 만나는 곳에는 1959년에 지어진 고층 건물이 하나 있다. 일리차의 마천루, 혹은 광장의 마천루라 불리는 이 건물은 건축가 요시프 히틸Joship Hitil, 슬로보단 요비치치Slobodan Jovicic 그리고 이반 줄례비치Ivan Zuljevic에 의해 지어진 크로아티아 최초의 상업 고층건물이자 최초의 유리 외관 건물로, '일리치키 네보더Ilicki Neboder'라는 정식 이름보다 '자그레브 아이' 또는 '자그레브 360'으로 더 많이 알려져 있다. 고층건물이 없는 자그레브에서 이 건물 최상층(16층)에 자리한 전망대 자그레브 360은 탁트인 전망을 보여주는 핫플레이스였기 때문. 아쉽게도 지진과 코로나19를 거치면서 2025년 현재 자그레브 360은 폐쇄되었다.

축구 박물관 ②

부디 포노산 Budi Ponosan / Multimedia Center 'Be Proud'

크로아티아어로 '자부심, 자랑'을 뜻하는 부디 포노산. 크로아티아 축구대표팀 공식 미디어센터인 동시에 축구 박물관이다. 자그레브에는 고문 박물관, 착시 박물관, 버섯 박물관 등 이색적인 박물관들이 많은데, 이곳 축구 박물관도 그중 하나다. 무료 입장인데다가 의외로 최신의 멀티미디어를 활용한 전시가 알찬 느낌. 크로아티아 국가대표 선수 모드리치에 열광하는 축구팬이라면 한번쯤 들러볼 만하다.

반 옐라치치 광장에서 일리차 거리를 사이에 두고 관광안내소 맞은편
Petrinjska ul. 2
화~토요일 10:00~18:00
일요일, 월요일 무료
hns.family/obitelj/navijaci/informativno-multimedijski-centar

고대 유물의 보물창고 ③

고고학 박물관

Arheološki Muzej

자그레브에서 가장 오래된 박물관으로, 1836년에 설립되었다. 이집트와 로마 고대 유물들이 잘 보존되어 있는 것으로 유명하고, 특히 고대 에트루리아 문자가 사용된 유물 중 가장 긴 글이 쓰여 있는 린넨 천의 전시로 학계의 주목을 받았다. 또한 그리스 유물관에서는 다양한 그리스 도자기와 로마 석상, 조각들이 전시되어 인간 문명의 다양한 면모를 보여주고 있다. 크로아티아 지역의 역사적 뿌리를 보여주는 기획전과 상설전도 인상적이다.

반 옐라치치 광장에서 1, 6, 11, 12, 13, 14, 17호선 트램 이용
Trg Nikole Šubića Zrinskog 19 화~금요일 10:00~18:00, 토요일 10:00~20:00, 일요일 10:00~13:00 월요일 €6 01-4873-000 www.amz.hr

크로아티아 과학예술의 요람 ⋯⋯ ④

스트로스마이어 갤러리 The Strossmayer Gallery of Old Masters

크로아티아 과학예술 아카데미Croatian Academy of Sciences and Arts에서 운영하는 미술관. 요시프 유라이 스트로스마이어Josip Juraj Strossmayer 주교가 수집한 250여 점의 유럽 회화 작품들을 전시하고 있다. 이곳 역시 현재 휴업 중이지만 초록 말발굽(*129p 참조)을 따라 걷다 보면 붉은 벽돌의 3층 건물이 눈에 띄는데, 이 건물 2층에 갤러리가 있다.

🚶 레누치의 초록 말발굽을 따라 반 옐라치치 광장에서 도보 15분
📍 Zrinski trg 11 📞 01-4895-117
🏠 www.sgallery.hazu.hr

조립식 전시장의 상설화 ⋯⋯ ⑤

아트 파빌리온 Art Pavilion in Zagreb

파빌리온은 박람회나 전시회를 위해 임시로 만든 건물을 의미한다. 아트 파빌리온 역시 애초의 목적은 1896년 부다페스트 밀레니엄 박람회에 참가한 조립식 전시장이었다. 박람회가 끝난 후 2년간의 해체와 조립 과정을 거쳐 자그레브에 영구 설치되었다. 1898년 개막식을 겸한 첫 번째 전시는 크로아티아 현대미술의 이정표가 된 '크로아티아 살롱전'이었고, 로뎅과 미로의 전시도 여러 차례 열렸다. 최근에는 환경과 예술에 대한 다양한 질문이 담긴 실험적인 전시가 꾸준히 기획되고 있으니, 방문 기간 동안 관심을 가지고 보자. 전시에 관심이 없더라도 아르누보 스타일의 진노랑색 건물 앞에서 사진을 찍거나 휴식을 취하는 것만으로 힐링이 되는 곳이다.

🚶 반 옐라치치 광장에서 남쪽으로 도보 15분
📍 Trg Kralja Tomislava 22
€ 전시에 따라 다름
📞 01-4841-070
🏠 www.umjetnicki-paviljon.hr

자그레브의 광화문 광장 ······ ⑥

토미슬라브 광장 Trg Kralja Tomislava

아트 파빌리온을 배경으로 넓은 잔디광장이 펼쳐지고, 그 가운데 용맹스럽게 서 있는 동상이 보인다. 광장의 이름이 된 동상의 주인공은 토미슬라브 대왕. 크로아티아의 첫 번째 왕이자 가장 위대한 왕으로 추앙받고 있는 그는 헝가리의 공격으로부터 크로아티아를 지켜내고 하나의 나라로 통일시킨 주역이다. 토미슬라브 대왕이 광장을 굽어보고, 동상의 단상 정면에는 크로아티아의 국가 문장인 방패가 새겨져 있다.

기차역에 내려서 처음 만나는 광장과 동상인만큼, 여러모로 도시의 상징이 되는 곳이다. 마치 우리의 광화문 광장처럼 말이다. 여름밤에는 광장에서 클래식 공연이 이뤄지기도 하고, 주말마다 버스킹 공연이 펼쳐진다.

🚶 2, 4, 6, 9, 13번 트램을 타고 토미슬라브 광장 또는 기차역 정류장에서 하차
📍 Trg Kralja Tomislava 10
🏠 www.infozagreb.hr

연구 목적의 식물박물관 ······ ⑦

보태니컬 가든 Botanical Garden

레누치의 초록 말발굽 아래쪽에 자리한 보태니컬 가든은 자그레브 대학교 자연과학대학 소속의 식물원이다. 레누치의 초록 말발굽에 속해 있는 여러 개의 공원 가운데 유일하게 입장 시간과 요금이 정해져 있다. 입장료를 내고 들어가면서 넓디넓은 공원을 기대했다면 조금 실망할 수도 있다. 유럽의 여러 도시에서 만날 수 있는 일반적인 보태니컬 가든과 달리, 이곳은 관광객을 위한 공원이라기보다는 학술과 연구를 위한 야외 식물박물관에 가깝기 때문이다. 1891년 개장한 이후 150여 년 동안 5000종이 넘는 식물이 분류, 관리되고 있으며 그중에서 300종은 보호종으로 지정되어 있다. 1~2월 사이 겨울에는 식물 보호를 위해 식물원 전체를 폐쇄한다. 식물원 내에서 눈여겨볼 건물은 빨간색의 목재 파빌리온으로, 제 2회 세계 박람회가 끝난 후 자그레브 보태니컬 가든에 기증되었다.

🚶 토미슬라브 광장에서 서쪽으로 도보 10분 또는 트램 2, 4, 9번 이용 📍 Trg Marka Marulića 9A 🕒 매년 3~12월까지만 개방. 월, 화요일 9:00~14:30, 수~일요일 9:00~19:00 € €2
📞 01-4898-066 🏠 botanickivrt.biol.pmf.hr

거대한 바늘을 찾아라 ⑧

자그레브 음악아카데미

Muzička Akademija / University of Zagreb Academy of Music

크로아티아에서 가장 오래된 음악학원으로, 1921년 설립 이후 100년이 넘는 동안 세계 수준의 음악가들이 이곳을 거쳐 갔다. 현재 자그레브 대학교 음악아카데미로 사용되어 공연이 있는 날을 제외하고는 관람이 어렵다. 우리가 봐야 할 것은 음악원 입구에 자리한 '바늘'이라고 불리는 29미터 높이의 뾰족한 은도금 조각상 정도.

🚶 트램 12, 13, 14, 17번 이용 또는 반 옐라치치 광장에서 도보 10분
📍 Trg Republike Hrvatske 12
📞 01-4810-200 🏠 www.muza.unizg.hr

휘황찬란 황금빛 건축물 

크로아티아 국립극장

Hrvatsko Narodno Kazalište u Zagrebu/ Croatian National Theatre in Zagreb

크로아티아 전체를 통틀어 가장 규모가 큰 공연장. 19세기 대지진으로 붕괴된 건물을 오스트리아 황제의 방문에 맞춰 1895년에 리모델링 후 오픈했다. 자그레브 최초의 극장이라는 명성에 맞게 최고 수준의 오페라와 발레 공연들이 이곳 무대에서 펼쳐진다. 공연뿐 아니라 화려한 건축물과 주변 장식으로도 유명한데, 극장 앞 광장의 분수대는 아름다운 국립극장의 외관을 완성하는 화룡정점이다. 분수대의 조각 작품은 거장 이반 메슈트로비치의 대표작 중 하나인 '생명의 우물The Well of Life(1905)'이니 놓치지 말 것.

🚶 트램 12, 13, 14, 17번 이용 또는 반 옐라치치 광장에서 도보 10분
📍 Trg Republike Hrvatske 15 📞 01-4888-488 🏠 www.hnk.hr

예술품 수집가 부부의 열정 혹은 재력 ……⑩

미마라 박물관 Muzej Mimara / Mimara Museum

박물관의 설립자인 안테 토피치 미마라Ante Topić Mimara는 크로아티아 출신의 수집가, 화가, 복원가, 감정가였으며 위대한 기부자이자 예술 후원자였다. 평생의 대부분을 고국 밖에서 보내면서 예술 작품 수집이라는 큰 열정을 품고 살았다고 한다. 그리고 그것들로 박물관을 만드는 인생 최대의 목표를 자그레브로 돌아와 실현했다.

아내인 빌트루데 미마라와 함께 고대부터 20세기까지의 주요 미술품을 개인적으로 수집 소장하였고, 이후 미마라 부부가 소장품을 자그레브 시에 기증하면서 미마라 박물관이 탄생하게 됐다. '크로아티아의 루브르'라는 찬사를 받았지만, 현재는 건물 외관의 대대적인 보수공사로 일반인 관람이 중지된 상태다.

트램 12, 13, 14, 17번 이용 또는 반 옐라치치 광장에서 도보 10분
Rooseveltov trg 5 01-4828-100 www.mimara.hr

자그레브는 공사 중!

자그레브는 크로아티아의 수도다. 그러나 행정수도로서 자그레브의 위상은 분명하지만, 여행자를 만족시키기에는 여러모로 아쉬운 현실을 안고 있다. 2020년 3월에 일어난 5.4 규모의 대지진이 바꿔놓은 풍경 때문이다. 지진으로 도시의 많은 부분들이 파손되고 훼손된 것도 모자라, 연이어 코로나 19의 여파로 도시 재건이 늦어지고 있다. 이런 현실 때문에 자그레브를 통해 크로아티아에 입성한 여행자들은 조금 당황스러울 수도. 많은 박물관과 성당이 여전히 재건 중이고, 일부 건물들도 기울고 금이 간 채로 일상을 살아가고 있다.

레누치의 초록 말발굽 Green Horseshoe 을 아시나요?

19세기의 도시계획 전문가, 밀란 레누치Milan Lenuci는 자그레브에서 영원히 기억될 이름이다. 그의 이름을 딴 레누치 포트코바Lenuci Potkova 광장과 공원이 도시의 절반을 차지하고 있기 때문. 또 그는 1880년에 일어난 대지진으로 파괴된 도시를 새롭게 설계한 사람으로, 폐허에 가까웠던 자그레브를 오늘날의 녹색 도시로 바꿔놓은 주역이기도 하다. 전체적으로 거대한 말발굽 모양을 띄는데다, 보태니컬 가든을 포함한 7개의 공원이 포함되어 있어서 자그레브 시민들은 이 일대를 '초록 말발굽'이라 부른다.
각종 문화시설과 정부기관, 법원, 갤러리, 호텔이 말발굽 모양을 따라 늘어서 있고, 말굽이 굽어지는 지점에 보태니컬 가든과 자그레브 중앙역이 있으며 중앙역과 마주보는 곳에 토미슬라브 광장이 자리하고 있다.

반할만 한 크로아티아 요리 ······ ①

바탁 Batak

메뉴 다양하고, 고르게 맛있고, 양 많고, 분위기와 서비스까지 좋은 곳. 크로아티아 요리를 맛보고 싶다면 반드시 가야 할 원픽 레스토랑이다. 크로아티아식 숯불구이 체밥치치+카이막 치즈의 조합은 강추 메뉴. 그 외에도 문어샐러드나 파스타 종류도 실패가 없는 맛이다. 음식의 간이 짜다는 평가도 있는데, 과하거나 불편한 정도는 아니다. 자그레브 곳곳에 5개 이상의 지점이 있으며, 반 옐라치치 광장 맞은 편의 츠비예트니Centar Cvjetni 백화점 1층과 트칼치체바 거리 두 군데 매장이 대표 지점이다.

🚶 반 옐라치치 광장에서 도보 3분
📍 Ground floor, Trg Petra Preradovića 6
🕐 11:00~23:00 📞 01-4622-334 🏠 www.batak.hr

자그레브에서 제일 맛있는 아이스크림 ······ ②

빈첵 Vincek

자그레브에서 가장 유명한 아이스크림 가게. 수십 종류의 아이스크림을 매일 신선한 재료로 직접 제조한다. 원하는 맛과 용기를 선택하면 즉석에서 투박하게 듬뿍 담아준다. 한국의 수제 아이스크림 가격을 생각하면 매우 저렴하고 훨씬 풍부한 맛이다. 아이스크림으로 더 유명하지만 의외로 케이크 종류도 다양하고 맛있다. 일리차 거리 대로변에 자리잡고 있어서 거리를 걷다가 당 충전하기에 딱 좋다.

🚶 반 옐라치치 광장에서 도보 1분, 일리차 거리에 위치
📍 Ilica 18 🕐 9:00~22:00 ⊗ 일요일 📞 01-4833-612
🏠 www.vincek.com.hr

한국인이 유난히 좋아하는 ······ ③

카이 스트리트 푸드 Kai Street Food

반 옐라치치 광장 맞은 편, 대로변에서 살짝 들어간 골목에 자리하고 있어서 접근성이 좋다. 레스토랑 이름에 스트리트 푸드가 들어가 있지만, 실제는 깔끔한 분위기와 수준급의 요리를 선보이는 곳. 단지 이게 정확히 어느 지역 요리인지 장르 정의는 쉽지 않다. 가볍게 먹기 좋은 베지 볼, 포크 볼, 피시 타코스 등이 인기 메뉴고, 참치 난은 이 집의 시그니처 메뉴. 간이 적당하고 매콤한 맛도 있어서 한국인 입맛에 특히 잘 맞는 메뉴가 많다.

반 옐라치치 광장에서 도보 1분 · Jurišićeva ul. 2A · 12:00~21:30 · 일요일, 월요일

신시가지 쇼핑 플레이스 ······ ①

츠비예트니 쇼핑센터와 광장 Cvjetni Centar & Trg

현지인들에게는 지하 주차장과 무료 화장실만으로도 유용한 쇼핑센터. 에스컬레이터가 있는 현대식 쇼핑몰이지만, 한국식 백화점을 생각하면 실망하기 쉽다. 쇼핑센터 안에는 슈퍼마켓과 잡화점, 그리고 옷집 등이 있으며, 위층으로 가면 근사한 레스토랑들도 자리하고 있다. 거리를 걷다가 더위를 피하거나 간단한 음료를 살 때, 그리고 화장실을 이용할 때 들러볼 것을 권한다. 쇼핑몰 앞에 있는 츠비예트니 광장은 일리차 거리에서 가깝고, 분위기 있는 레스토랑들이 모여 있어서 언제나 흥겨운 분위기에 사람들이 모이는 곳이다. 꽃집이 많아서 '꽃 광장'으로도 불린다. 광장을 사이에 두고 있는 옥타곤 쇼핑아케이드도 주목할 만한데, 화려한 팔각형 유리천장이 있는 곳으로 유명하다.

반 옐라치치 광장에서 도보 5분
Trg Petra Preradovića 6
일~수요일 9:00~21:00, 토요일 9:00~18:00
목요일 · 099-2547-203
www.supernova-cvjetni.hr

인랜드 크로아티아
Inland Croatia
자그레브

악마의 정원 혹은
요정의 놀이터

플리트비체
PLITVICE LAKES
NATIONAL PARK

경이롭다는 표현이 이보다 어울리는 곳이 있을까. 에메랄드빛 호수와 경외심을 자아내는 원시림, 햇살에 부서지는 폭포수와 끝을 알 수 없는 물길들. 살면서 이런 색을 본 적이 있나 눈을 의심하게 하는 컬러의 향연. 유네스코 세계자연유산이자 크로아티아 최초의 국립공원인 플리트비체 호수 국립공원은 보이는 모든 것이 경이로움 그 자체인 곳이다. 인간의 발길이 닿은 것은 불과 400년 전, 오롯이 자연만이 존재하던 이곳을 처음 발견한 사람들은 이 금단의 지역을 '악마의 정원'이라 불렀다. 그러나 오늘날 플리트비체를 산책하는 사람들은 이곳을 '요정의 놀이터'라고 부른다. 눈길이 머무는 곳 어딘가에서 요정이 나타나도 이상하지 않은 곳, 죽기 전에 꼭 가봐야 한다는 수식이 무색하지 않은 곳이다.

어떻게 가면 좋을까

크로아티아 최고의 관광지인만큼, 플리트비체로 향하는 도로는 포장 상태도 좋고 도로변에 아름드리나무의 초록이 우거져 아름답기까지 하다. 자그레브나 자다르가 인근의 가장 큰 도시로, 두 도시에서 출발하는 대중교통도 잘 발달되어 있고 렌터카 운전을 하기에도 부담 없는 거리다.

VISITOR CENTER

플리트비체 관광안내소
53231, Plitvička Jezera
7:00~19:00(주차장은 7:00~20:00)
05-3751 -015
www.np-plitvicka-jezera.hr/en

렌터카 Rent a Car

국립공원의 동쪽 부분을 관통하는 도로는 D429이다. 우리로 치면 국도에 해당하는 이 도로는 라스토케를 지나 공원의 북쪽 입구(게이트 1)에서 남쪽 입구(게이트 2)까지 관통한다. 따라서 렌터카로 이동할 때 어느 곳에서 출발하든 D429번 도로에 진입하면 플리트비체에 가까워진 것이다. 국립공원 내에 아주 넓은 부지의 유료 주차장이 있는데, 숲속까지 이어지는 불규칙한 공간들에 자유롭게 주차하면 된다.

플리트비체 국립공원 상세 지도

데이투어 Day Tour

플리트비체 국립공원은 자그레브에서 출발하는 당일 데이투어로도 다녀올 수 있다. 다양한 회사의 투어 상품이 있고, 한국인이 운영하는 프로그램도 있어서 언어나 운전, 현지 교통수단에 불편함을 느낀다면 투어에 조인하는 것도 좋은 방법이다. 차량과 인원수, 일정에 따라 요금은 제각각이지만 분명한 것은 한국인 투어보다 외국인들과 조인하는 투어가 더 저렴하다는 것. 마이리얼트립이나 클룩 등에 다양한 데이투어 상품이 소개되고 있다.

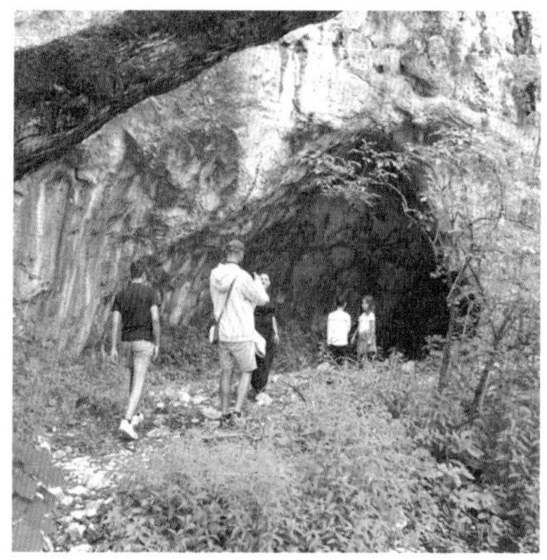

버스 Bus

D429번 도로는 크로아티아 내륙과 해안을 연결하는 버스 노선에서도 사용된다. 시즌별 운행 횟수가 다르고 실제 운행 시간도 변수가 많으니 실시간 버스 시간표와 요금은 자그레브 버스터미널 웹사이트(www.akz.hr)에서 미리 확인하는 것이 좋다. 버스 티켓은 웹사이트에서 사전 예매할 수도 있지만, 버스정류장에서 수시로 출발하는 차량의 차장에게 직접 구매하는 것이 가장 일반적이다.

자그레브에서 플리트비체까지는 성수기 기준 하루에 10차례 정도 버스가 운행되며, 약 2시간 30분이 소요된다. 자다르에서 플리트비체까지는 하루 4~5차례 운행, 약 1시간 40분 정도가 소요된다. 근처에 다다르면 버스 기사가 게이트 1에서 내릴 것인지 게이트 2에서 내릴 것인지 물어보니, 미리 내릴 곳을 정해두자.

플리트비체 광역 지도

라스토케
1
1
그라보바츠 호텔
캠핑 코라나
1
42
플리트비체 국립공원
429
1
52
N
0 2km
보르예 캠프사이트
25
1

어떻게 다니면 좋을까

공원 입구 Gate

공원 입구는 크게 두 군데. 북쪽에 위치한 게이트 1과 남쪽에 위치한 게이트 2가 있다. 두 군데 입구 모두 국도변에 위치하고 있어서 버스를 타고 이동한다면 도로에 내려서 잠시 당황할 수 있다. 두 입구 사이는 2.5㎞ 정도 떨어져 있다.

두 군데 게이트 모두 안내소와 매표소, 코인로커와 주차장 등의 편의시설이 있으며, 매점과 레스토랑도 있다. 즉 편의시설과 컨디션은 대동소이하지만, 어떤 게이트에서 출발하느냐에 따라 전체 공원을 둘러보는 루트가 달라진다.

플리트비체 호수 국립공원은 게이트 1에서 출발하는 A, B, C, K1 루트와, 게이트 2에서 출발하는 E, F, H, K2 루트로 총 8개의 루트가 나뉜다. 기억해야 할 사실은 미리 원하는 루트를 정한 후에 해당되는 게이트를 찾아가야 한다는 것. 출발 후에도 곳곳의 갈림길에서 헷갈릴 수 있는데, 게이트 1에서 출발한 루트는 녹색으로 표시된 안내판을 따라 이동하고, 게이트 2에서 출발한 루트는 주황색을 따라 이동하면 된다.

🕓 공원 입장 8:00~15:00, 매표소 8:00~13:00

입장료 Ticket

입장 티켓은 온라인을 통한 구매와 매표소에서의 현장 구매 모두 가능하지만, 성수기에는 반드시 온라인 예매할 것을 권한다. 티켓은 1일권과 2일권이 있는데, 아침 일찍 시작하면 1일권만으로 대부분의 루트를 소화할 수 있다. 천천히 나만의 속도로 플리트비체를 즐기고 싶은 사람이라면 근처에 숙박을 정하고 상류와 하류 코스를 하루씩 둘러봐도 좋다. 이때 국립공원 내의 4군데 호텔에 투숙하는 사람들을 위해서는 2일째 입장료가 무료로 제공되므로, 1일권을 구입한 후 호텔 프런트데스크에서 티켓 연장을 요청하도록 하자.

국립공원 입장 요금(단위 €)

	1월1일-3월31일 & 11월1일-12월31일		4월1일-5월31일 & 10월1일-10월31일		6월1일-9월30일	
	1일	2일	1일	2일	1일	2일
성인	€10	€15	€23	€39	€40	€60
학생	€6	€9	€14	€20	€25	€40
어린이	€4	€7	€6	€10	€15	€20

*시간당 주차 요금(성수기 €2, 비수기 €1) 별도 징수

온라인 예매 사이트 www.ticketing.np-plitvicka-jezera.hr

루트 Route

플리트비체 호수 국립공원은 크게 상류와 하류로 나뉜다. 국립공원을 둘러보는 루트 또한 상류 중심, 하류 중심, 그리고 상류와 하류 모두를 둘러보는 루트로 구분되어 있다. 각자의 시간과 체력에 맞는 루트를 선택하는 것이 중요하다. 겨울에는 하류 지역만 개방되고 상류 호수 지대는 폐쇄되는데, 이때는 2번 게이트도 함께 폐쇄되니 미리 방문 시기에 맞춰 개방 여부를 확인하는 것이 좋다.

A

- 출발 1번 게이트
- 소요 시간 2~3시간
- 트레일 길이 3.5km

시간이 부족한 여행자들에게 최적화된 루트. 국립공원에서 가장 큰 폭포인 벨리키 폭포를 감상할 수 있고, 국립공원 하단부의 협곡을 통과해 4개의 호수를 차례로 둘러볼 수 있다. 짧은 시간이지만 하이라이트가 포함되어 있는 알짜 루트.

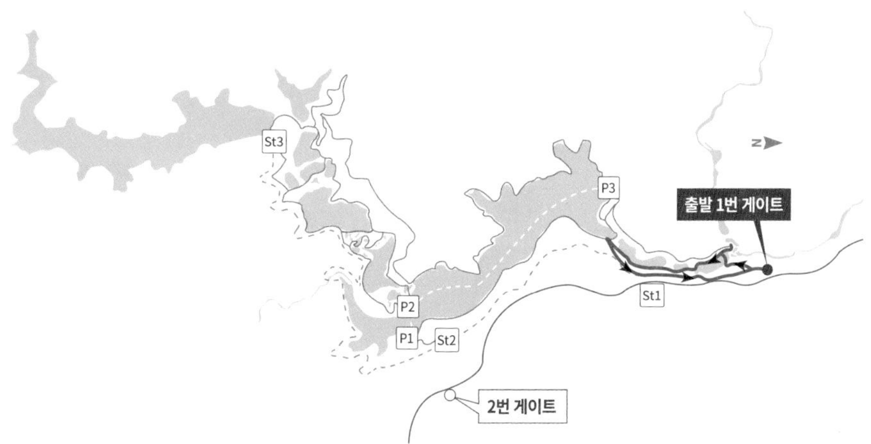

B

출발 1번 게이트
소요 시간 3~4시간
트레일 길이 4km

A루트에 코자크 호수를 가로지르는 보트와 셔틀버스 탑승이 추가되어 조금 더 긴 거리를 감상할 수 있다. 석회암 협곡과 호수 꼭대기를 따라 걷는 산책이 포함되어 있어서 하단부 호수 일대를 알차게 둘러볼 수 있는 루트.

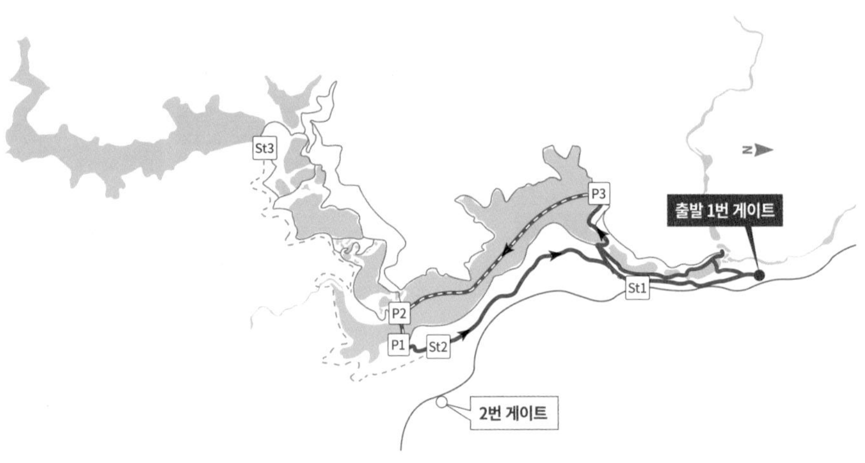

C

출발 1번 게이트
소요 시간 4~5시간
트레일 길이 8km

1번 게이트에서 출발하는 루트 중에서 가장 넓은 지역을 커버하며, 코스만 보면 2번 게이트에서 출발하는 H루트와 유사하다. 하단부에서 시작해서 상단부까지 이동하는데, 보트를 이용해 코자크 호수를 건너고 오르막 코스를 산책한 후 내리막 코스에서는 셔틀버스를 이용한다. 등반이 자신있는 사람에게 추천.

E

- 출발 2번 게이트
- 소요 시간 2~3시간
- 트레일 길이 5.1km

2번 게이트에서 출발해 상단부 호수를 둘러보는 루트. A루트와 마찬가지로 시간이 부족한 여행자들이 주로 이용한다. 셔틀버스를 타고 최상단부까지 이동한 후 내리막길을 따라 12개 호수를 따라 걷는 코스로, 호수를 가로지르는 나무다리들이 운치를 더한다. 상단부 중심의 루트인만큼, 로어 레이크 지역의 벨리키 폭포를 볼 수 없는 것이 치명적인 단점이다.

F

- 출발 2번 게이트
- 소요 시간 3~4시간
- 트레일 길이 4.6km

E루트와 반대로, 하단부 호수를 둘러보는 루트. 2번 게이트 쪽의 호텔에 숙박하고 있다면 E와 F루트를 하루씩 나누어 돌아보기 좋다. 보트로 코자크 호수를 건너고, 벨리키 폭포까지 산책한 후 돌아올 때는 다시 셔틀버스를 이용하므로 이동 거리에 비해 실제로 걷는 거리는 그리 멀지 않다.

H

- 출발 2번 게이트
- 소요 시간 4~6시간
- 트레일 길이 8.9km

정말 시간이 없는 여행자를 제외하고는, 시간을 만들어서라도 도전해야 할 루트. H루트를 온전히 돌아야만 플리트비체를 봤다고 할 수 있다. 2번 게이트에서 셔틀버스 정류장까지 약 10분 정도 가벼운 하이킹을 즐긴 후, 버스에 몸을 싣고 최상단에 있는 프로슈찬스코 호수까지 이동한다. 이때 오른쪽 창가의 나뭇잎들 사이로 비치는 호수의 물빛만으로 이미 눈호강이 시작된다. 본격적인 산책로는 내리막길이 펼쳐지므로 체력 소모 없이 온전히 호수를 즐길 수 있다. 보트를 타고 코자크 호수를 건널 때도 여유 있게 강바람 맞을 수 있고, P3 선착장의 노천카페에서는 충분한 휴식도 취할 수 있다.

K

출발 1번 게이트(K1) 또는 2번 게이트(K2)
소요 시간 6~8시간
트레일 길이 18.3㎞

한국 여행자들은 잘 도전하지 않는 루트지만, 시간과 체력이 된다면 도전해 볼만하다. 넓은 코자크 호수를 보트로 가로지르지 않고 두 발로 걸어서 크게 둘러가고, 하류 호수에서 상류 호수지대까지 오롯이 산책로를 따라 걷는다. 상류에 이르러서는 다른 루트에는 포함되지 않는 프로슈찬코 호수의 우측 수풀림까지 코스가 연결된다. 결국 플리트비체 국립공원의 모든 것을 볼 수 있는 루트. 1번과 2번 게이트 양쪽에서 출발할 수 있고, 돌아올 때 코자크 호수를 건너는 짧은 보트 트립이 포함된다.

공원 내 교통수단

공원 내의 이동수단은 크게 3가지. 셔틀버스와 보트, 그리고 튼튼한 두 다리다. 국립공원 입장료에 버스와 보트 이용 요금이 포함되므로, 무료로 이용할 수 있다.

셔틀버스 지도 위에 ST1, 2, 3으로 표시된 부분이 셔틀버스 정거장이다. 국립공원 내에 총 3개의 정류장을 오가는 셔틀버스는 대형 트럭 뒤에 여러 칸을 이어붙인 기차와 같은 형태로 파노라마 셔틀이라 불린다. 오르막길도 굽은 길도 유연하게 오를 수 있고, 한꺼번에 수십 명을 실어 나른다.

보트 국립공원 내에서 가장 넓은 코자크 호수를 건널 때 이용하는 교통수단으로, P1, 2, 3으로 표시된 부분이 보트 선착장이다. 보트는 수시로 호수를 오가고 붐비는 시간에는 꽤 긴 줄이 있으니 무작정 줄서거나 타지 말 것. 내가 가고자 하는 루트로 향하는 보트인지 행선지를 잘 확인하고 타야 한다.

플리트비체 호수 국립공원

Plitvice Lakes National Park

먼저, 용어 정리가 필요하다. 플리트비체는 호수의 이름이 아니고, 호수 국립공원을 포함하는 넓은 지역의 지명이다. 즉, 플리트비체 안에는 '플리트비체 호수' 하나가 있는 것이 아니고 여러 개의 호수가 국립공원 안에 있는 것이다. 지리적으로는 북서쪽의 Mala Kapela 산맥과 남동쪽의 Lička Plješivica 산맥 사이에 위치하고 있다.

1949년 4월 8일 크로아티아 최초의 국립공원으로 지정되었고, 1979년 10월 26일에 국제적으로도 인정받아 유네스코 세계문화유산 목록에 등재되었다. 300㎢ (서울시 면적의 절반)에 이르는 공원에서 가장 매력적으로 꼽히는 호수들은 전체 공원 면적의 1% 미만을 차지한다. 즉, 호수가 대부분인양 보이지만 그보다 더 큰 원시림이 호수를 둘러싸고 있다는 의미. 국립공원 내에 호수를 따라 걷는 8개의 루트와 원시림을 등반하는 4개의 하이킹 코스가 있는데, 한국 여행자들은 주로 하룻동안 8개 루트 중 하나를 둘러보고, 유럽인들은 며칠씩 머물며 하이킹 코스에 도전하기도 한다.

에메랄드빛 호수의 비밀

플리트비체 일대는 중생대 석회암 암석으로 이루어진 카르스트 지형이다. 무른 성질의 석회가 물에 녹아 천천히 흐르다가 퇴적물이 쌓여 바위처럼 굳는데, 그 위에 세월이 더해지면서 계단식의 천연 댐이 형성되었다. 원래 하나였던 호수가 천연 댐에 의해 여러 개의 호수로 나뉘게 된 것.

퇴적물 위로 센 물살이 흐르면 구멍이 뚫리기도 하고, 큰 규모의 댐은 폭포가 되어 터지기도 하는데, 호수와 폭포는 이렇게 형성된 석회암 지형의 결과물이다. 호수의 물빛이 터키블루에서 에메랄드빛까지 다양한 것 또한 물속의 석회 성분과 미네랄, 유기체 등이 태양빛을 받아 수심에 따라 다르게 보이기 때문이다. 퇴적 작용은 지금도 계속되고 있다는데, 수백 년 후의 플리트비체는 어떤 모습일지 궁금하다.

코자크 호수 Kozjak Jezera

국립공원에는 이름이 지정된 16개의 호수와 이름이 없는 여러 개의 작은 호수가 있으며, 호수들은 계단식으로 꼬리를 물고 다음 호수로 이어진다.

상부 호수를 형성하는 12개의 호수들은 불침투성 백운석 암석으로 형성되어 하류의 호수들보다 해안이 완만하고 얕은 특징을 보인다. 반면 하단부 호수들은 투수성 석회암 기반으로 형성되었으며 가파른 절벽과 협곡에 의해 절단되어 깊고 짙은 특징이 있다. 16개 호수 중 가장 큰 코자크 호수는 보트를 이용해서 건널 수 있는 유일한 호수로, 보트 선착장이 있는 P3 일대는 넓은 야외 휴게소가 있어서 피크닉을 즐기기 좋다.

P3 선착장 휴게소

코자크 호수를 건너면 도착하는 P3 선착장 일대는 플리트비체의 오아시스이자 만남의 장소다. 대부분의 루트에서 오전 내내 걷다가 코자크 호수를 건널 때쯤 점심시간이 되는데, 이때 강을 건너자마자 만나는 곳이 바로 P3 선착장 휴게소다. 넓은 잔디밭 곳곳에 벤치와 테이블이 있어서 챙겨온 간식을 먹기도 좋고, 노천 레스토랑에서는 음료나 음식을 즐길 수 있다. 무엇보다 중요한 것은 줄을 서서라도 화장실을 다녀와야 한다는 것. 국립공원 산책로에서는 생각보다 화장실 찾기가 어렵다.

벨리키 폭포 Veliki Slap

플리트비체에는 정말 많은 폭포가 있다. 크고 작은 폭포를 다 합하면 92개라고 하는데, 폭포가 맞나 싶은 작은 규모에서부터 대폭포라고 불리는 벨리키 폭포까지 높이도 폭도 다양하다.

벨리키는 영어로 그레이트에 해당하는, 크고 위대하다는 의미. E루트를 제외하고는 어떤 루트를 선택하든 이곳을 지나게 되어 있어서, 대부분의 여행자들이 플리트비체에서 가장 인상깊은 곳으로 벨리키 폭포를 꼽는다. 78m 높이의 폭포에서 떨어지는 물줄기가 눈앞에 흩날리며 몽환적이고 눈부신 풍경을 자아낸다.

뷰 포인트 Viewpoint

호수 전체를 내려다 볼 수 있는 전망 언덕. 특별한 전망대가 있는 건 아니지만 지대가 높아서 최고의 뷰 포인트로 불린다. 대부분의 플리트비체 국립공원 사진에 나오는 바로 그 뷰가 이곳에서 찍은 사진들이다. 여기까지 왔다면 공원 산책은 거의 끝이 난다. 오던 길을 따라 10분 정도만 걸어가면 ST1 셔틀버스 정류장이 나온다.

국립공원에서 운영하는 숙박시설들

국립공원 안에는 4개의 호텔과 2개의 캠프사이트가 있다. 네 군데 호텔은 모두 오래 전에 문을 연 곳들이지만, 지속적인 리노베이션을 통해 정비 중이다. 플리트비체, 예제로, 벨뷰 호텔은 게이트 2에서 도보 10분 거리에 있고, 그라보바츠 호텔과 두 군데 캠프사이트는 국립공원 입구에서 약간 떨어진 곳에 자리하고 있다. 아래 소개하는 곳들은 모두 플리트비체 국립공원 홈페이지에서 예약이 가능하다.

1 예제로 호텔 Hotel Jezero
코자크 호수와 가장 가까운 곳에 자리한 3성급 호텔. 205개의 객실과 19개의 아파트먼트를 보유하고 있다. 월풀, 사우나, 뷰티살롱, 수영장 등의 편의시설도 잘 갖추고 있어서, 제일 먼저 예약이 마감되는 호텔이다.

2 플리트비체 호텔 Plitvice Hotel
1957년에 문을 연 2성급 호텔. 52개 객실과 주차장을 갖추고 있으며, 호텔 내 레스토랑 Lika의 음식이 호평을 받고 있다.

3 벨뷰 호텔 Bellvue Garni Hotel
1963년에 문을 연 2성급 호텔. 호텔이라기보다는 수련회장 같은 분위기의 외관이다. 좁고 낡았지만, 숙박 요금은 저렴하다.

4 그라보바츠 호텔 Grabovac Hotel
게이트 1에서 9㎞ 떨어진, 국립공원 북쪽에 자리한 3성급 호텔. 가장 큰 장점은 조용한 휴식을 보장한다는 것. 국립공원까지는 무료 교통편이 제공된다.

플리트비체 완전정복을 위한 Q & A

Ⓠ 짐은 어디에 맡길 수 있을까?

Ⓐ 1번 게이트, 2번 게이트, Flora 보조 게이트 등에서 수하물을 무료로 맡길 수 있다.

Ⓠ 할인된 학생 티켓을 받으려면 어떻게 해야 할까?

Ⓐ 유효한 학생증을 제시해야 한다. 전 세계 모든 대학의 학생증 가능.

Ⓠ 호수에서 수영을 할 수 있을까?

Ⓐ 놉. 호수에서의 수영은 엄격히 금지되어 있다.

Ⓠ 티켓 구매 시 선택한 시간 이전이나 이후에 도착하면 어떻게 될까?

Ⓐ 티켓을 예매할 때 오전 8시에서 오후 4시까지 1시간 단위로 입장 시간이 정해져 있고, 원하는 시간을 선택해야 한다. 티켓에 표기된 시간 이전에는 파크에 입장하실 수 없으며 최대 한 시간 정도 늦은 입장은 가능하다.

Ⓠ 공원 내에서 식사는 어떻게 해결할까?

Ⓐ 게이트 1과 2쪽에 매점과 레스토랑 등의 편의시설이 있다. 공원 내 호텔 레스토랑을 이용할 수도 있고, P3 선착장의 노천 레스토랑을 이용할 수도 있다. 그러나 대부분 메뉴가 한정적이고, 가격도 비싸다. 가장 좋은 방법은 샌드위치 등의 도시락을 준비하는 것. 피크닉을 간다 생각하고 물과 음료, 간단한 간식 등을 준비하는 것이 좋다.

물레방아 도는 요정의 마을 라스토케 RASTOKE

플리트비체가 요정의 놀이터라면, 이곳 라스토케는 그 요정들이 모여 사는 마을이 아닐까. 자그레브에서 플리트비체로 향하는 1번 도로를 따라 1시간 30분쯤 달려가면 슬루니라는 작은 도시가 나온다. 목적지인 플리트비체까지 불과 20분 거리, 슬루니의 작은 마을 라스토케는 바쁜 여행자의 발길을 멈추게 하는 동화 같은 곳이다. 천천히 걸어서 30분이면 전체를 돌아볼 만큼 작은 마을이지만, 새소리 물소리 들으며 구석구석 구경하는 재미가 쏠쏠하다. 라스토케 인근에 숙소를 잡고 오전 시간에 잠시 들렀다가 플리트비체로 향하는 일정을 권한다.

라스토케 관광안내소

자그레브-플리트비체 노선의 버스를 타고 슬루니에서 하차. 플리트비체 국립공원에서 자동차로 20분 거리

Rastoke 25 b, 47240 Slunj

10:00~19:00

화요일 047-801-460

www.rastoke-croatia.com

라스토케 상세 지도

Zagrebačka ul.
Zagrebačka ul.
부크 폭포
Korana
슬루니 라스토케 조형물
라스토케 관광안내소
올드 밀
Ul. Braće Radić
Ul. Gojka Šuška
성 요한 네포무크 다리
레스토랑 암바르

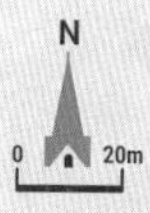

마을로 들어가는 입구

성 요한 네포무크 다리

Most Svetog Ivana Nepomuka

성 요한 네포무크 다리는 물의 마을 라스토케를 가장 잘 조망할 수 있는 곳이자, 크로아티아 성인 요한 네포무크의 전설이 서려 있는 곳. 1886년에 처음 조성된 만큼 철제 프레임을 제외하고는 전체 바닥이 나무로 된 목재 다리다. 다리 하나 건넜을 뿐인데 마치 동화책 속으로 빨려 들어간 것처럼 분위기가 달라진다.

🚶 관광안내소에서 도보 5분

📍 Ul. Braće Radić 17

거의 유일한 어트랙션
올드 밀 Stari Mlin (Old Mill)

플리트비체의 하류, 코라나 강과 슬루니치차 강이 만나는 곳에 자리한 라스토케는 물이 풍부한 마을이다. 물의 낙차를 이용한 물레방아가 자연스럽게 발달했고, 오랜 옛날부터 이 마을 사람들은 물레방아를 이용해서 밀가루를 제분하는 일로 생계를 이어왔다. 지금은 박물관으로 남았지만, 그 시절 모습 그대로 보존되어 구경하는 재미가 있다. 단, 입장료의 가성비를 생각하면 조금 비싼 것도 사실. 관광안내소를 겸하고 있으니 잠시 들러 외관 정도를 둘러보는 것이 좋다.

관광안내소 건물에 위치 Rastoke 25
9:00~20:00 화요일 €7 047-801-460

옛날 옛적에

전설에 의하면, 밤이 되면 은색 머리카락을 가진 요정들이 라스토케를 찾아와 폭포수 근처 잔디밭에서 시간을 보냈다고 한다. 그리고 물레방앗간 주인들이 밤에 옥수수를 갈아서 밀가루를 만드는 동안 요정들은 말을 훔쳐 놀다가 새벽이 되기 전에 데려왔다고 한다. 밤새 노느라 피곤하고 땀에 젖은 머리카락은 아침이 되면 라스토케의 폭포로 변신했다는데…. 듣고 보면 좁은 물줄기로 부서지는 폭포수가 마치 흩어진 요정의 머리카락과 비슷해 보이기도 하는 건 기분 탓이겠지?!?

멋진 전망과 훌륭한 음식
레스토랑 암바르
Restoran Ambar

곡물이나 밀 때로는 무기를 보관하던 창고, 암바르. 나폴레옹 시대부터 있었던 이 곡물창고가 레스토랑으로 개조되었다. 앞에서 보면 마치 폐허 같지만 반전 있는 가드닝과 제대로 된 정통 크로아티아 요리를 선보이는 곳이다. 이곳은 2019년 문을 열 때부터 유명세를 치렀는데, 크로아티아에서 가장 유명한 셰프 중 한 명으로 꼽히는 메이트 얀코비치가 야심차게 문을 연 오너 레스토랑이기 때문. 송어통구이와 버섯리조또는 호불호가 없는 암바르의 시그니처 메뉴다. 라스토케 마을 뒤편 언덕에 자리잡고 있어서 아름다운 마을 풍경이 한 눈에 들어온다.

라스토케 주차장 1에서 도보 10분. 길을 건너 언덕길을 올라간다. or 자동차로 5분
Ul. Gojka Šuška 2
10:00~23:00 047-600-096
www.restaurant-ambar.com

이 마을의 전부라 할 수 있는

부크 폭포 Slap Buk

라스토케에서 가장 큰 폭포로, '부크 Buk'는 크로아티아어로 '소음' 또는 '굉음'을 의미한다. 이름에서 알 수 있듯이 폭포수가 내는 소리가 굉장하다. 목재 다리 근처 주차장에서 부크 폭포를 배경으로 사진만 찍고 지나치는 여행자들도 많지만, 시간이 된다면 꼭 폭포 근처 산책로를 걸어보길 권한다.

민박촌, 라스토케

사실 라스토케는 작은 민박촌이다. 건물 외관에 Sobe, Zimmer 또는 Room이라고 쓰인 곳들은 모두 숙소라고 생각하면 된다. 에어비앤비나 기타 호텔 예약 사이트에서 예약할 수 있고, 숙박객들에게는 마을 입구의 주차비나 박물관 입장료를 할인하거나 무료 제공한다.

이스트리아
Istria
자그레브

폐허마저 찬란한 도시

포레치
POREČ

1세기경에 이미 도시의 형태를 갖추었고, 한때는 이스트리아 반도의 주도로 번성했으며, 로마 제국과 베네치아 제국, 비잔틴 제국까지 다양한 권력의 부침을 겪어낸 도시. 그 세월 동안 마모되고 허물어진 건축물이 이 도시의 시간과 역사를 고스란히 보여주고 있다.

사실 유프라시안 대성당을 제외한 나머지 볼거리들은 모두 현대인의 시선에서는 폐허에 가까운 유적지들이다. 이 유적들마저 집약되어 모여 있는 곳은 포레치 반도에 위치한 올드타운. 바다를 향해 손가락처럼 뻗어나간 올드타운에 들어서는 순간, 2000년 전 역사의 무대로 빨려 들어가게 된다.

어떻게 가면 좋을까

버스든 렌터카든, 북쪽 도시에서 출발했다면 오른쪽 좌석을, 남쪽 도시에서 출발했다면 왼쪽 좌석을 고수할 일이다. 이스트리아 반도의 해안선을 따라 포레치로 향하는 길은 내륙과 해안이 끊어질 듯 이어지며 눈호강을 약속한다.

VISITOR CENTER

포레치 관광안내소
Trg Slobode 13
052-431-585
www.myporec.com

버스 Bus

로빈, 풀라, 리예카 같은 이스트리아 반도의 도시에서 포레치까지는 하루에도 수차례씩 여러 회사의 버스들이 오가고, 이스트라를 벗어난 곳에서는 자그레브에서 포레치까지 직행버스가 있다. 가장 가까운 슬로베니아의 피란이나 류블랴나에서도 매일 버스가 운행된다. 그러나 그 외의 도시에서는 직행버스를 찾아볼 수 없어서 버스로 이동하기 좋은 형편은 아니다.

버스정류장은 올드타운 외곽에 자리하고 있다. 근처에 대형 쇼핑몰과 주차장 등이 몰려 있어서 버스로 이 도시에 첫발을 들였다면 자칫 포레치를 현대적인 도시로 오해할 수 있다. 버스정류장 역시 최근에 리노베이션되어 꽤 현대적이다.

버스 정류장 Karla Huguesa 2 060-333-111
버스 예매 사이트 플릭스버스 www.flixbus.com
겟바이버스 www.getbybus.com

출발지	소요 시간(렌터카/버스)
로비니	45분 / 50분
풀라	50분 / 1시간 30분
리예카	1시간 20분 / 1시간 30분
자그레브	3시간 / 3시간 30분~4시간
류블랴나	2시간 / 3시간
피란	1시간 / 1시간 30분~2시간

포레치에서는 자전거로 여행하는 사람들을 쉽게 볼 수 있다. 도시 전체에 5개의 공공 자전거 정거장이 있고 전기 자전거와 기계식 자전거를 다양하게 구비하고 있어서 거주민과 여행자 모두의 만족도가 높은 교통수단이다. 한국에서 따릉이나 쏘카 같은 공유 앱을 사용해 본 사람이라면 사용 방법도 어렵지 않다. 'nextbike' 어플리케이션을 설치하고, 1회 등록으로 크로아티아 전역에서 이용할 수 있다.

01-777-6534
30분 €1.30, 최대 24시간 €20
www.porecbikeshare.com

렌터카 Rent a Car

이스트리아 반도는 대중교통 보다는 렌터카 여행이 더 수월한 곳이다. 반도 내에서는 75번 도로를 주로 이용하게 되는데, 시간 여유가 있다면 해안도로로 진입해서 굽은 해안길을 돌아가는 것도 운치 있다. 극성수기를 제외하고는 도로에 차량도 많지 않아 운전하는 맛이 있다. 크로아티아의 다른 도시들과 마찬가지로 구시가 내로는 차가 진입할 수 없다. 다행히 포레치의 경우 올드타운 입구에 대형 주차장들이 많고 비용도 저렴해서 주차 스트레스가 크지 않다.

크루즈 Cruise

4~10월 사이에는 베네치아에서 이스트라 반도의 포레치, 로비니, 풀라까지 매일 크루즈가 운행된다. 소요 시간은 약 3시간 45분. 이탈리아 여행을 끝내고 포레치를 크로아티아 여행의 관문으로 삼는다면 이 시기 크루즈를 눈여겨볼 만하다.

베네치아 라인스 Obala maršala Tita 17 €66~ www.venezialines.com

2000년 전 계획도시, 포레치

기원전 2세기경, 로마인들은 이 지역을 정복하고 길이 400m, 폭 200m의 반도 위에 직사각형 계획도시를 만들었다. 도시의 세로로는 데쿠마누스Decumanus라는 이름의 도로를, 가로로는 카르도 막시무스Cardo Maximus 라는 이름의 도로를 만들었다. 고대의 측량사들에 의해 주택, 공공 기관, 사원에 할당된 토지가 구획별로 구성되었고, 길과 건물들이 유기적으로 얽혀 네트워크를 이루고 있었다.

그러나 도시의 영광은 오래가지 않았다. 서로마 제국이 붕괴되고 6세기와 8세기 사이에는 비잔틴 제국의 지배를 받아야 했다. 거대한 프레스코 벽화가 있는 유프라시안 대성당이 세워진 것이 바로 이 시기였고, 성당의 모습이 비잔티움 양식을 간직하고 있는 것도 이런 이유 때문이다.

비잔틴 제국이 물러가고 1267년에 베네치아 공화국에 편입된 후 약 500년 동안 '파렌초 Parenzo'라는 이름의 도시였고, 이후 오스트리아와 프랑스, 그리고 오스트리아-헝가리 왕국 등 다양한 국가의 행정구역으로 편입되었다가 결국 오늘날 크로아티아의 소도시, 포레치라는 이름으로 남게 되었다. 그러나 지리적으로나 역사적으로나 이 도시의 정체성은 여전히 로마 제국에 뿌리를 두고 있는 듯하다. 여전히 살아남은 주요 도로의 로마식 이름, 곳곳에서 들려오는 이탈리아 억양과 베네치아로 향하는 크루즈선, 그리고 로마네스크 양식의 건축물 등등. 2000년 전 로마인들이 건설한 계획도시는 오늘날까지 남아 포레치의 올드타운이 되었다.

포레치 상세 지도

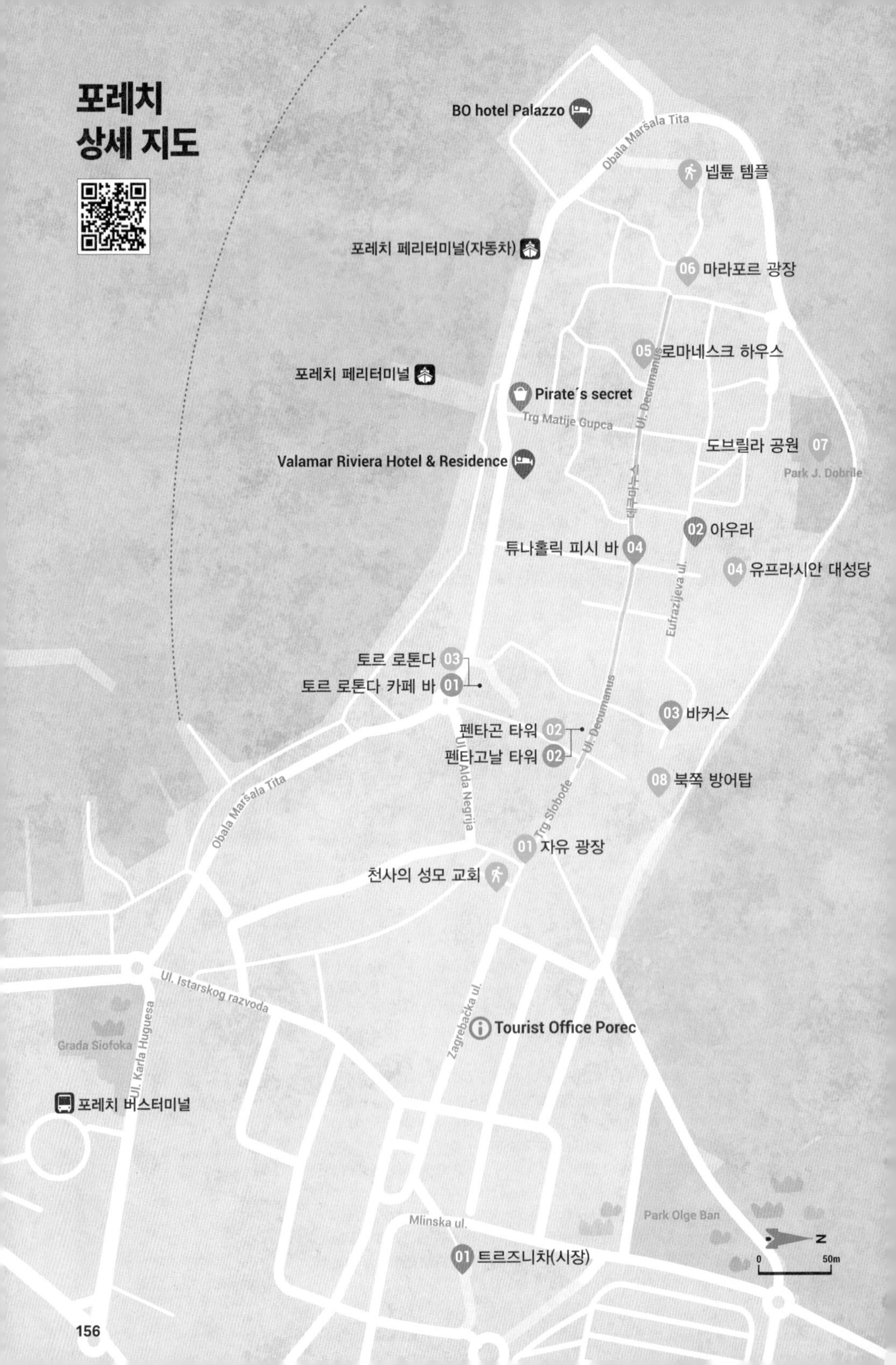

BO hotel Palazzo
Obala Maršala Tita
넵튠 템플
포레치 페리터미널(자동차)
06 마라포르 광장
05 로마네스크 하우스
포레치 페리터미널
Pirate´s secret
Trg Matije Gupca
Ul. Decumanus
도브릴라 공원 07
Park J. Dobrile
Valamar Riviera Hotel & Residence
02 아우라
튜나홀릭 피시 바 04
04 유프라시안 대성당
Eufrazijeva ul.
토르 로톤다 03
토르 로톤다 카페 바 01
03 바커스
펜타곤 타워 02
펜타고날 타워 02
Ul. Decumanus
08 북쪽 방어탑
Ul. Alda Negrija
Trg Slobode
Obala Maršala Tita
01 자유 광장
천사의 성모 교회
Ul. Istarskog razvoda

Park Olge Ban

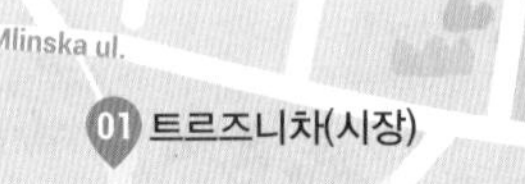

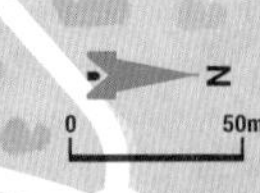

포레치 추천 코스

포레치에 도착하는 모든 여행자들은 올드타운으로 향한다. 길이 400m, 폭 200m의 올드타운을 걷는 데는 아무리 천천히 걸어도 1시간을 넘을 일이 없다. 그러나 물리적인 거리 외에 발길을 사로잡는 숍과 오래된 유적지 등을 꼼꼼히 살피다 보면 올드타운 안에서 2~3시간 정도는 할애하는 것이 좋다. 올드타운을 둘러싼 해안길 산책도 놓치지 말 것!

예상 소요 시간 2~3시간

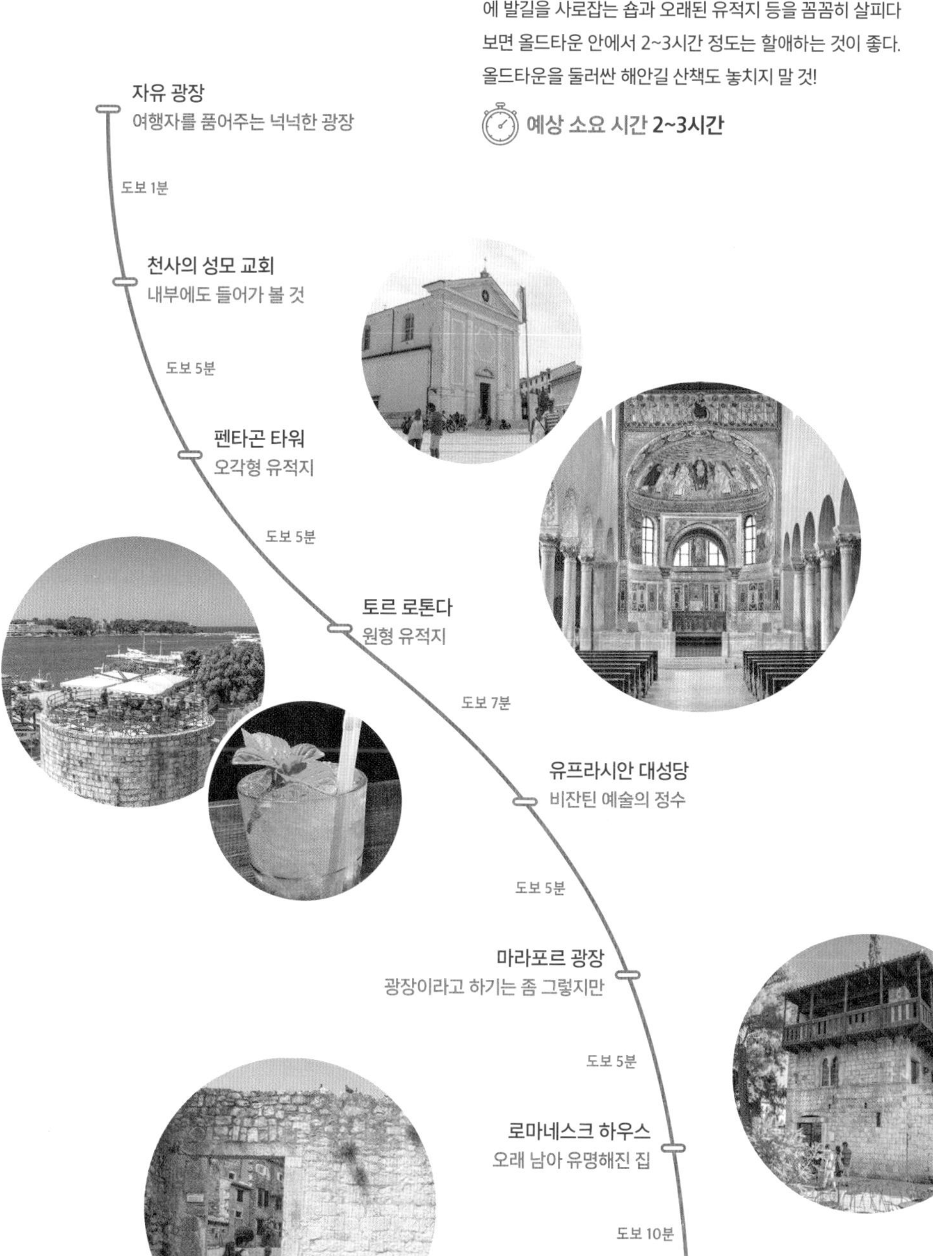

자유 광장
여행자를 품어주는 넉넉한 광장

도보 1분

천사의 성모 교회
내부에도 들어가 볼 것

도보 5분

펜타곤 타워
오각형 유적지

도보 5분

토르 로톤다
원형 유적지

도보 7분

유프라시안 대성당
비잔틴 예술의 정수

도보 5분

마라포르 광장
광장이라고 하기는 좀 그렇지만

도보 5분

로마네스크 하우스
오래 남아 유명해진 집

도보 10분

북쪽 방어탑
올드타운 외곽을 둘러싼 산책로

여기서 만나! ······ ①

자유 광장

Trg Slobode / Liberty Square

포레치 관광의 출발이자 올드타운의 시작점. 굳이 의도하지 않아도 자유 광장에서 데쿠마누스 거리Decumanus Ul.를 따라 자연스럽게 발걸음을 옮겨가며 올드타운의 명소를 둘러보게 된다. 확 트인 광장을 차지하고 있는 것은 노천카페의 파라솔과 조각상, 그리고 여행자들. 광장의 터줏대감 격인 천사의 성모 교회가 광장을 굽어보듯 자리하고 있다.

포레치의 모든 길은 데쿠마누스 길로 통한다

1세기에 이 도시가 탄생하던 때부터 존재했던 올드타운의 중심 도로. 자유 광장에서 마라포르 광장까지 이르는 400m의 직선 도로다. 중세 시대에 깔아놓은 돌바닥이 2000년이 넘도록 닳고닳아 반질반질 빛이 난다. 길 양옆으로 레스토랑과 기념품숍, 카페 등이 즐비하고, 곳곳에 폐허로 남은 유적지들도 보인다.

천사의 성모 교회

Crkva Gospa od Anđela / Church of Our Lady of the Angels

자유 광장의 초입에 자리한 바로크 양식의 교회. 초기 로마네스크 양식의 유적 위에 재건한 교회로, 1770년에 완공되어 400년이 넘게 광장을 지키고 있다. 바로크 양식의 제단과 그림이 특징이며, 교회 뒤쪽에 있는 높이 18m의 종탑 역시 바로크 양식에 충실하게 지어졌다. 광장의 소란스러움을 피해 잠시 쉬어가기 좋다.

🚶 관광안내소에서 도보 3분. 자유 광장 초입에 위치
📍 Trg Slobode 1 🏠 www.zupaporec.com

오각형 구조물 ······ ②

펜타곤 타워 Pentagonal Tower

데쿠마누스 거리를 걷다 보면, 요새처럼 생긴 오각형 타워가 나온다. 벽돌을 쌓아 만든 이 탑의 내부는 놀랍게도 'Peterokutna kula'라는 이름의 레스토랑. 고대 탑의 유적 위에 중세 탑이 세워졌고, 또 그 자리에 현재와 같은 탑이 만들어진 것이 1447년의 일이다. 문화재 보존 전문가의 지시에 따라 현재와 같은 모습으로 복원되었고, 급기야 이곳에 레스토랑이 문을 열었다. 덕분에 지금은 누구나 탑에 올라 전망을 즐길 수 있게 되었지만, 2000년 묵은 문화재 안에서 먹고 마신다는 게 마치 증강현실처럼 비현실적으로 느껴진다.

자유 광장에서 마라포르 광장 방향으로 도보 5분
Ul. Decumanus 1a

도시를 지키던 원형 타워 요새 ······ ③

토르 로톤다 Torre Rotonda

1474년 베네치아 정부는 오스만 제국으로부터 포레치를 방어하기 위해 오각형 타워에 이어 원형 타워까지 건설했다. 이곳 역시 현재는 중앙 공간과 망루에서 레스토랑과 바가 영업 중이다. 꼭대기 테라스에서는 해안가와 스베티 니콜라 섬의 전망을 한눈에 감상할 수 있어서 일부러 레스토랑을 찾는 사람들도 많다. 탑으로 오르는 내부에는 원래의 가파른 돌계단과 대포 자리 등이 잘 보존되어 있어서 600년 된 인테리어의 묵직함을 느끼게 한다.

자유 광장에서 페리터미널 방향으로 도보 5분 Narodni trg 3a

비잔티움 양식의 백미 ······ ④

유프라시안 대성당 Eufrazijeva Bazilika / Euphrasian Basilica

포레치는 세계에서 초기 기독교 건축물이 가장 잘 보존된 지역 중 한 곳에 속한다. 그중에서도 유프라시안 대성당은 비잔틴 시대 원형이 잘 보존된 대표적인 곳으로, 1997년 유네스코 세계문화유산 목록에 등재되었다. 현재의 성당은 같은 장소에 세 번째로 개조된 건물인데, 5세기에 성당 개조를 담당했던 유프라시우스 주교의 이름을 따 유프라시안 대성당이라 부른다.

유프라시우스 주교는 화려한 모자이크로 새 대성당을 꾸몄고, 세례당 옆에 4면의 주랑이 있는 아트리움과 교구 건물, 기념 예배당 등을 증축했다. 비잔틴 예술품과 성상, 기하학적 장식 등이 주를 이루는 건물 내부는 일반적인 서유럽 성당들과 매우 다른 분위기의 성스러움을 지니고 있다. 특히 대성당 입구 예배당의 중앙과 천장을 장식하고 있는 황금빛 성모 마리아와 아기 예수 모자이크는 비잔틴 미술의 극치를 보여주며 시선을 사로잡는다. 화려함과 소박함이 교차하는 대성당 전체를 다 둘러보려면 최소 30분 정도의 시간이 필요한데, 하이라이트에 해당하는 종탑에까지 오르려면 대성당 안에서 1시간 정도는 머문다고 생각하는 것이 좋다. 120개의 좁은 계단을 올라야 다다르는 종탑과 그곳에서 내려다보는 포레치의 전망이 아름답지만, 계단을 오르기 전에 심호흡은 필수다.

Eufrazijeva ul. 22
(시즌별로 상이함) 월~금요일 9:00~18:00, 토요일 9:00~15:00 ⊗ 일요일
€ 어른 €10, 어린이 €5 052-451-784 www.zupaporec.com

800년 된 주택 ⑤

로마네스크 하우스

The Romanesque House

🚶 자유 광장에서 도보 10분. 마라포르 광장의 초입에 위치

마라포르 광장의 초입에 자리한 로마네스크 하우스는 13세기 중반에 지어진 주택으로, 포레치에서 가장 오랫동안 원형을 보존하고 있는 건축물로 알려져 있다. 20세기에 한 차례 개조하면서 목조 발코니를 추가했는데, 이때 남겨둔 2층의 이중 란세트 창(폭이 좁고 뾰족한 아치형 창. 초기 고딕 양식에 많이 사용되었다)이 여전히 눈길을 끈다. 건물 1층은 여름 동안 기념품 판매숍으로 사용되고 위층은 갤러리로 사용되지만, 문을 열지 않는 기간이 더 길어서 대부분 건물 외관만 보고 돌아서야 한다.

찾아봐야 보이는 유적들 ⑥

마라포르 광장 Marafor Square

마라포르 광장은 공공건물과 사원이 있는 고대의 중앙 광장이자 포럼이었다. 광장 아래 불과 수십 센티미터에는 잘 보존된 원래의 고대 포장도로가 있다고 하는데, 복원을 앞둔 현재까지는 다소 초라한 모습으로 방치되고 있다.

광장의 가장자리를 차지하는 넵튠 사원 Neptune Temple은 로마 신화에 나오는 바다의 신 넵튠의 신전이 있었던 자리로 추정된다. 신전의 기둥 조각과 3개의 기념비적인 벽의 일부, 그리고 신전으로 추정되는 박공의 일부가 남아있지만 일반인의 시선으로는 구분하기조차 쉽지 않다.

🚶 자유 광장에서 데쿠마누스 길을 따라 약 400m. 도보 10분

뜻밖의 오아시스 ⑦

도브릴라 공원 Park J. Dobrile

올드타운의 북쪽에 자리한 작은 녹지대. 공원이기도 하고 놀이터기도 한 이곳은 무너져 내린 로마 아치와 석조 벽면이 조형물처럼 어우러져 생경스러우면서도 평화로운 분위기를 자아낸다. 가톨릭 주교이자 이스트리아의 성인으로 꼽히는 유라이 도브릴라Juraj Dobrila의 이름을 딴 공원으로, 공원 한가운데 그의 동상이 세워져 있다. 유프라시안 대성당에서 마라포르 광장으로 향하는 길목, 이 작은 공원의 벤치에 앉으면 타임머신을 타고 기원전으로 훌쩍 날아가 버릴 것만 같다.

🚶 마라포르 광장에서 북쪽으로 도보 5분 📍 Unnamed Rd.

북쪽 방어탑 Sjeverna Kula Peškera Poreč

토르 로톤다와 비슷한 시기에 지어진 방어용 타워와 성벽. 레스토랑으로 활용되는 두 타워와는 다르게, 무너지고 허물어진 그대로 유지(혹은 방치?)되고 있는 유적지다. 중세 시대에는 올드타운으로 향하는 입구 역할을 했다고 하는데, 현재도 올드타운을 감싸는 성벽의 역할을 다하고 있다. 자연스러운 폐허미 때문인지, 인증샷 배경으로 더할 나위 없다.

유적지 레스토랑 ······ ①

토르 로톤다 카페 바

Torre Rotonda Caffé Bar & Cocktails

원형으로 생긴 토르 로톤다에 위치한 카페. 커피보다는 칵테일이 유명하다. 이 건물의 목적이 방어용 요새였다는 것을 보여주듯 총포와 무기 등도 인테리어 소품처럼 놓여있다. 나선형 계단을 올라가면 사방이 확 트인 옥상 발코니가 나오는데, 옥상 좌석이 가장 먼저 찬다. 일몰을 감상할 수 있는 최고의 장소다.

자유 광장에서 페리터미널 방향으로 도보 5분
Narodni trg 3a 16:00~24:00 098-255-731
www.torrerotonda.com

유적지 레스토랑 2 ······ ②

펜타고날 타워 Pentagonal Tower

오각형 타워에 위치한 파인다이닝 레스토랑. 가격의 압박만 견딜 수 있다면 이곳에서의 식사는 꽤 좋은 선택이다. 15세기 요새에서 즐기는 식사가 흔한 일은 아니니까 말이다. 두꺼운 자연석을 벽돌처럼 쌓아올린 복층의 실내는 어떤 소품도 흉내 낼 수 없는 중세풍 인테리어 그 자체다. 음식은 이스트리아 스타일 해산물 요리와 정통 이탈리안 요리가 주를 이룬다.

자유 광장에서 데쿠마누스 길을 따라 도보 5분 Ul. Decumanus 1a
12:00~24:00 052-451-378 www.kula-porec.com.hr

포레치의 사랑방 ······ ③

바커스 Bacchus

포레치 사람들이 '엄지 척'으로 추천하는 레스토랑. 바커스가 없는 포레치는 포레치가 아니라고 얘기할 정도다. 직접 구운 빵과 올리브 오일은 반드시 맛봐야 할 메뉴고, 건강한 맛의 이스트리아 샐러드, 트러플 파스타, 소고기 타르타르, 해산물 플래터 등은 실패 없는 추천 메뉴다. 무엇보다 친절한 호스트와 스태프들의 서비스가 인상적이다.

자유 광장에서 북쪽 방어탑 방향으로 도보 5분
Eufrazijeva ul. 10 10:00~01:00
091-404-0051
www.bacchus-porec.eatbu.hr

참치와 사랑에 빠진 ······ ④

튜나홀릭 피시 바 Tunaholic Fish Bar

30년 낚시 경력의 부부가 야심차게 시작한 참치 패스트푸드 레스토랑. 2020년 포레치에 처음 문을 연 이후 자그레브, 로비니, 트로기르 등 크로아티아 전역에 4군데 지점을 둘 정도로 대성공을 거두었다. 참치 뿐 아니라 연어, 황새치, 정어리 등 다양한 생선을 이용한 9종류 버거와 7종류의 피시앤칩스가 하나같이 호불호 없는 맛이다. 혹시 아드리아해의 오징어튀김을 아직 맛보지 않았다면 종이 깔대기에 돌돌 말아주는 Basic Fish(cone)-Squids를 주문하면 된다.

자유 광장에서 데쿠마누스 길을 따라 도보 5분
Ul. Svetog Eleuterija 6
11:00~20:00
091-558-2140
www.tunaholicfishbar.com

반짝반짝 빛나는 과일들 ······ ①

트르즈니차(시장) Tržnica / Market

매일 이른 아침부터 오후 2시까지 문을 여는 포레치의 재래시장. 올드타운 외곽에 주차했다면 반드시 트르즈니차 시장 앞을 지나게 되는데, 오후 2시 전이라면 시장구경부터 할 것을 권한다. 이스트리아 반도의 농산물과 인근 바다에서 잡힌 해산물, 그리고 집에서 직접 만든 유제품과 올리브 오일 등이 크지 않은 시장 좌판에 정갈하게 진열되어 있다. 시장 건물 안에서는 주로 생선과 오일, 트러플 등을 판매하고, 야외 좌판에는 싱싱한 과일과 주전부리 간식 매점이 자리하고 있다. 현지인들이 주로 이용하지만, 여행자에게도 싱싱한 과일을 살 수 있는 최적의 장소다. 참고로, 트르즈니차는 '시장'을 의미한다.

관광안내소에서 올드타운 반대 방향으로 도보 7분
Partizanska ul.
6:00~14:00

이스트리아 식재료는 모두 여기에 ······ ②

아우라 Aura

소금, 오일, 향신료, 와인, 리큐어 등등 정말 다양한 식재료를 판매하는 가게. Aura라는 이름의 브랜드숍을 이스트리아 반도 곳곳에서 만날 수 있다. 그중에서도 포레치 매장은 꽤 큰 규모에 속하며, 시식에서 구매까지 편리한 동선으로 지름신을 강림시킨다. 견과류와 리큐어는 시식할 수 있는 아이템이 많아서 눈과 입이 모두 즐겁다. 이곳에서 판매하는 제품들은 같은 품목이라면 다른 곳보다 가격이 조금 비싸지만 퀄리티만큼은 믿을 만하다.

유프라시안 대성당에서 도보 3분 Eufrazijeva ul. 24
9:00~21:00 일요일 052-694-250 www.aura.hr

중세의 보석 같은 공중도시 모토분 MOTOVUN

일본 애니메이션 〈천공의 섬 라퓨타〉가 실재한다면 이런 모습이 아닐까. 이스트리아 반도의 내륙, 미르나 Mirna 강 계곡 277m 높이에 세워진 공중도시 모토분은 마치 만화영화 속에 나올 법한 실루엣과 비밀스러움으로 가득하다. 실제로 이 도시는 미야자키 히야오 감독이 모티프를 얻은 곳으로도 알려져 있다. 시간의 강 저편에 비밀스럽게 간직되어 있는 요새 같은 도시. 이탈리아의 지배를 받았던 중세 시대에는 '몬토나'라는 이름으로 불렸고, 모토분이라 불리는 오늘날에는 이스트리아 북부에서 가장 매력적인 여행지로 떠오르고 있다.

어떻게 가면 좋을까

사람들은 쉽게 도달할 수 있는 곳보다는 멀고 험하지만 특별한 곳에 대한 로망을 갖고 있다. 그곳이 세상 어디서도 보기 힘든 비경을 간직하고 있다면 더더욱. 언덕 위에 옹기종기 모여있는 작은 마을 모토분은 그 자체로 매력적이지만, 그곳까지 가려면 많은 시간과 품이 드는 것도 현실이다. 대중교통 보다는 렌터카를 이용할 것을 강력하게 권한다.

버스 Bus

모토분으로 향하는 직행버스는 가까운 포레치와 로비니, 파진에서 출발하는 것이 전부다. 다른 도시에서 모토분까지 가려면 이 두 도시로 이동한 후에, 버스를 갈아타야 한다. 그나마 파진에서 출발하는 것이 하루 1~2차례로 가장 안정적이고, 나머지 두 도시는 시즌별로 운행 여부가 결정된다. 또 한 가지, 모토분 버스터미널에 내려서 볼거리가 있는 구도심까지는 도보로 30분 정도 걷거나 셔틀버스를 이용해야 한다.

버스 예매 사이트
아리바 www.arriva.com.hr
겟바이버스 www.getbybus.com

렌터카 Rent a Car

포레치에서는 28㎞, 파진에서는 21㎞ 정도 떨어져 있다. 어느 곳에서 출발하든 내륙의 굽은 길을 지나 각각 40분과 30분을 가야 한다. 성수기를 제외하고는 차량이 적은 편이지만, 커브길이 많아서 운전에 주의해야 한다. 파진에서 출발했다면 목적지에 거의 도착할 즈음, 지도에 표시된 국도변의 뷰포인트가 나오면 차를 정차해야 한다. 바로 그곳이 모토분을 가장 잘 조망할 수 있는 인생샷 명소니까.

VISITOR CENTER
모토분 관광안내소
Trg Andrea Antico 1
052-681-726
www.tz-motovun.hr

모토분의 주요 볼거리는 성 스테판 교회와 종탑, 그리고 도시를 감싸고 있는 성벽이다. 이 도시에서 머무는 시간은 보통 3~4시간을 넘지 않는데, 이스트리아의 다른 도시들로 향하는 길에 들러서 트러플과 올리브 오일이 듬뿍 들어간 요리를 맛보고 출발하는 것이 일반적인 코스다.

이 작은 마을이 왜 이렇게 유명해?

모토분은 이스트리아를 대표하는 와인, 테란 Teran과 말바시아Malvasia의 생산지로, 구시가로 향하는 언덕은 수많은 포도원으로 둘러싸여 있다. 모토분 숲은 세계 3대 진미인 트러플(송로 버섯)과 올리브 나무 서식지로 알려져 있으며, 이로 인해 이 지역에서 수많은 미식 행사가 열린다. 또 매년 7월 말에 열리는 국제 모토분 영화제Motovun Film Festival 기간에는 영화 애호가들과 전 세계의 유명 영화 종사자들이 이 작은 마을을 가득 채운다.

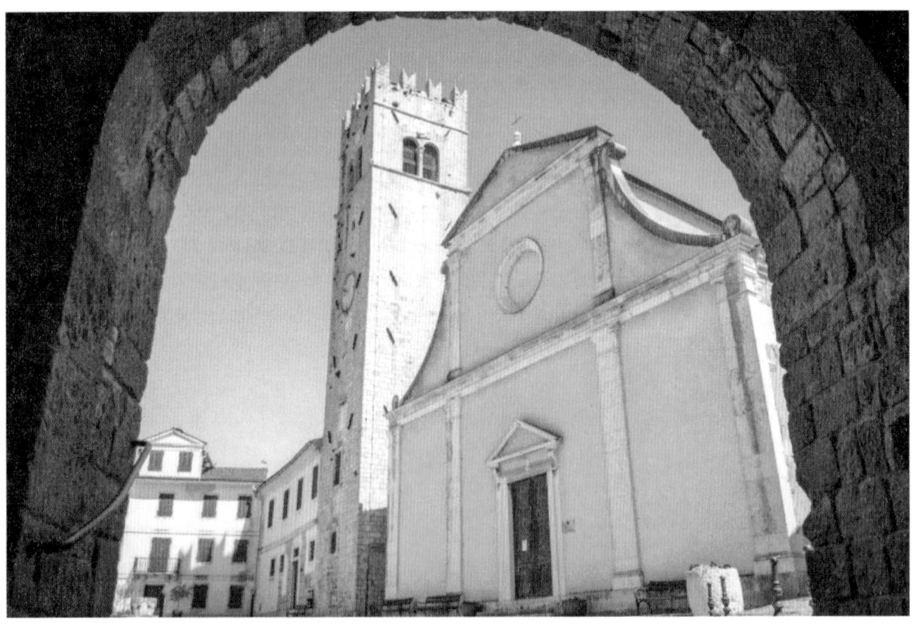

모토분의 랜드마크

성 스테판 교회와 종탑

Crkva sv. Stjepan / Church of St. Stephen & Bell tower

공중도시라 불리는 모토분에서도 가장 꼭대기에 해당하는 구시가지 광장에 위치한 오래된 교회. 광장의 중심이 되는 성 스테판 교회 옆에는 종탑이 있고, 로마네스크 양식의 오래된 시청사Municipal Palace도 자리를 지키고 있다.

높이 27m의 종탑은 마을의 주요 탑이자 전망대로 13세기에 지어졌다. 수세기에 걸쳐 여러 차례 개조되면서 최종적으로는 오늘날과 같은 종탑으로 바뀌었다. 12~16세기에 이 높은 곳에 도시를 만든 것도 대단하고, 이런 건축물들이 원형에 가깝게 보존되어 있는 것도 신기하다. 내륙 고지대에 자리한 지리적 약점이 아이러니하게도 외세를 이겨내는 강점이 되었다.

Ul. Pietro Kandler 15, 52424, Motovun
10:00~18:00

공중도시를 걷는 기분

모토분 성벽 Motovun Walls

성벽은 11세기에 처음 세워졌으며, 주요 보루는 13세기에 만들어졌다. 이후 보가 하나씩 추가되면서 모토분 성벽은 난공불락의 요새가 되었다. 17세기에는 오스트리아와 베네치아 사이의 평화조약을 충족시키기 위해 성벽의 일부를 철거하기도 했지만, 여전히 중세 시대 모습을 간직하고 있다. 바로 이 성벽 걷기가 수많은 여행자들이 모토분에 오는 이유다. 산책로의 시작 지점은 마을의 중앙광장에서 연결되는 타운 게이트. 언덕 아래 펼쳐지는 농지와 농가의 풍경이 한 폭의 그림 같다.

Town Gate

Ul. Joakima Rakovca 3

052-880-088

이스트리아
Istria
자그레브

첫눈에 반해버릴 지도

로비니
ROVINJ

크로아티아 동쪽에 자리한 이스트리아 반도에는 이름난 큰 도시보다는 작지만 아름다운 소도시들이 해안을 따라 발달해 있다. 그중에서도 로비니는 이스트리아 반도의 중간에 위치한 소도시로, 그림엽서 속 한 장면 같은 풍광을 자랑한다. 누군가는 크로아티아에서 가장 아름다운 도시라고도 말하고, 누군가는 이토록 사랑스러운 도시를 본 적 없다고도 말하는 곳. 아무 것도 하지 않아도 행복하고, 길을 헤매도 즐거운 곳. 로비니는 이 모든 찬사를 받아 마땅한 곳이다.

어떻게 가면 좋을까

포레치, 로비니, 풀라는 이스트라 반도를 따라 나란히 자리하고 있는 도시들이다. 각 도시 간 이동 거리도 1시간 미만이어서, 아침 일찍 서두르면 셋 중 두 도시를 한꺼번에 둘러볼 수도 있다.

VISITOR CENTER

로비니 관광안내소
Trg na Mostu 2
052-811-566
www.rovinj-tourism.com

버스 Bus

근처 도시인 포레치나 풀라에서 로비니로 향하는 버스는 하루에도 5~6차례씩 드나든다. 이스트라 반도 외에서는 자그레브에서 출발하는 직행버스가 유일하고, 나머지 지역에서는 리예카나 오파티야 같은 도시에서 환승해야 로비니까지 올 수 있다.

버스정류장은 시내 중심에서 멀지 않은 곳에 있어서 여행 가방을 들고 이동하기에 수월하다. 단, 장거리보다는 이스트리아 내의 단거리 이동 버스들이 이용하는 곳이어서 버스 정류장 내에 편의시설은 부족하다. 유료 화장실과 매표소가 있지만, 정시 출도착을 기대하기는 어려우니 조금 일찍 서두르는 것이 좋다.

버스정류장
Trg na lokvi 6 060-888-611
www.arriva.com.hr/hr-hr/istra/rovinj

렌터카 Rent a Car

포레치와 풀라 어느 방향에서 출발하든 약 36km, 렌터카로 40분 정도가 소요된다. 자그레브나 달마티아 지역에서 출발했다면, 리예카까지 온 다음 약 1시간 30분 정도를 더 달려야 로비니에 도착한다. 도심에 차량 출입이 안 되는 대신, 구시가지 입구에 대형 주차장들이 여럿 있다. 자동차 여행자들이 많은 크로아티아답게 성수기에는 주차난에 시달리기도 하지만, 그 외의 기간에는 다른 도시에 비해 주차 사정이 여유로운 편. 자동 출입과 무인 결제 시스템도 잘 갖춰져 주차 스트레스를 줄여준다.

크로아티아 속 작은 이탈리아, 로비뇨

13세기에 로비니는 해적의 위협으로부터 도시를 지키기 위해 베네치아 공국과 손을 잡았다. 그렇게 이탈리아의 변방 도시를 자처했던 로비니가 오늘날과 같은 모습을 갖춘 것은 약 500년 전의 일. 16세기부터 18세기까지 오스만 제국의 침략을 피해 유입된 보스니아와 크로아티아 내륙 이민자들로 인해 도시의 인구가 급격히 증가한 것이다. 수로를 사이에 두고 본토와 마주보던 작은 섬까지 건너간 사람들은 마을을 일구었고, 1763년에 그 섬은 본토와 연결되어 반도가 되었다. 이스트리아의 다른 지역과 마찬가지로 오랫동안 이탈리아의 지배를 받은 터라, 아직도 특정 방언을 사용하는 이탈리안 공동체가 많이 남아있다. 그들은 여전히 이 도시를 이탈리아식 이름 '로비뇨rovigno'라고 부른다.

로비니
상세 지도

Apartments Hinterreiter

뷰 포인트

06 로비니 마켓

성 유페미아 성당 05

Ul. Bregovita

Trg Sv. Eufemige

01 몬테

Ul. G Garibaldija

02 피시 하우스 로비니

그리시아 거리 04

Ul. Grisia

관광안내소

02 로비니 헤리티지 뮤지엄

발비스 아치 03

01 티타 광장

03 메디테라네오 칵테일 바

페리터미널

04 코파카바나

로비니 버스터미널
Rovinj Bus Station

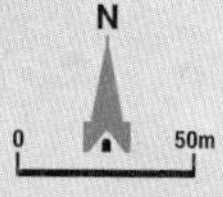

로비니 추천 코스

도시의 볼거리는 대부분 구시가지 안에 밀집되어 있어서, 천천히 둘러보는 데 2~3시간이면 충분하다. 단, 로비니 앞바다에서 해수욕을 즐기거나 카페에서 망중한을 즐기려면 하루도 모자란다.

 예상 소요 시간 **3~4시간**

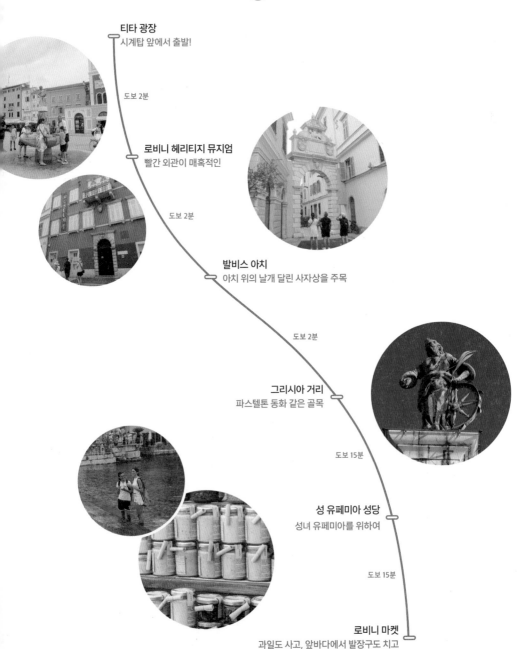

티타 광장
시계탑 앞에서 출발!

도보 2분

로비니 헤리티지 뮤지엄
빨간 외관이 매혹적인

도보 2분

발비스 아치
아치 위의 날개 달린 사자상을 주목

도보 2분

그리시아 거리
파스텔톤 동화 같은 골목

도보 15분

성 유페미아 성당
성녀 유페미아를 위하여

도보 15분

로비니 마켓
과일도 사고, 앞바다에서 발장구도 치고

요정이 뛰어다닐 것 같은 ①

티타 광장 Trg Maršala Tita

로비니의 메인 타운 광장. 이 광장에 발비스 아치가 있고, 이 광장에서부터 그리시아 거리가 시작된다. 성 유페미아 성당으로 향하는 발걸음도 여기서부터다. 사람들은 관광안내소가 있는 시계탑 건물 앞에서 만나 카페로 향하고, 아이들은 바다 모래를 밟았던 손과 발을 분수대 물줄기로 씻어낸다. 아드리아해의 오후 햇살이 더해지면 세상에 이보다 평화로운 곳이 없다.

빨간 건물이 매혹적인 ······ ②

로비니 헤리티지 뮤지엄

Muzej Grada Rovinja / Rovinj Heritage Museum

17~18세기에 살았다고 전해지는 칼리피 백작의 바로크 양식 궁전이 박물관으로 탈바꿈했다. 로비니 미술가들의 주도로 1954년에 처음 문을 열었는데, 문화재 보관과 전시 활동을 동시에 하는 것이 목적이었다. 창립자들의 그 뜻은 지금까지 지켜져서 도시 갤러리와 고고학 박물관 두 역할을 동시에 수행하고 있다. 공간이 크지 않아서 새로운 전시를 준비하는 기간에는 문을 닫는 경우도 많지만, 시기가 맞으면 크로아티아 예술가들의 수준 높은 미술품을 볼 수 있다.

🚶 티타 광장에 위치
📍 Trg Maršala Tita 11
🕘 10:00~22:00
📞 052-816-720
🏠 www.muzej-rovinj.hr

베네치아를 위하여 ······ ③

발비스 아치 Balbijev Luk / Arch of Balbi

7세기에 로비니는 성벽과 탑으로 둘러싸여 있었다. 발비스 아치는 마을을 지키던 7개의 문 가운데 현재까지 남아 있는 3개 중 하나로, 구시가지의 입구를 지키는 문이었다. 이 문을 통해 성 유페미아 성당이 있는 언덕까지 연결되고, 이 문을 통해 아기자기 아름다운 로비니의 골목길이 펼쳐진다. 그런데 사실 원래의 문은 1679년에 철거되었고, 그 자리에 지금의 발비스 아치를 만든 이는 당시 시장이었던 다니엘 발비Daniel Balbi였노라고, 아치 위의 돌판 비문에 쓰여있다. 오랫동안 베네치아의 지배를 받아온 로비니에는 이탈리아의 흔적이 가득한데, 이 석조 아치 위에 앉아 있는 날개달린 사자상도 베네치아의 상징이다.

🚶 관광안내소에서 남쪽 해안길 쪽으로 도보 2분
📍 Trg G. Matteottija

그리시아 거리 Ul. Grisia

연겨자빛과 인디언 핑크빛 벽이 어깨를 맞대고 이어진다. 바닥을 보면 오래된 자갈돌이 울퉁불퉁 반질반질 놓여있고, 고개를 들면 발코니마다 긴 빨랫줄에 하얀 빨래가 걸려 있다. 어느 집 문 앞에는 작은 의자가 놓여있고, 골목을 사이에 두고 각자의 의자에 앉아 수다를 떨고 있는 중년 아저씨들도 보인다. 아마 어느 계절 어느 시간에 가도 만나게 될 그리시아 거리의 풍경이다. 그리고 어쩌면 그 중년의 남자들은 예술가일지도 모른다. 실제로 그리시아 거리에 거주하며 작품 활동과 전시를 하는 작가들이 많다고 한다. 로비니 거리 축제 '아트 리퍼블리카'가 열리는 기간에는 거리 전체가 야외 전시장이 된다.

참고로, 성 유페미아 성당을 갈 때는 티타 광장에서 시작되는 남쪽의 해안길을, 내려올 때는 이 그리시아 거리를 이용할 것을 권한다. 올라갈 때는 바다를 보고, 내려올 때는 그리시아 거리 곳곳을 기웃거리는 재미가 로비니 여행의 참맛이다.

성 유페미아 성당

Crkva sv. Eufemija

언덕 위에 성당, 성당 옆에 종탑, 성 유페미아 성당을 빼고는 로비니를 말할 수 없다. 성 유페미아 성당은 로비니의 수호성인인 성녀 유페미아에게 봉헌된 성당으로 1725년부터 짓기 시작해 1736년에 완성되었다. '이스트리아 반도에서 가장 큰 바로크 성당'으로 불리며 달걀처럼 동그란 로비니의 중앙 언덕 꼭대기에서 도시를 굽어보고 있다.

성당 내부에 들어서면 성소 위에 놓인 꽤 큰 크기의 조각상들과 천장 프레스코화가 성스러움을 자아낸다. 정면의 제단 뒤에는 성녀 유페미아의 시신이 고대 로마의 석관에 안치되어 있다.

성당 뒤로 보이는 61m 높이의 종탑은 교회의 역사보다 오래되었는데, 1654년에 공사가 시작되어 26년에 걸쳐 완성되었다고 한다. 눈여겨 볼 것은 베네치아의 성 마르코 성당 종탑을 본따 만든 종탑의 꼭대기. 고개를 한껏 꺾어 올려다보면 성녀 유페미아의 구리 조각상이 보이고, 그 아래 스핀이 달려있어서 바람의 방향을 알려준다. 약간의 입장료가 있지만, 최고의 뷰를 보기 위해 종탑에 올라보는 것도 좋다. 성당까지 오르는 언덕길은 조금 가파르지만, 중간 중간 보이는 바다 전망이 정말 끝내준다.

관광안내소에서 그리시아 거리 또는 해안길을 따라 도보 10분

Trg Sv. Eufemije 052-815-615 www.zuparovinj.hr

성녀 유페미아

유페미아는 4세기 초 디오클레티아누스 황제의 기독교 박해 시기에 고문을 받다가 순교한 15세 소녀의 이름이다. 믿음을 포기하라는 황제의 강요에도 굴복하지 않았고, 그 벌로 사자 우리에 던져졌으나 오히려 사자들이 그녀를 지켜줬다는 이야기가 전해 온다. 성당 프레스코화에 이와 관련된 내용이 그려져 있다.

신선하지만 흥정은 필수! ······ ⑥

로비니 마켓 Rovinj Market

바다와 놀이터를 품고 있는 로비니 마켓. 아침부터 밤까지 좌판이 펼쳐져 있지만, 신선식품이나 꽃 등의 판매대는 오후가 되면 하나 둘 철수한다. 시장에서 가장 인기있는 품목은 올리브 오일과 트러플, 소금 등의 식재료와 체리, 납작복숭아 같은 과일. 직접 재배한 제품으로, 유기농임을 강조하지만 확인할 길은 없다. 시장을 둘러싸고 기념품숍과 카페, 레스토랑이 즐비한데, 시장의 활기를 느끼며 잠시 쉬어가기 좋다. 단, 로비니 마켓에서 물건을 구입할 때는 최선을 다해 흥정해야 후회가 없다.

🚶 관광안내소에서 북쪽 뷰 포인트 방향으로 도보 10분
📍 Ul. Giuseppea Garibaldija
🕓 8:00~21:00

로비니의 베스트 뷰 포인트

바다에서 솟아난 것 같은 로비니 구시가를 한눈에 보려면 약간 떨어진 장소에서 봐야 하는데, 그럴 때 안성맞춤인 뷰 포인트가 있다.
주차장들이 즐비한 구시가지 초입, 로비니 마켓이 열리는 작은 광장 앞에 하얀 직사각형 조형물과 놀이터가 보이면 바로 그곳이다. 아이들은 놀이터에서 놀고, 연인들은 잔잔한 앞 바다에서 해수욕을 즐긴다. 여행자들도 자박자박 발을 담그며 놀기 좋은 장소. 놀이터 옆에 유료 화장실도 있어서 여러모로 유용하다. 참고로 직사각형의 조형물은 이탈리아의 파시스트 테러로 희생된 크로아티아 파르티잔(게릴라)들을 추모하는 기념비이다.

파인다이닝의 정수 ······①

몬테 Monte

성 유페미아 성당으로 향하는 오르막길에 자리한 몬테. 로비니 관광청에서 가장 첫 번째로 추천하는 레스토랑으로, 꽤 오랫동안 일가족이 운영해 온 가업이라고 한다. 우아한 분위기와 정중한 서비스, 그리고 깜짝 놀랄 맛으로 호평을 받고 있다. 메뉴의 콘셉트는 현지 식재료로 재현한 지중해 스타일 요리, 특이하게도 레드, 그린, 블루 세 가지 코스 메뉴를 선보인다. 컬러 메뉴마다 전채부터 디저트까지 총 6~9개까지의 요리들이 예술작품처럼 서빙된다. 가격대는 조금 있지만, 자칭 미식가라면, 혹은 로비니에서 특별한 날을 맞았다면 도전해 볼 만하다.

성 유페미아 성당에서 도보 5분
Ul. Montalbano 75
6:00~23:00 052-830-203
www.monte.hr

참 맛있는 해산물 요리 ······②

피시 하우스 로비니 Fish House Rovinj

패스트푸드지만 정찬 못지않은 해산물 요리. 정어리나 오징어 같은 해산물 튀김은 얇은 튀김옷에서 느껴지는 파삭함이 환상적이다. 함께 나오는 특제소스로 생선의 비린내와 튀김의 느끼함까지 잡았다. 참치, 연어 등의 샐러드도 맛있고, 버거 종류도 하나같이 맛있다. 매장이 조금 좁은 편인데, 매장 내 식사보다는 포장해서 바닷가에서 즐기는 사람들이 많다. 티타 광장에서 가까운 디 아미시스 거리에 있다.

관광안내소에서 올드타운 반대 방향으로 도보 5분
De Amicis 2 12:00~21:00

감성 돋는 해변 카페  ③

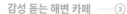

메디테라네오 칵테일 바 Mediterraneo Cocktail Bar

오렌지색 입구 벽에 쓰인 'Your Secret Escape'라는 카피가 딱 어울리는 아름다운 해안 카페. 두브로브니크에 부자 바가 있다면, 로비니에는 메디테라네오 칵테일 바가 있다. 좁은 입구를 통과하면 확 트인 바다가 나타나고, 해안 절벽에 절묘하게 놓인 테이블과 의자, 석양 맛집인 것까지 닮았다. 낮 시간에는 햇살에 반짝이는 아드리아해를, 해질녘에는 그 바다를 물들이는 석양을 직관할 수 있다. 이 정도 공간이면 맛이나 서비스는 논할 필요가 없지만, 다행히 커피, 칵테일 다 맛있고, 세상 느긋한 스태프들도 친절하다.

🚶 성 유페미아 성당에서 도보 10분. 남쪽 해안길에 위치
📍 Ul. Sv. Križa 24 🕓 11:00~23:30

흥겨운 리듬의 ④

코파카바나 Copacabana

캐주얼한 분위기에 대중적인 맛, 다양한 메뉴와 씨뷰를 원한다면 추천할 만한 곳이다. 사실 해안을 따라 길게 난 오발라 피나 부디치나 거리에는 이곳과 유사한 해산물 레스토랑이 많다. 체밥치치, 생선구이, 먹물파스타 등 크로아티아 요리와 이탈리아 요리가 고르게 섞여있는 메뉴판도 비슷하다. 그럼에도 이집의 장점은 티타 광장과 여객선터미널이 가깝고, 언제나 가장 흥겨운 분위기라는 것. 음식의 간이 조금 짠 느낌은 있지만, 신선한 재료와 평균 이상의 음식 맛은 분명하다.

🚶 관광안내소에서 도보 10분. 남쪽 해안길에 위치 📍 Obala Pina Budicina
🕓 12:00~24:00 🏠 www.copacabanarovinj.eatbu.hr

이스트리아
Istria
자그레브

로마의 시간이 각인된 도시

풀라
PULA

도시를 뜻하는 그리스어 '폴라이'에서 유래된 풀라. 이스트리아 반도 끝자락에 위치한 이 도시는 로마인에게는 지켜야 할 요새였고, 이민족에게는 공략해야 할 요충지였다. 그래서 풀라의 모든 건물과 거리에는 서사가 새겨져 있다. 아우구스투스 신전, 포럼, 세르기 개선문, 원형경기장, 이름만으로도 설레는 이 구조물들은 살아남아 수천 년의 시간을 담은 채 여행자를 맞는다. 로마 제국이 만들고 크로아티아가 지켜온 풀라에서는 누구라도 하루에 삼천 년을 뛰어넘는 타임슬립을 경험하게 된다.

어떻게 가면 좋을까

이스트리아 반도의 북쪽에서 남쪽으로 이동 중이라면, 앞선 포레치나 로비니보다 큰 풀라의 크기에 놀랐을 수도 있다. 반도의 맨 아래쪽에 위치한 도시지만, 버스, 렌터카는 물론 기차와 비행기 노선까지 잘 발달되어 반도 내에서 가장 편리한 교통 요충지다.

풀라 관광안내소
Forum 3
052-219-197
www.pulainfo.hr

버스 Bus

풀라 버스터미널은 시내 중심에서 불과 1㎞ 정도 떨어져 있으며, 크로아티아의 주요 도시와 이스트리아 반도를 연결하는 허브 역할을 한다. 가장 가까운 로비니에서는 매 시간마다 버스가 오가고, 40분이면 도착한다. 이외에도 리예카, 자그레브, 자다르, 스플리트에서도 매일 수차례씩 직행버스가 운행된다. 또한 이탈리아, 슬로베니아 등 인근 국가의 도시로 이동할 수 있는 국제 노선도 꽤 다양하게 발달되어 있다.

풀라 버스터미널
Trg I istarske brigade 1 052 356 532

버스 예매 사이트
플릭스버스 www.flixbus.com
겟바이버스 www.getbybus.com **버스크로아티아** www.buscroatia.com

렌터카 Rent a Car

이스트리아 반도 내에서 렌터카 운전을 한다면, 주로 서쪽 내륙을 관통하는 21번 도로와, E751번 도로를 이용하게 된다. 이 도로들에는 유료 구간이 많아서 운전이 편한 대신 잦은 톨게이트를 지나가야 한다.

한편, 풀라에서의 주차는 중급 난이도다. 네비게이션에서 알려주는 주차장들을 찾아가려면 언덕이 많고, 야외 보다 건물 지하 주차장이 많아서 초행이라면 당황할 수도 있다. 또 주차 관리도 엄격한 편이어서, 주차 티켓에 표기된 시간에서 조금이라도 넘어서면 차량 앞에 '딱지'가 붙어 있기 일쑤다. 주차 시간을 넉넉히 잡고, 정해진 시간은 엄수할 것!

비행기 Airplane

시내에서 북동쪽으로 6㎞ 정도 떨어져 있는 풀라 공항은 크로아티아 내에서 꽤 분주한 공항 중 한 곳이다. 이스트리아 반도에서는 가장 큰 규모로, 국내선은 물론 오스트리아, 독일, 덴마크, 영국 등에서 출발하는 국제선까지 운행되어 유럽인들에게는 크로아티아 여행의 관문 역할도 하고 있다. 공항셔틀을 이용하면 도심의 버스터미널까지 손쉽게 이동할 수 있다.

풀라 공항
Ližnjan, Valtursko polje 210
052-550-926 www.airport-pula.hr

공항 셔틀버스
운행 구간 풀라 공항<->풀라 버스터미널
€6 운행횟수 하루 5~10회, 항공기 착륙 후 30분에 출발

어떻게 다니면 좋을까

풀라프로메트라는 이름의 시내버스가 풀라의 대표적인 대중교통이다. 여행자에게 필요한 관광지는 시내 중심에 모여 있어서 튼튼한 다리 외에 교통수단이 필요가 없다. 하지만 도심에서 조금 더 머물며 바다와 해수욕을 즐기기 위해서는 현지인처럼 버스를 이용해 보는 것도 좋다. Zone1~3까지 구역이 나눠지지만, Zone1 안에서 도시 대부분이 커버된다.

시내버스 Pulapromet
Ulica Starih statuta 1a 1회권 €2(Zone1), 24시간권 €4(Zone1~3)
052-222-677 www.pulapromet.hr

성모승천 성당
Riva 리바
Amfiteatarska ul.
Carrarina ul.
Litore Pula
Kandlerova ul.
트윈 게이트
제로스트라세 입구1 07
Hostel Pula
06 이스트리아 해양역사 박물관
Istarska ul.
헤라클레스 개선문
아우구스투스 신전
시청사
풀라 시타델
04 포럼 스퀘어
05 성 프란시스코 교회와 수도원
07 제로스트라세 입구2
관광안내소
03 아그리피나의 집
Forum
Luxury Flats
Castropola ul.
Riva 리바
02 로만 모자이크
Lagininjina ul.
Ul. Sergijevaca
01 세르기 개선문
02 올드 시티 바 풀라

10 라이팅 자이언츠

풀라 광역 지도

풀라 공항
Pula Airport
풀라 버스터미널
Bus Station Pula/Pola
Tršćanska ul.
Kolodvorska ul.
Splitska ul.
Scaletta
Flavijevska ul.
Gladijatorska ul.
Emova ul.
페리터미널
Flavijevska ul.
08 원형경기장
Arena
Riva
Scalierova ul.
09 성 안토니오 교회
Amfiteatarska ul.
Ul. Croazia
Carrarina ul.
Istarska ul.
Epulonova ul.
San Martino Rooms
01 피안티나
Hotel Galija
N
0
100m
Laginjina ul.

풀라 추천 코스

풀라는 이스트리아 반도에서는 가장 볼거리 많고 규모도 큰 관광지다. 가능하면 하루 정도 숙박하면서, 아침부터 저녁까지 온전히 관광에 투자하는 것이 좋다. 낮 시간에는 구시가지의 로마 유적지와 원형경기장을 돌아보고, 밤 시간에는 라바 거리에서 라이팅 자이언츠를 보는 것으로 마무리!

예상 소요 시간 **6~8시간**

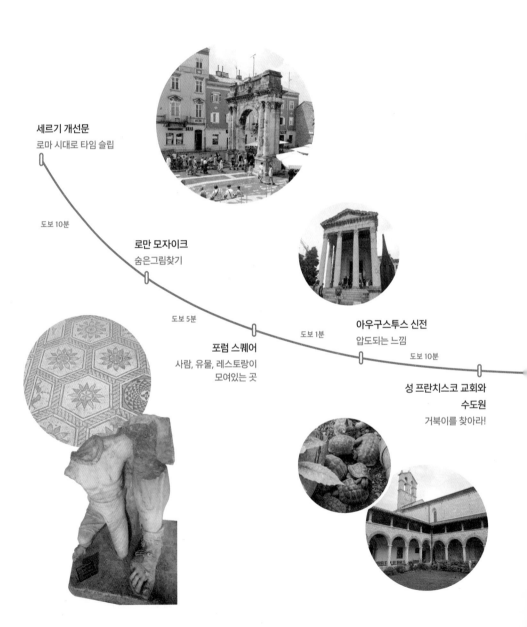

세르기 개선문
로마 시대로 타임 슬립

도보 10분

로만 모자이크
숨은그림찾기

도보 5분

포럼 스퀘어
사람, 유물, 레스토랑이 모여있는 곳

도보 1분

아우구스투스 신전
압도되는 느낌

도보 10분

성 프란치스코 교회와 수도원
거북이를 찾아라!

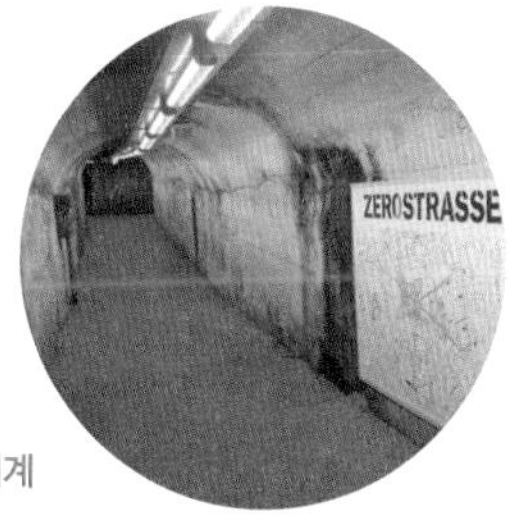

도보 10분

이스트리아 해양역사 박물관
풀라에서 제일 높은 곳

도보 5분

제로스트라세
시원하고 신기한 지하 세계

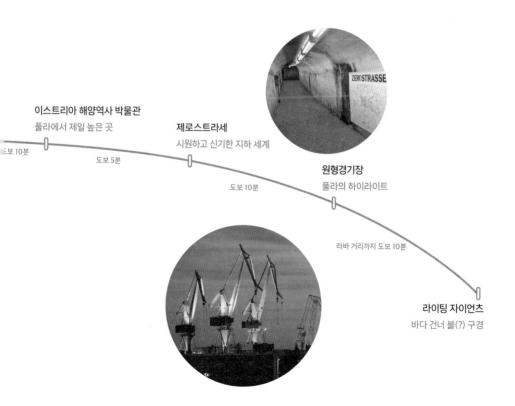

도보 10분

원형경기장
풀라의 하이라이트

라바 거리까지 도보 10분

라이팅 자이언츠
바다 건너 불(?) 구경

고대 로마로 들어가는 문 ······①

세르기 개선문 Slavoluk Sergijevaca / Arch of Sergii

세르기 개선문은 악티움 해전에 참전한 세르기 가문의 세 형제를 기념하기 위해 기원전 27년경 세워진 아치형 개선문이다. 세르기는 풀라의 유력한 가문이었다고 한다. 화려하게 장식된 아치와 금박 요소 때문에 골든 게이트라고 불렸고, 현지인들은 여전히 그 이름으로 부른다. 개선문이 있는 작은 광장은 언제나 사람들이 모이는 곳으로, 주말에는 다양한 야외 전시와 공연도 펼쳐진다.

세르기 개선문 외에도 고대 도시의 성벽을 지키던 10개의 문 가운데 현재까지 살아남은 곳이 두 군데 더 있다. 두 개의 아치가 붙어있는 쌍둥이 게이트와 헤라클레스의 머리가 새겨져 있는 헤라클레스 게이트. 어느 쪽을 통하든 남아있는 세 개의 개선문을 통과하는 순간, 고대 로마로의 시간 여행이 시작된다.

관광안내소에서 시티 동남쪽으로 도보 10분

Flanatička ul. 2

숨은 로마 유적 찾기 ②

로만 모자이크 Roman Mozaic

숨은그림찾기처럼 찾아야 보이는 로만 모자이크 유적지. 그 속에서도 이야기를 알고 찾아야 하는 그림 조각이 있다. 그리스 신화에 나오는 나쁜 여자 디르체Dirce가 황소의 꼬리에 묶여 벌을 받는 모습을 묘사한 그림. 잠시 신화 속으로 들어가 보자면, 디르체는 고대 왕국 테베를 다스리던 리쿠스 왕의 두 번째 아내였다. 그녀는 쌍둥이를 임신한 전처를 학대했는데, 이후 태어난 쌍둥이 엠피온과 제투스가 어머니의 복수로 디르체를 황소 꼬리에 매단 채 끌고 다녔다는 다소 잔혹한 이야기. 모자이크 바닥의 기하학적 모티브 가운데서 신화 속 디르체를 찾아보자. 이 그림을 찾는 재미조차 없다면 이 유적지는 정말 허무한 곳이다. 길거리 가운데, 남의 집 대문처럼 생긴 철문을 밀고 들어가면 발코니 철창이 있고, 그 아래에 놓여 있는 훼손되고 파손된 모자이크 타일이 바로 3세기의 로마 시대 유물이니 말이다.

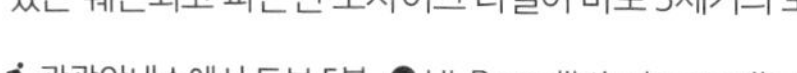

관광안내소에서 도보 5분 Ul. Benediktinske opatije 1

그녀는 정말 이곳에 살았을까 ③

아그리피나의 집

Agripinina Kuća / Agrippina's House

풀라 출신 고대 로마의 황후, 아그리피나가 살았다는 집터. 아파트 건물의 버려진 뒷마당처럼 보이지만, 로만 모자이크와 마찬가지로 무려 2000년 된 유적지다. 하지만 굳이 찾아서 볼 정도는 아니고, 혹시라도 눈에 띄면 눈도장 찍는 정도가 좋다.

관광안내소에서 도보 1분

Ul. Sergijevaca 3

오래된 도시의 살아있는 광장 ……④

포럼 스퀘어 Forum Square

고대와 중세 시대 도시의 중심이었던 포럼은 종교, 행정, 입법 및 상업의 중심지였다. 포럼의 북쪽에는 두 개의 쌍둥이 사원이 있었고 중앙에는 주피터, 주노, 미네르바를 모시는 신전이 있었다고 하는데, 오늘날에는 쌍둥이 신전 중 하나인 아우구스투스 신전만 온전히 보존되어 있다. 참고로, 뒷벽만 보존되어 있는 또 다른 쌍둥이 사원은 같은 시기에 같은 양식으로 건축된 것으로 추정되며 다이애나 신전으로 불렸다.

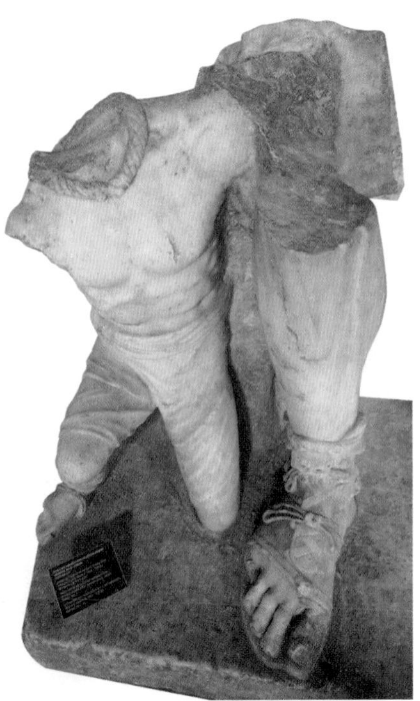

아우구스투스 신전

Augustov Hram / Temple of Augustus

로마 여신과 아우구스투스 황제에게 바쳐진 신전. BC2~14년 사이에 건설되었고, 전형적인 사원 양식의 패턴을 따르고 있다. 시작은 신전이었지만 한때는 교회와 곡물창고로 사용되었으며, 19세기 초에는 석조 기념물 박물관으로 사용되기도 했다. 1944년 제 2차 세계대전 당시에는 폭탄에 맞아 파괴되었고, 오늘날의 모습은 1945년에서 1947년 사이에 보수된 것이라고. 내부에 들어서면 높고 뻥 뚫린 공간에 고대 석조 및 청동 조각품을 전시하고 있다. 실제 공간은 생각보다 좁아서 허무할 지경이지만 높은 천정고 때문에 저절로 경외심이 든다. 재밌는 것은 매표소가 따로 있는 것이 아니라, 일단 들어가서 직원에게 표를 산다는 것.

€2 052-351-300

www.ami-pula.hr/dislocirane-zbirke/augustov-hram

시청사

Municipio di Pola / Town Hall

풀라가 도시 국가였을 때, 이곳 포럼에 국가 통치를 위한 시청사가 세워졌다. 베네치아 통치 기간 동안 이곳은 공작과 총독의 관저였으며 오늘날도 여전히 관공서로 사용되고 있다. 수 세기에 걸쳐(10~16세기) 증축을 해온 덕분에 로마네스크 양식부터 르네상스 양식까지 다양한 건축 양식이 결합된 문화유산이 되었다.

회랑이 아름다운 교회 ······ ⑤

성 프란치스코 교회와 수도원

Crkva i Samostan sv. Franjo / Church and Monastery of St. Francis

1314년에 지어진 수도원 단지. 언덕 경사면에 자리하고 있어서 존재만으로 장엄하다. 교회 내부를 관람하기 위해서는 1유로의 입장료를 내야하는데, 결코 그 돈이 아깝지 않다. 내부는 일체의 장식적인 요소를 배제한, 수도원의 엄격함이 느껴지는 검소하고 고요한 공간. 돌덩이를 잘게 잘라 쌓아올린 벽면과 나무 구조물이 그대로 드러난 천장, 소박한 제단과 파이프 오르간만으로 충분히 경건하다. 예배당 이외에도 복도를 따라 갤러리와 로만 모자이크를 전시한 방 등이 소소한 볼거리를 제공한다. 회랑으로 둘러싸인 정원에는 누구나 쉬어갈 수 있는 벤치가 놓여있고, 정원 구석에는 거북이 일가가 자유롭게 돌아다닌다.

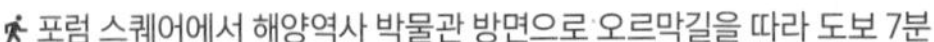

포럼 스퀘어에서 해양역사 박물관 방면으로 오르막길을 따라 도보 7분

Uspon Svetog Franje Asiškog 9

10:00~18:00

€1

052-222-919

이스트리아 역사해양 박물관

Povijesni i Pomorski Muzej Istre / Historical and Maritime Museum of Istria

어느 방향에서 오든, 오르막은 각오해야 한다. 이스트리아 역사해양 박물관이 있는 곳은 해발 32.4m, 풀라에서 가장 높은 카스텔 언덕이기 때문이다. 이름 그대로 해양 도시인 풀라의 역사적 사실과 컬렉션들을 보여주는 곳이다. 오래된 엽서와 사진, 해양과 조선술에 대한 자료, 동전, 무기, 유니폼 및 군사 장비까지 4만 점 이상의 전시품을 소장하고 있다. 그런데 사실 외국인 여행자인 우리에게 크게 와닿는 전시품들은 아니다. 지역과 관련된 자료들이 많고, 크로아티아어로 된 영상 자료들이 주를 이루기 때문. 굳이 실내 전시를 안 보더라도 사방이 탁 트인 언덕에 오르는 것만으로도 가치가 있다. 드넓게 펼쳐진 야외 전시장에 대포와 창 같은 군사 장비들이 놓여있고, 여름밤에는 이곳에서 콘서트도 펼쳐진다. 참고로, 박물관 입장료로 지하의 제로스트라세까지 이용할 수 있다.

관광안내소에서 오르막을 따라 도보 12분
Gradinski uspon 6
겨울(10~4월) 9:00~17:00, 여름(5~9월) 9:00~21:00
어른 €7, 어린이 €3 052-211-566
www.ppmi.hr

별을 닮은 풀라 시타델 Pula Citadel

카스텔Kastel 언덕에는 별 모양의 성Citadel=Castle이 있다. 사각형의 귀퉁이마다 4개의 보루가 있어서 마치 별처럼 보이는 것. 성은 성이지만 왕이 살았던 적은 없고, 순수한 군사 목적의 요새다.

1630년에 베네치아인들은(당시 풀라는 베네치아 공화국 영토였다) 북아드리아해의 해상 무역을 지키기 위해 프랑스 군사 건축가 앙투안 드 빌에게 성 건축을 의뢰했다. 로마 이전 시대부터 초기 요새가 있던 곳으로 추정되는 카스텔 언덕이 풀라를 지키기 위한 최적의 장소였기 때문이다. 오늘날 이곳에는 이스트리아 해양역사 박물관이 있고, 그 아래로는 지하터널 제로스트라세가 지난다.

놀라운 지하 공간 ⑦

제로스트라세 Zerostrasse

역사해양 박물관이 있는 카스텔Kastel 언덕 아래에는 놀라운 지하 공간이 있다. 1차 세계대전 직전, 오스트리아-헝가리 제국의 주요 해군 항구이자 함대 정박지였던 풀라는 전쟁에 대비해 도시 전체가 요새화 되었다. 이때 민간인 대피와 군사적 목적으로 지어진 지하터널이 바로 폭 3~6m, 높이 약 2.5m의 제로스트라세다.

사방으로 연결된 4개의 입구를 통해 중앙의 공간으로 연결되고, 내부는 일 년 내내 14~18℃를 유지하도록 설계되었다. 폭염이나 폭우를 피해 잠시 둘러보기 좋은 곳으로, 내부는 생각보다 쾌적하고 현대적이다. 마치 미래의 지하 도시처럼, 터널 내부에는 트램이 지나다니던 역이 있고, 현재도 사용되는 엘리베이터를 통해 꼭대기의 풀라 시타델까지 연결된다. 한 번의 입장료로 제로스트라세, 해양역사 박물관, 성까지 둘러볼 수 있으니 놓치지 말고 엘리베이터를 이용하자.

- 세르기 개선문에서 원형경기장 방향으로 도보 10분
- Carrarina ul. 3
- 겨울(10~4월) 9:00~17:00, 여름(5~9월) 9:00~21:00
- 어른 €7, 어린이 €3
- 052-211-566
- www.ppmi.hr/en/locations/zerostrasse

로마 콜로세움보다 잘 보존된 ······ ⑧

원형경기장 Arena of Pula

풀라에서 단 한 곳만 보고 떠나야 한다면 망설임 없이 이곳이다! 서기 1세기, 로마의 베스파시아누스 황제가 콜로세움과 동시에 짓기 시작해 80년 만에 완성한 원형경기장. 로마의 초기 황제 아우구스투스를 기념하기 위해 로마가 보이는 바닷가 언덕에 지었다고 한다. 로마의 콜로세움에 비하면 규모는 훨씬 작지만, 당시 풀라의 인구를 생각하면 감탄사가 절로 나온다.

타원형의 경기장은 대략 130m의 장축과 100m의 단축으로 이루어졌으며, 약 2만 명의 관중을 수용할 수 있는 규모였다. 검투사들의 경기는 아레나라고 불리는 중앙의 평평한 공간에서 열렸으며, 관중들은 돌계단에 앉거나 갤러리에 서 있었을 것으로 추정한다.

2000년 가까이 훼손되고 마모되어 예전만큼은 아니지만 여전히 이곳은 약 5000명의 관중을 수용할 수 있는 원형경기장으로 활용되고 있다. 영화제, 콘서트, 오페라, 발레, 스포츠 대회 등 다양한 행사가 열리고, 특히 여름에는 검투사들의 경기를 재현하는 이벤트 'Spectacvla Antiqva'가 축제처럼 펼쳐진다. 참고로, 구시가지 안에 있는 비슷한 이름의 원형경기장 로만 시어터Roman Theater는 이곳과 달리 관리가 되지 않아 거의 폐허에 가까운 상태이니, 헷갈리지 말자.

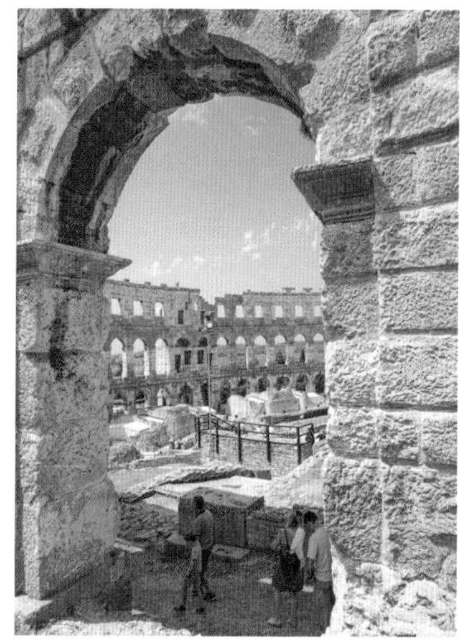

제로스트라세 1번 입구에서 도보 10분 · Flavijevska ul.
겨울 9:00~17:00, 여름 8:00~22:00 · 1월1일
어른 €10, 어린이 €5 · 052-219-028
www.ami-pula.hr/hr/dislocirane-zbirke/amfiteatar

원형경기장 앞 히든 플레이스 ······ ⑨

성 안토니오 교회 Crkva sv. Antun / Church of St. Anthony

원형경기장으로 향하는 사람들의 시선 뒤에 오아시스처럼 자리잡고 있는 성 안토니오 교회. 본관으로 향하는 계단에 서면 원형경기장과 그 너머 바다까지 한 눈에 들어온다. 프란치스코 수도원에서 운영하는 교회로, 아름다운 정원과 예수 그리스도를 표현한 모자이크 벽화가 눈길을 끈다. 오래되었거나 유적지로서 특별한 가치를 가진 곳은 아니지만, 원형경기장까지 갔다면 반드시 들러야 할 히든 플레이스다.

도로를 사이에 두고 원형경기장 맞은편에 위치 Scalierova ul. 22A
052-216-225 www.biskupija-porecko-pulska.hr/samostani

빛으로 만든 거대한 조형물 ······ ⑩

라이팅 자이언츠 Svijetleći Divovi / Lighting Giants

도시를 마주보고 있는 풀라 만의 작은 섬 울자니크Uljanik에 있는 독특한 조형물. 관람객들은 바다를 사이에 두고 풀라의 리바 Riva 거리에서 조명 쇼를 보게 된다. 조명을 밝히는 주인공들은 울자니크 조선소에서 사용하는 거대한 크레인들. 세계적인 조명 디자이너 딘 스키라Dean Skira가 크레인에 빛을 더해 라이팅 자이언츠를 탄생시켰다.

2018년 월드컵 기간에는 빨간색과 흰색의 조명으로 크로아티아 국기를 표현했고, 성 패트릭의 날에는 녹색의 조명을 밝히는 등 다양한 형태와 빛의 조명 쇼를 펼친다. 여름철 일몰부터 오후 10시까지, 밤 시간에만 이 장엄한 빛의 광경을 즐길 수 있다.

가성비 맛집 ······ ①

피안티나 Fine Fast Food Piantina

헤라클레스 게이트 맞은편, 살짝 언덕길에 자리한 패스트푸드 맛집. 빨리 조리되어 나온다는 의미에서는 패스트푸드가 맞지만, 음식맛과 재료의 풍미는 파인다이닝에 못지 않다. 수제버거는 두툼한 스테이크가 삐져나올 정도이고, 방금 튀겨진 감자튀김에는 체다치즈를 더해 풍미를 살렸다. 푸짐하고 맛있고 거기다가 가격까지 착하다.

🚶 세르기 개선문에서 원형경기장 방면으로 도보 8분 📍 Zadarska ul. 1 🕓 10:00~23:00 ⊗ 일요일 📞 091-578-7970

아침부터 새벽까지 ······ ②

올드 시티 바 풀라 Old City Bar Pula

유럽의 도시마다 하나 정도 있을 법한 오래된 펍. 세르기 개선문에서 포럼으로 향하는 중앙로에 자리하고 있어서 아침부터 새벽까지 사람들의 발길이 끊이지 않는다. 낮에는 스낵과 커피 등을 즐기는 카페로, 밤에는 흥겨운 라이브 음악이 함께 하는 펍으로 변한다. 음료 외에 체밥치치나 오징어 튀김 같은 크로아티아 전통 요리도 평가가 좋은 편이다. 현지 스타일의 흥겨움을 느끼고 싶다면 저녁 시간을 추천한다.

🚶 세르기 개선문에서 관광안내소 방향으로 도보 5분
📍 Danteov trg 1 🕓 7:00~2:00 📞 052-222-944

자그레브
달마티아
Dalmatia

비교 불가의 석양,
대체 불가의 낭만

자다르
ZADAR

자다르는 많은 예술가와 여행자들이 영감을 받았다고 고백하는 도시다. 자다르의 석양을 한번이라도 본 사람이라면 바다와 태양이 조우하던 그 순간의 강렬함을 쉽사리 잊을 수 없다. 매일 뜨고 지는 해를 이토록 아름답게 지켜볼 수 있게 설계한 '태양의 인사'와 '바다 오르간' 두 개의 어트랙션만으로 이 도시는 이미 다른 어떤 곳과도 비교불가, 대체불가의 여행지다. 비슷한 유적과 바다 풍경에 지칠 때쯤 자다르를 만나면 크로아티아가 더욱 사랑스러워진다.

어떻게 가면 좋을까

북쪽에서 남쪽으로 여행 중이라면, 자다르는 달마티아 지역에서 만나는 첫 번째 도시가 된다. 크로아티아 중남부에 해당하는 달마티아 지역은 자다르, 트로기르, 스플리트, 두브로브니크까지 이어지는 아름다운 해안 도시들의 릴레이 장이다. 이 일대는 도로도 잘 정비되어 있고, 대중교통도 발달되어 이동에 불편함이 없다.

VISITOR CENTER

자다르 관광안내소
Ul. Jurja Barakovića 5
023-316-166
www.zadar.travel

렌터카 Rental Car

자다르는 크로아티아 여행의 중간 기착지와 같은 곳이다. 자그레브에서 플리트비체를 거쳐 두브로브니크로 향하는 중간 지점이자, 이스트리아 반도와도 가장 수월하게 연결되는 지점이기 때문. 플리트비체 국립공원에서는 약 1시간 30분이 소요되고, 반대쪽인 스플리트에서는 2시간 정도가 소요된다. 두 곳 모두 유료 고속도로를 이용할 때 소요되는 시간이다.

버스 Bus

크로아티아 여행의 중간 지점, 그리고 달마티아 지역의 교통 허브답게, 자다르 터미널에 출도착하는 버스는 굉장히 다양하다. 플리트비체와 스플리트에서 오가는 버스는 하루 평균 3~5회이고, 성수기에는 더 늘어난다. 이스트리아 반도의 입구인 리예카나 풀라까지도 1일 5~6회 버스가 운행된다. 국내 도시 뿐 아니라, 슬로베니아의 류블랴나를 오가는 버스도 하루 2회 이상이다.
자그레브 버스터미널은 마치 서울 고속터미널처럼 늘 붐비고, 주변의 편의시설도 잘 갖춰져 있다. 볼거리가 모여있는 구시가에서 1.6km 가량 떨어져서 도보로 20분 정도 이동해야 한다. 당일치기 일정이라면 터미널 내 짐 보관소에 짐을 맡기고, 1박 이상 일정이라면 터미널 근처에 숙소를 정하고 택시로 이동하는 것이 좋다.

자다르 버스터미널 Liburnija Zadar
Autobusni kolodvor Zadar
060-305-305
www.liburnija-zadar.hr

비행기 Airplane

크로아티아를 일상적인 휴양지로 생각하는 유럽인들은 자다르 공항을 많이 이용한다. 특히 7~8월의 성수기에는 휴가를 맞은 유럽인들 때문에 공항 전체가 몸살을 앓는다. 파리, 바르셀로나, 류블랴나, 빈, 로마 등에서 LCC 항공편이 매일 수차례 운행되고, 자그레브나 두브로브니크 등을 오가는 국내선도 빈번하다.
공항에서 시내의 버스터미널과 페리터미널까지는 매 시간 출발하는 공항버스를 이용하면 수월하게 도착할 수 있다. 공항에서 터미널까지 20분 가량 소요되고, 요금은 €5.

자다르 공항 Zadar Airport
Ul. I 2A, 23222, Zemunik Donji
060-355-355
www.zadar-airport.hr

어떻게 다니면 좋을까

크로아티아의 대부분 관광지가 그렇듯, 반도로 뻗어있는 구시가지를 성벽이 둘러싸고 있고, 볼거리의 8할은 그 안에 모여 있다. 구시가는 차량 출입이 제한되니, 무조건 도보 외에는 방법이 없다. 구시가 이외에 버스터미널이나 페리터미널, 공항, 해변 등으로의 이동은 자다르의 모든 교통을 관할하는 리부르니야(www.liburnija-zadar.hr)의 시내버스를 이용할 수 있지만, 단기 여행이거나 일행이 있다면 우버 택시가 더 좋은 선택이다.

자다르 광역 지도

Hotel Bastion
Liburnska obala
Ul. Ivana Meštrovića
마리나 자다르
Marina Zadar
Ul. Nikole Tesle
Ul. Josipa Jurja Strossmayera
Ul. dr. Franje Tuđmana
Ul. bana Josipa Jelačića
A'mare Hotel Zadar
자다르 구시가 지도
Park Zadar
파크 자다르
Obala kralja Tomislava
Tommy 슈퍼마
Put Stanova
Ul. Zrinsko Frankopanska
Golden Wave Beach
City Galleria
Ul. Nikole Šubića Zrinskog
Ul. dr. Franje Tuđmana
종합병원
13 콜로바레 비치
Put Murvice
Lidl 슈퍼마켓
슈퍼마켓
Spar
Ul. Ante Starčevića
자다르 공항
자다르 버스터미널
맥도날드
Ul. Ante Starčevića
0
100m

자다르 구시가지 상세 지도

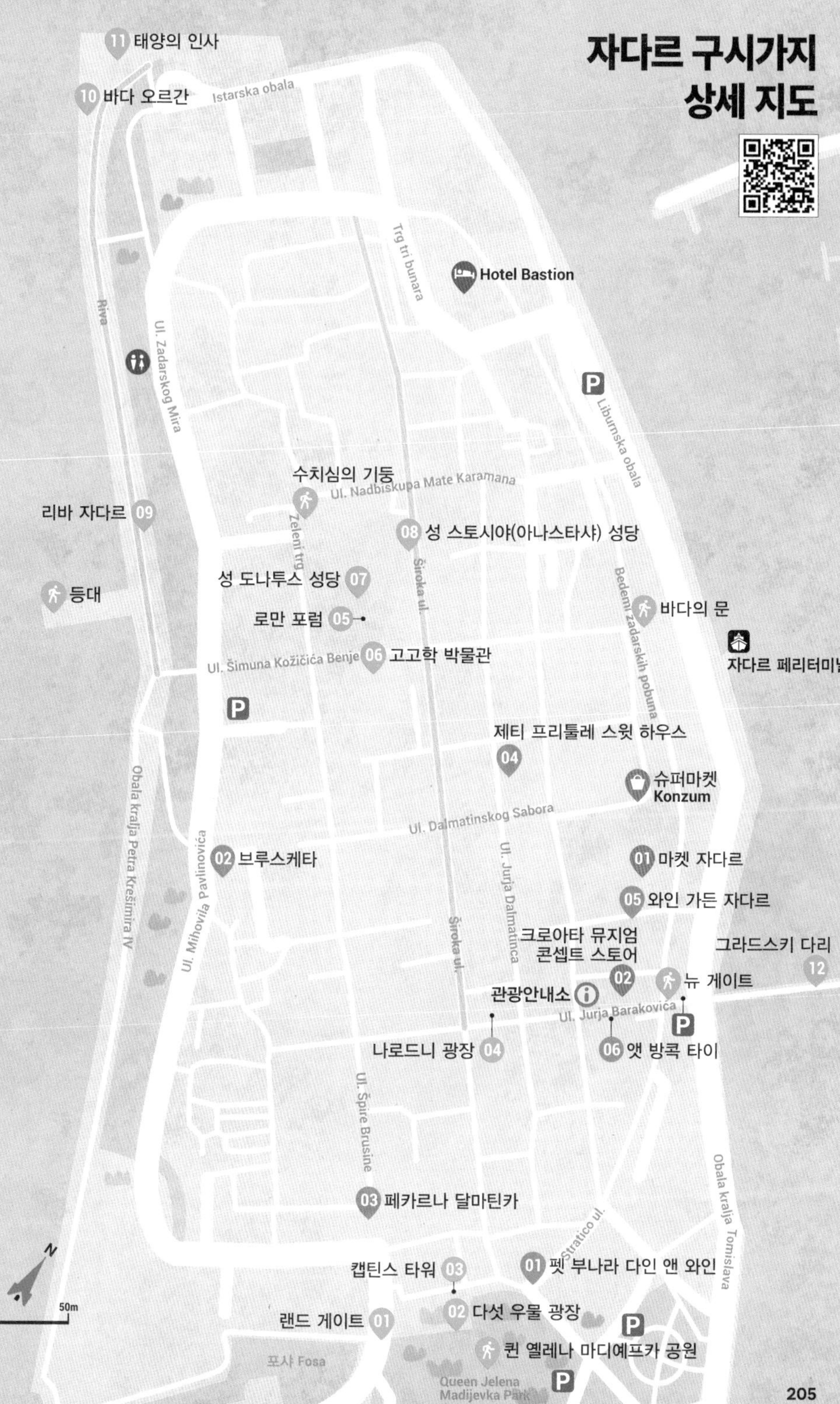

11 태양의 인사
10 바다 오르간
Istarska obala
Trg tri bunara
Hotel Bastion
Riva
Ul. Zadarskog Mira
P
Liburnska obala
수치심의 기둥
Ul. Nadbiskupa Mate Karamana
리바 자다르 09
Zeleni trg
08 성 스토시야(아나스타샤) 성당
Široka ul.
성 도나투스 성당 07
등대
Bedemi zadarskih pobuna
바다의 문
로만 포럼 05
자다르 페리터미널
Ul. Šimuna Kožičića Benje
06 고고학 박물관
P
제티 프리툴레 스윗 하우스
04
슈퍼마켓
Konzum
Ul. Dalmatinskog Sabora
Obala kralja Petra Krešimira IV
Ul. Mihovila Pavlinovića
02 브루스케타
Ul. Jurja Dalmatinca
01 마켓 자다르
05 와인 가든 자다르
Široka ul.
크로아타 뮤지엄
콘셉트 스토어
그라드스키 다리
12
02
뉴 게이트
관광안내소
Ul. Jurja Barakovića
P
나로드니 광장 04
06 앳 방콕 타이
Ul. Špire Brusine
Obala kralja Tomislava
03 페카르나 달마틴카
Stratico ul.
N
캡틴스 타워 03
01 펫 부나라 다인 앤 와인
0
50m
랜드 게이트 01
02 다섯 우물 광장
P
포사 Fosa
퀸 옐레나 마디예프카 공원
Queen Jelena
Madijevka Park
P

자다르 추천 코스

구시가지 입구인 랜드 게이트에서 태양의 인사가 있는 반도의 끝까지 천천히 돌아보는 데 도보로 2~3시간이면 충분하다. 하지만, 이 도시의 하이라이트인 석양을 보기 위해서는 해가 질 때까지 구시가지에 머물러야 한다. 이를 감안하면 오후 4시쯤부터 구시가 여행을 시작하고 해가 진 이후 저녁식사까지 마친 후 숙소로 돌아오는 것이 좋다. 여유가 있다면 당일 또는 다음날 오전 시간에는 콜로바레 비치에서 바다 수영을 즐겨보자.

 예상 소요 시간 **6~8시간**

랜드 게이트
구시가지 여행의 시작

도보 3분

다섯 우물 광장
캡틴스 타워에 올라 자다르 감상하기

도보 10분

나로드니 광장
자다르의 인민광장

도보 10분

로만 포럼
오래된 광장, 자다르의 심장

도보 1분

고고학 박물관
구석기부터 중세까지의 유물들

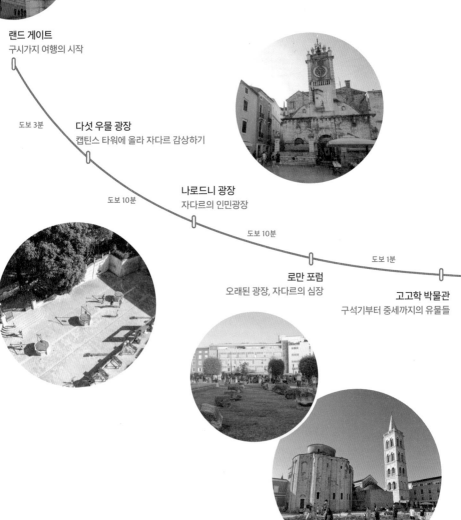

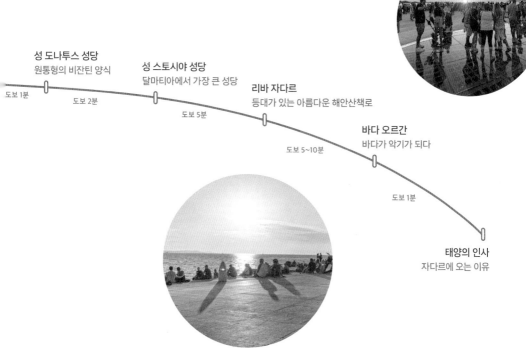

도보 1분

성 도나투스 성당
원통형의 비잔틴 양식

도보 2분

성 스토시아 성당
달마티아에서 가장 큰 성당

도보 5분

리바 자다르
등대가 있는 아름다운 해안산책로

도보 5~10분

바다 오르간
바다가 악기가 되다

도보 1분

태양의 인사
자다르에 오는 이유

타임머신 탑승구 ······ ①

포샤와 랜드 게이트 Foša & The Land Gate

포샤는 구시가지가 시작되는 지점에 자리한 작은 포구다. 파크 자다르Park Zadar에서 내려다보면 육지를 향해 오목하게 들어와 있는 작은 포구에 점점이 떠있는 요트들이 그림처럼 정답다.
랜드 게이트는 포샤 항구와 구시가지를 구분하는 관문으로, 이 문을 통과하는 순간 마치 타임머신을 탄 것처럼 구시가지가 펼쳐진다. 승리를 상징하는 개선문의 아치 가운데에는 날개달린 사자의 조각이 성을 지키듯 자리하고 있는데, 이 지역이 베네치아 공화국의 영토였다는 상징이다. 자다르 구시가에는 육지의 문(랜드 게이트) 외에도 '바다의 문'과 '다리의 문'이 남아있는데, 다리의 문은 개축되어 '뉴 게이트New Gate'로 불린다.

조형미 넘치는 우물터 ······ ②

다섯 우물 광장 Trg Pet Bunara

구시가지로 향하는 성벽과 퀸 옐레나 마디예프카 공원Queen Jelena Madijevka Park 사이, 다섯 개의 우물이 조형물처럼 놓여있는 다섯 우물 광장. 광장의 이름이 된 다섯 개의 우물은 1574년 오스만 제국의 공격에 맞서 식수를 확보하기 위해 만든 식수원이다. 서쪽에 큰 저수조가 있었다고 전해지나 현재는 볼 수 없고, 우물도 사용하지 않는다. 대신, 공원으로 향하는 계단 옆에 식수가 나오는 중세풍 수도꼭지가 있으니 찾아보자.
한편 광장과 연결되는 퀸 옐레나 마디예프카 공원은 지대가 높아서 포샤 항구와 성벽의 멋진 전망을 보기에 좋은 곳이다. 식물 구성이 다채롭고, 산책로와 벤치 등이 잘 갖춰져 있어서 구시가지를 여행하기에 앞서 잠시 고요한 시간을 가지기에도 좋다.

🚶 랜드 게이트 옆 📍 Trg pet bunara 1

사방이 뻥 뚫린 전망 ③

캡틴스 타워

Kapetanova Kula / Captain's Tower

다섯 우물 광장에 자리한 26m 높이의 방어용 전망 타워. 캡틴스 타워는 다양한 시대에 걸쳐 지어졌는데, 1~2층은 13세기에 건설되었고, 3~5층은 18세기에 건설되었다. 이 때문에 타워 내외부에서 시대별로 다양한 건축 양식을 관찰할 수 있다. 한때 감옥으로도 사용되었던 캡틴스 타워의 역사를 증명하듯, 내부에는 모형 단두대와 각종 유물들이 전시되어 있다.

현재는 미술품 전시장으로의 역할도 겸하고 있어서 1층에서 작품을 감상하는 것은 무료지만 타워의 꼭대기에 오르기 위해서는 요금을 내야 한다. 좁은 나선형의 철 계단을 따라 꼭대기에 오르면 탁 트인 바다와 아름다운 도시의 전망을 모두 감상할 수 있다.

🚶 다섯 우물 광장에 위치 📍 Trg pet bunara 1
🕓 월~금요일 10:00~12:00, 17:00~20:00
토요일 10:00~13:00
ⓧ 일요일 € €3

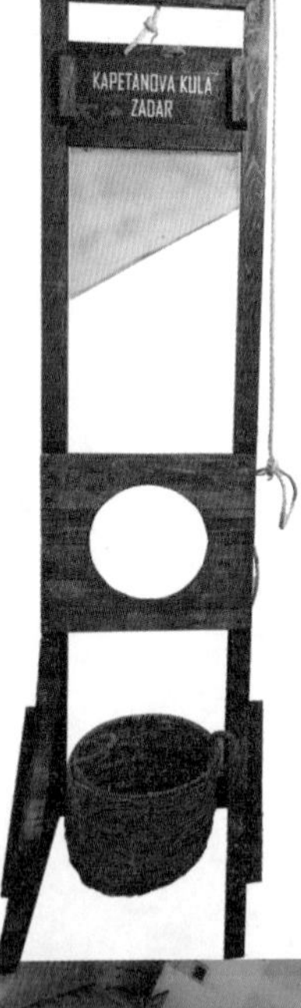

자다르의 인민광장 ······ ④

나로드니 광장 Narodni Trg

영어로는 People's Square, '인민광장'이라는 의미를 지닌 나로드니 광장은 자다르의 심장과 같은 곳이다. 중세 이후 자다르에서 일어난 중요한 모든 일은 인민광장에서 일어났다고 할 만큼. 광장 주위에는 시청사, 재판소, 시계탑 등이 둘러싸고 있으며, 구시가지의 모든 길은 광장에서 뻗어나가고 있다. 광장을 지키고 있는 시계탑은 16세기 중반에 짓기 시작해서 1803년에 완공되었으며, 오늘날까지 도시의 시간을 알리는 기능을 충실히 수행하고 있다. 시계탑 건물은 현재 미술품 전시장으로 사용되고 있다.

🚶 다섯 우물 광장에서 도보 5분

자다르의 동맥, 카렐라르가 Kalelarga

나로드니 광장에서 성 스토시아 성당까지의 도로. 지도 위에는 시로카 대로Široka ulica 라고 표기된 곳이다. 시로카와 카렐라르가Kalelarga, 표기는 다르지만 모두 '넓은 길'을 의미한다. 약 3000년 전, 도시가 시작될 때부터 카렐라르가는 구시가지의 주요 도로였고, 오늘날 자다르를 여행하는 모든 사람들이 발걸음을 남기는 위대한 길이다. 지금도 현지인들은 시로카 대로보다는 카렐라르가라는 이름을 더 즐겨 부른다.

이래도 되나 싶을 정도로 방치(?)된 ······ ⑤

로만 포럼 Rimski Forum / Roman Forum

로마의 초대 황제인 옥타비아누스에 의해 건설된 로만 포럼은 기원전 1세기부터 군인, 종교인, 행정관, 상인 및 모든 자다르 시민이 모이는 주요 장소였다. 전성기 당시 포럼은 삼면이 웅장한 주랑으로 둘러싸인 건축물이었는데, 오늘날에는 거대한 돌무더기로 남아 수천 년의 시간을 증명하고 있다. 여행자의 눈에 비친 포럼은 마치 발굴하다 만 고대 유적지처럼 방치된 모습이다. 3000년 된 유적 앞에서 저래도 되나 싶을 정도로 아무나 올라가서 사진을 찍고 그림을 팔고, 노래를 부른다. 아이들에게는 이보다 좋은 놀이터가 없어 보인다.

수치심의 기둥을 찾아라!

포럼의 한 켠, 덩그러니 솟아있는 돌기둥이 있다. 일명 수치심의 기둥Stup Srama(Pillar of Shame). 로마 시대부터 있어온 기둥으로, 지진과 전쟁 등 온갖 풍파를 견뎌온 유물이다. 기둥의 용도는 죄수들을 묶어놓고, 공개적으로 비난하고 모욕하여 말 그대로 수치심을 느끼게 하기 위한 것. 로마 시대에는 주로 기독교인들을 공개 처형하던 장소로도 이용되었다. 한때 잔혹하고 비정한 장소였지만, 돌기둥으로 살아남아 무언의 교훈을 준다.

이 도시가 로마의 일부였던 흔적 ······ ⑥

고고학 박물관 Arheološki Muzej Zadar / Archaeological Museum Zadar

크로아티아에서 두 번째 오래된 박물관으로, 1832년에 설립되어 200년 가까이 이어져 온 역사적 박물관이다. 구석기 시대부터 11세기 말까지의 문화와 역사를 보여주는 10만 점 이상의 고고학 유물이 전시되어 있다. 1층에서는 고대와 중세 시대의 소장품이, 2층에서는 선사 시대 유물들이 상설 전시되고 있다. 특히 기원전 시대의 암포라(손잡이가 달린 도자기), 브로치, 보석류 등의 귀중한 자료가 잘 보존되어 있는 곳으로도 유명하다. 야외 유적지라 할 수 있는 로만 포럼과 마주보고 있어서 마치 박물관 안팎이 고고학적으로 연결된 느낌이다.

나로드니 광장에서 도보 10분, 로만 포럼에 위치
Arheološki muzej, Trg opatice Čike 1
9:00~17:00 일요일
어른 €5, 어린이 €2 023-250-516
wwww.amzd.hr

천상의 울림을 가진 공간 ······ ⑦

성 도나투스 성당 Crkva sv. Donata

나로드니 광장에서 도보 10분,
로만 포럼 동쪽에 위치
Grgura Mrganića
9:00~19:00 €3.50, 성당+고고학 박물관 €7
023-250-613 www.amzd.hr

9세기 초, 비잔틴 양식으로 지어진 교회. 처음에는 성삼위일체 교회로 불렸으나, 15세기 이후부터는 건축을 감독한 도나트 주교의 이름을 따 성 도나투스 성당으로 불린다. 도나트 주교가 동서양의 양식을 접목해 설계한 원통형의 독특한 양식은 건축적으로도 가치를 인정받아 '죽기 전에 꼭 봐야 할 건축물'로도 손꼽힌다. 다만, 이름은 성당이지만 이미 200년 전부터 종교적 역할은 종료되어 더 이상 이곳에서는 예배가 열리지 않는다. 1956년까지는 고고학 박물관으로도 사용되었고, 현재는 원통형의 구조에서 나오는 탁월한 음향적 특성을 활용해 콘서트 및 연주회 장소로 사용되고 있다.

장엄하고 아름다운 건축물 ⑧

성 스토시야(아나스타샤) 성당

Prvostolnica sv. Stošije (Anastazije)

로마에서 기독교가 공인되기 전, 디오클레티아누스 황제에 의해 박해받다가 순교한 여성, 스토시야에게 봉헌된 성당이다. 애초 이곳은 성 베드로에게 헌정된 작은 성당이었지만, 9세기 초 도나트 주교에 의해 스토시야의 유골과 유품이 안치되면서 현재의 이름을 갖게 되었다. 4세기로 거슬러 가는 건축 초기에는 당시 유행했던 로마네스크 양식으로 설계되었으나, 이후 12세기에 개축되면서 고딕 양식이 추가되었다. 정면에 보이는 로마네스크 양식의 아치 위에 고딕 양식으로 마무리된 지붕이 성당의 역사를 말해주는 듯하다. 달마티아 지방에서 가장 큰 규모의 성당답게, 내부도 화려하고 장엄미가 넘친다. 거대한 파이프오르간과 성 스토시야의 석관은 놓치지 말아야 할 스폿. 성당과 나란히 있는 종탑에도 올라볼 것을 권한다.

- 나로드니 광장에서 도보 10분. 시로카 대로의 끝에 위치
- Trg Svete Stošije 2
- 9:00~19:30(주말에는 1~2시간 일찍 닫는다)
- 무료
- 023-251-708
- www.svstosijazadar.hr

낭만 가득한 해안산책로 ⑨

리바 자다르 Riva Zadar

'리바'는 크로아티아어로 바닷가에 조성된 산책로를 가리키는 일반명사다. 바다를 끼고 있는 대부분의 도시에서 리바라는 지명이 나오는 이유다. 그중에서도 자다르의 리바가 손에 꼽을 만큼 아름다운 해안산책로가 된 데는 오스트리아 황제 프란츠 요세프의 공이 크다. 자다르가 더 이상 요새로써의 역할이 필요 없어졌을 때, 황제는 도시를 둘러싼 성벽을 없애고 리바를 건설하라고 명했다. 1868년 이후 성벽이 없어진 자리에 멋진 리바가 들어섰고, 해안가를 따라 18개의 호화로운 궁전이 건설되었다고 한다. 리바의 선착장에는 유럽 각 도시로부터 호화로운 여객선이 드나들고, 해안가를 따라 조성된 공원은 시민들의 휴식처가 되었다. 리바 중간쯤에 바다를 향해 돌출되어 있는 부두와 등대는 현지인들에게는 웨딩촬영 명소이고, 여행자들에게는 인생샷을 부르는 석양 스폿이다.

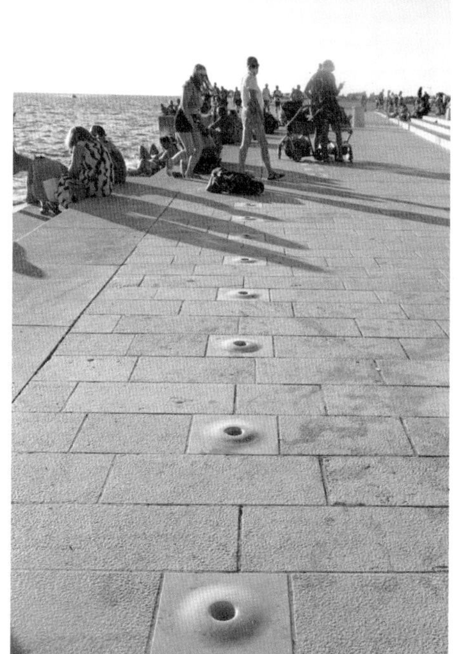

바다의 속삭임, 파도의 허밍 ⑩

바다 오르간 Morske Orgulje / Sea Organ

해안산책로 리바를 따라 끝까지 걸어가면 70m 이상 뻗어있는 바다 계단을 만나게 된다. 그 아래에 다양한 길이의 직경 및 경사를 가진 35개의 파이프가 설치되어 있고, 바닷물이 드나들 때마다 파이프를 거쳐 온 소리가 땅 위의 여러 개 구멍을 통해 속살거리듯 터져 나온다. 이 독창적이고 멋진 오르간을 설계한 건축가 니콜라 바시치Nikola Bašić는 바다 오르간의 설치가 완료된 이듬해인 2006년에 유럽에서 가장 멋진 설치미술 작품에 수여하는 '공공장소 상'을 수상하기도 했다. 보도블록에 난 구멍에 귀를 가져다대면 바람과 파도의 세기에 따라 다양한 소리를 들을 수 있는데, 어떤 이는 고래 소리 같다고도 하고, 어떤 이는 뱃고동 소리 같다고도 한다. 단순하지만 오래토록 귓가를 맴도는 소리임에 분명하다.

영화감독 알프레드 히치콕이 격찬한 '세상에서 가장 아름다운 석양의 도시' 자다르. 바다 오르간의 계단에 앉아 석양을 바라보면, 히치콕의 감탄이 과장이 아니었음을 확인하게 된다.

🚶 리바의 북쪽 끝에 위치. 나로드니 광장에서 도보 15분

📍 Obala kralja Petra Krešimira IV

일몰과 함께 마법이 시작된다 ······ ⑪

태양의 인사 Pozdrav Suncu / The Greeting to the Sun

불과 100m 전까지만 해도 수천 년 전 로마 시대와 중세 건축물로 가득했던 도시가 바다 끝에 다다르면 완전히 다른 시대의 모습으로 변한다. 바다 오르간과 나란히 있는 지극히 현재적인, 둥근 유리 패널의 이름은 태양의 인사. 이 설치물은 낮 동안에 에너지를 응축해 밤이 되면 300개의 LED에 불을 밝힌다. 사람들은 거대한 태양에게 인사하듯 직경 22m의 패널 위에서 춤추고 노래한다. 어디선가 나타난 트럼펫 연주자의 음악에 맞춰, 마치 뭐에라도 홀린 것처럼 석양과 함께 마법이 시작된다.

크로아티아가 낳은 세계적인 건축가 니콜라 바시치가 아니었다면 이 도시는 비슷비슷한 중세 도시에 머물렀을지 모른다. 그가 설계한 '바다 오르간'과 '태양의 인사' 두 개의 설치미술작품으로 자다르는 전 세계 언론의 주목을 받았고, 많은 여행자들이 자다르에 오고 싶어 하는 이유가 되었다.

단, 태양의 인사를 완벽하게 즐기기 위해서는 타이밍이 중요하다. 반드시 아드리아해로 떨어지는 석양을 끝까지 지켜볼 수 있는 시간에 방문해야 하고, 미리 방문했다면 해가 질 때까지 리바를 떠나지 말아야 한다. 태양의 인사는 일몰 후가 진짜다.

🚶 리바의 끝, 바다 오르간 옆

📍 Istarska obala

구시가와 신시가를 연결하는 다리 ⑫

그라드스키 다리 Gradski Most

그라드스키는 크로아티아어로 '도시'를 의미한다. 이름 그대로 그라드스키 다리는 구시가와 신시가 두 도시를 연결하는 다리다. 다리의 길이는 150m가 채 안되지만 보행자 전용 다리 위에서 자유롭게 바라보는 바다와 시가지의 모습이 아름답다. 다리 밑으로는 강물처럼 보이는 아드리아해 바닷물이 흐르고 있는데, 이곳에서는 자다르의 노 젓는 뱃사공 '바르카졸리Barkajoli'를 만날 수 있다. 베네치아의 곤돌라 사공처럼, 자다르의 바르카졸리는 특정 가문의 후손들만 종사할 수 있는 직업으로, 3000년의 전통을 이어가고 있다.

🚶 나로드니 광장에서 뉴 게이트 쪽으로 도보 5분

아드리아해에서 해수욕 ⑬

콜로바레 비치 Kupalište Kolovare / Kolovare Beach

반도 모양의 구시가지가 끝나는 지점부터 콜로바레 거리가 시작되고, 그 길을 따라 해안을 따라 크로 작은 해수욕장들이 이어진다. 그중에서도 시내에서 가장 가깝고 대중적인 해수욕장이 콜로바레 비치다. 겨울을 제외하고는 늘 해수욕 인파로 붐비고, 주말이면 근처 주차장을 몇 바퀴 돌아야 주차할 수 있다. 해변의 모래는 자갈에 가깝고, 물속에는 조금 더 큰 자갈돌들이 기다린다. 그럼에도 불구하고 이 바다에 사람들이 몰리는 이유는 짙은 파랑의 바다와 탁트인 전망, 그리고 시내에서의 접근성 때문이다. 챙 넓은 모자와 선글라스, 무엇보다 아쿠아슈즈를 반드시 착용해야 콜로바레 비치를 온전히 즐길 수 있다.

🚶 자다르 버스터미널에서 약 500m 거리. 도보 15분 또는 우버 택시 10분
📍 Kolovare ul. 11

다섯 우물 광장 옆 레스토랑 ······ ①

펫 부나라 다인 앤 와인 Pet Bunara Dine & Wine

레스토랑 이름인 펫 부나라는 '다섯 개의 우물'이라는 뜻이다. 실제로 다섯 개의 우물 광장 바로 옆에 있어서, 택시를 타고 구시가지로 갈 때 이곳에서 하차하면 된다. 현지인들에게는 굉장히 좋은 평을 받고 있는 곳으로, 타다키, 파스타, 뇨끼 등에 특제 소스와 트러플 오일이 가미된 음식들이 주 메뉴다. 우리나라 여행자들에게는 다소 느린 서비스와 적은 양, 부담스러운 가격 등으로 호불호가 나뉘는 곳. 천천히 달마티아 음식 본연의 맛과 분위기를 즐긴다고 생각하면 꽤 좋은 레스토랑이다.

다섯 우물 광장에서 도보 1분 · Stratico ul. 1 · 12:00~22:00
화요일 · 023-224-010 · www.petbunara.com

일몰 명당에서 즐기는 이탈리안 푸드 ······ ②

브루스케타 Restoran Bruschetta

납작하게 구운 빵 위에 각종 재료를 얹어 먹는 이탈리아식 전채 요리 브루스케타. 이 이름을 상호로 쓴 것만으로도 이곳의 메뉴 정체성을 짐작할 수 있다. 정통 이탈리아 요리에 지중해 스타일을 가미한 메뉴들이 주를 이루고, 특히 가족 농장에서 재배하는 올리브 오일에 대한 자부심이 상당하다. 문제는 구시가지 리바에 위치하고 있어서 일몰 이후 저녁 시간에 자리 잡기가 거의 하늘의 별따기라는 것. 대기표를 받고 기다리거나, 조금 일찍 자리를 잡는 수밖에 없다. 사실 레스토랑의 야외 좌석에서는 바다가 훤히 보여서 석양을 바라보며 식사를 즐길 수도 있다. 입장만 할 수 있다면 가성비 맛집인 건 분명하다.

구시가지 리바에 위치, 로만 포럼에서 도보 5분
Ul. Mihovila Pavlinovića 12
12:00~22:30
023-312-915
www.bruschetta.hr

랜드 게이트를 지나면 바로 나오는 빵집 ······ ③

페카르나 달마틴카 Pekarna Dalmatinka - Old Town Bakery

'달마시안 베이커리'라는 뜻의 올드타운 빵집. 이른 아침부터 관광객이 다 빠져나가는 늦은 밤까지, 365일 구시가지의 입구를 지키고 있는 반가운 곳이다. 다양한 속 재료가 들어간 랩과 커다란 크기의 조각 피자, 그리고 크로아티아 전통 빵 부렉까지 정말 다양한 빵들이 겹겹이 진열대를 채우고 있다. 주문과 동시에 바로 포장할 수도 있고, 건물 모서리를 돌면 나오는 야외테이블에서 망중한을 즐기기에도 좋다. 대부분의 빵값이 3~5유로 정도로, 10유로면 배가 든든할 정도로 가성비가 좋다. 단 빵맛은 나무랄 데 없지만, 커피에 대한 평가는 호불호가 나뉜다.

🚶 랜드 게이트를 통해 구시가지에 들어서자마자 왼쪽에 위치
📍 Ul. Špire Brusine 16 🕓 06:00~22:00 📞 098-1881-827

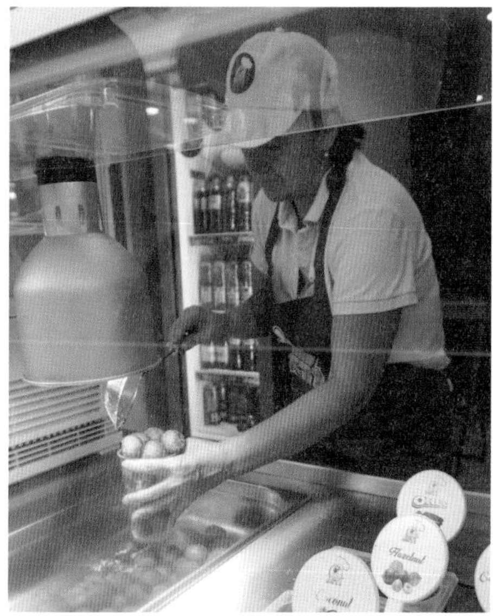

프리툴레는 주문 필수! ······ ④

제티 프리툴레 스윗 하우스 JETI Fritule Sweet House

밀가루 반죽을 동글하게 뭉쳐서 튀겨내는 미니 도넛. 크로아티아의 국민간식 프리툴레다. 반죽에 건포도나 레몬즙, 견과류 등을 추가하기도 하고, 튀긴 후에 초콜릿이나 꿀을 올리기도 한다. 이 집은 프리툴레를 즉석에서 튀겨주는 전문점으로, 크로아티아 여행 중 재미로 맛보기 좋은 곳이다. 비슷한 간식거리인 프레페와 와플, 과일주스도 인기 메뉴지만, 프리툴레가 부동의 대표 메뉴다. 컵 가득 담아주는 기본 프리툴레의 가격은 €6 정도. 토핑에 따라 가격이 달라진다. 나로드니 광장에서 성 도나투스 광장으로 향하는 번화가의 중간에 있어서 오며 가며 손에 들고 이동하기 좋다.

🚶 나로드니 광장에서 성 도나투스 성당 방향으로 도보 5분
📍 Ul. knezova Šubića Bribirskih 7
🕓 16:00~20:00 ✖ 월요일
📞 097-6008-973

달마티아 와인과 치즈를 맛보고 싶다면 ······ ⑤

와인 가든 자다르 Wine Garden Zadar

이곳을 방문한 사람들은 하나같이 환상적이라고 말한다. 고대의 성벽을 그대로 활용한 독특한 분위기와 우아한 정원 인테리어, 시그니처 칵테일과 크로아티아산 와인, 자다르 근교에서 생산한 치즈와 해산물 플래터 등 분위기와 메뉴 모두에서 좋은 평가 일색이다. 비교적 최근에 생긴 레스토랑이라 그런지 스태프들의 과하지 않게 친절한 서비스도 인상적이다. 낮 시간에 뜨거운 자다르의 태양을 피해 쉬어가도 좋고, 저녁 즈음에 석양을 보며 즐기는 와인도 운치 있다. 식사와 주류 메뉴를 시키면 무료로 제공되는 칩과 올리브도 정말 맛있다.

🚶 구시가지 마켓 자다르 맞은편
📍 Ul. pod bedemom 1A
🕒 10:00~14:00, 17:00~24:00 ⊗ 일요일
📞 098-891-017
🏠 www.winegarden.com.hr

입맛 살려주는 타이 맛집 ······ ⑥

엣 방콕 타이 AT BANGKOK Thai Restaurant Zadar

크로아티아 음식을 가장한 이탈리아 음식들에 살짝 물려갈 무렵, 순식간에 집나간 입맛을 돌아오게 할 강력한 곳이다. 보통은 여러 메뉴를 시키면 그중 한두 개는 실패하기 마련인데, 개인적으로는 모든 메뉴가 성공적이었다. 톰얌쿵과 볶음밥은 여러 명이 나눠먹을 만큼 넉넉한 양에 놀라고, 무료로 제공되는 차가운 물은 감동이다. 약간 어두운 조명과 등나무 의자 등이 이국적인 느낌을 더한다. 굳이 단점을 찾자면, 사람이 많을 때는 음식 나오는 속도가 조금 느리다는 정도.

🚶 구시가지 나로드니 광장에서 그래드스키 다리 쪽으로 도보 3분
📍 Ul. Jurja Barakovića 6
🕒 월~금요일 12:00~15:00,
17:00~22:00,
주말 17:00~22:00

활기찬 올드타운 시장 ······ ①

마켓 자다르 Market Zadar

구시가지 동쪽 성벽 근처에서 매일 아침 펼쳐지는 청과물 시장. 규모는 크지 않지만 사람 냄새 물씬 풍기는 상설시장이다. 이 시장에서 판매되는 모든 제품은 인근에서 재배된 것들이고, 대부분 생산자가 직접 판매하는 방식이다. 주 품목은 과일과 채소지만 오전에는 해산물도 판매하고, 견과류나 오일, 치즈 같은 제품들도 눈에 띈다. 오후 들어서면 하나둘씩 문을 닫고, 일요일은 오전에만 문을 연다. 성벽 쪽으로 가면 비치타월이나 러그 등을 판매하는 매장도 보이는데, 이곳은 시장이 파한 오후 시간에도 문을 연다.

나로드니 광장에서 도보 5분 Ul. pod bedemom 1/A 월~토요일 7:00~15:00, 일요일과 공휴일 7:00~12:00
023-254-600 www.trznicazadar.hr

완전 고급진 넥타이 매장 ······ ②

크로아타 뮤지엄 콘셉트 스토어
CROATA Museum Concept Store

넥타이의 원조국 크로아티아에는 세계적으로 유명한 2개의 넥타이 브랜드가 있다. 하나는 자그레브에서 소개한 '크라바타'이고, 나머지 하나는 바로 이곳 '크로아타'다. 비슷한 이름에 헷갈릴 수 있지만, 두 브랜드는 살짝 다른 콘셉트를 가지고 있다. 크라바타가 전통에 가까운 클래식이라면, 크로아타는 트랜디한 세련미를 강점으로 내세운다. 넥타이를 중심으로 남성 의류와 여성 의류, 액세서리까지 선보이는 것도 크로아타의 장점이다. 두 브랜드 모두 크로아티아 전역에 매장을 두고 있는데, 자다르에 있는 이 매장은 마치 박물관처럼 꾸며둔 콘셉트로 유명하다. 갤러리 같은 입구에서부터, 마치 작품처럼 제품을 전시하고 있는 실내 인테리어까지 모든 것이 고급스럽다. 가격대는 조금 있지만, 멋지고 귀한 귀국 선물을 구입하기 좋은 장소다. 기죽지 말고 문을 열고 들어가 보자.

나로드니 광장에서 도보 2분. 관광안내소 옆
Ul. Jurja Barakovića 5 월~금요일 9:00~16:00, 토요일 9:00~13:00 일요일
023-207-079 www.croata.hr

자그레브
달마티아
Dalmatia

카이로스의 도시

트로기르

TROGIR

트로기르는 기원전 3세기에 그리스 식민지 개척자들이 건설한 도시다. 이를 뒷받침하는 그리스 상징물들이 도시 곳곳에 있는데, 대표적인 것이 그리스 신화 속 '기회의 신' 카이로스의 조각이다. 트로기르 시민들은 카이로스처럼 특별한 기회를 기다리며 3000년이 넘는 시간 동안 이 작은 도시를 지켜왔는지 모른다. 갖은 외세를 이겨낸 역사는 요새처럼 도시를 단련시켰고, 그리스, 로마, 베네치아, 비잔틴, 합스부르크까지 다양한 시대를 거치며 보존된 건축물들은 가로 500m, 세로 250m 남짓의 올드타운을 알차게 채우고 있다. 오랜 인내를 칭찬하듯, 트로기르 올드타운은 1997년 세계문화유산 목록에 등재되었다.

어떻게 가면 좋을까

트로기르에서 가까운 대도시는 북쪽의 자다르와 남쪽의 스플리트가 있다. 렌터카 여행을 하는 많은 여행자들이 두 도시를 이동하는 도중에 시베니크와 프리모슈텐, 그리고 트로기르를 여행하는 동선을 짠다. 해안도로인 8번 도로를 이용한다면 프리모슈텐과 트로기르를, 고속도로인 E65번 도로를 이용한다면 시베니크와 트로기르를 묶어서 여행하는 것이 효율적이다.

VISITOR CENTER

트로기르 관광안내소
Trg Ivana Pavla II 1 021-885-628 www.visittrogir.hr

렌터카 Rent a Car

자다르에서 남쪽으로 1시간 40분(130㎞)이 걸리고, 도중에 위치한 시베니크와 프리모슈텐에서는 각각 1시간(60㎞)과 35분(36㎞)이 소요된다. 스플리트에서는 30분(30㎞)이 채 안 걸리는 거리여서, 당일치기 여행도 가능하다.
올드타운 입구에 가까운, 대형 슈퍼마켓 콘줌과 그린마켓 주변에 유료 주차장이 많다. 차를 주차하고 짧은 돌다리를 건너면 올드타운이 시작된다.

버스 Bus

트로기르는 자다르와 스플리트에서 출발하는 고속버스들이 모두 정차하는 도시로, 하루에도 수차례 남쪽과 북쪽으로 향하는 버스들이 트로기르 버스터미널에 정차한다. 근처의 프리모슈텐이나 시베니크도 정차하므로 버스 스케줄을 잘 맞추면 하루에 두 도시 이상도 둘러볼 수 있다.
한편 스플리트와 트로기르를 오가는 시내버스 37번도 매 30분 간격으로 이곳 터미널에 도착하는데, 고속버스와 시내버스 중 먼저 도착하는 차편을 이용하면 수월하게 스플리트까지 오갈 수 있다. 참고로, 37번 시내버스는 스플리트 시내를 지나 공항까지도 연결된다. 버스터미널은 올드타운에서 도보 5분이 채 안 걸릴 정도로 매우 가깝다.

어떻게 다니면 좋을까

트로기르 올드타운은 본토와 치오보 섬 사이에 끼어있는 작은 섬이다. 본토와는 짧은 돌다리로 연결되고, 치오보 섬과는 100미터 남짓 되는 현대식 다리로 연결되어 있다.
올드타운의 크기는 세로 500m, 가로 250m 정도. 100미터 달리기 5번 정도면 가장 긴 도로를 가로지를 정도다. 지도가 없어도 길을 잃을 걱정 없고, 발길 닿는 대로 걸어도 목적지에 도착하니 초행길의 여행자도 한 시간 정도 산책을 만끽하기 좋은 곳이다. 이 도시에서는 그냥, 천천히, 걸으면 된다.

트로기르 추천 코스

트로기르 올드타운은 작정하고 걸으면 30분만에도 둘러볼 수 있을 정도로 아담하다. 그러나 성당 종탑과 요새에 오르고, 골목길 여기저기 기웃거리고, 야자수 즐비한 해안산책로도 걷다보면 1~2시간은 훌쩍 지나간다. 그 뿐인가. 분위기 좋은 카페에서 시원한 음료라도 즐기려면 최소 3시간은 이 도시에 발이 묶인다.

예상 소요 시간 1~3시간

노스 게이트
문 상단의 조각은 이 도시의 수호성인

도보 2분

트로기르 도시 박물관
작지만 알찬 도시 박물관

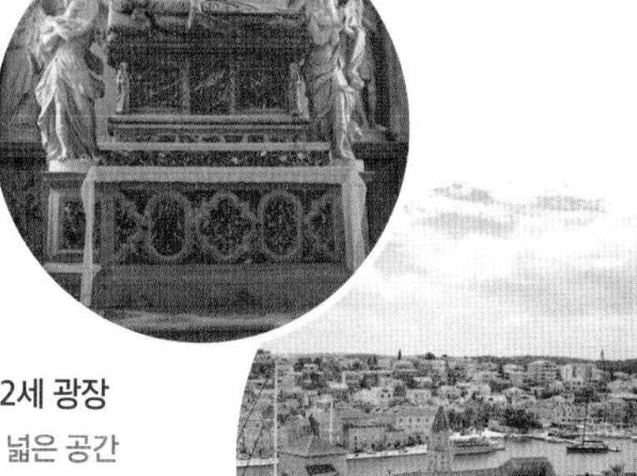

도보 3분

성 로렌스 성당
종탑에 오를 것!

도보 2분

성 이바나 파블라 2세 광장
올드타운에서 제일 넓은 공간

도보 1분

시계탑과 로지아
살아있는 건축 박물관

도보 7분

성 니콜라스 교회와 수도원
카이로스가 있는 곳

도보 3분

사우스 게이트
올드타운 남쪽 문

도보 1분

리바
멋진 해안산책로

도보 7분

성 도미니크 수도원
바다가 보이는 수도원

도보 7분

카메를랭고 요새
트로기르 최고의 포토제닉

트로기르 상세 지도

스플리트 방면
버스터미널
Bus Station Trogir
Konzum
성 로렌스 성당 03
시청사
Trogir Tourist Office
Ul. Blaža Jurjeva Trogiranina
Perivoj Žudika
Gradska ul.
Trg Ivana Pavla II
트로기르 도시 박물관
Trogirski most
그린 마켓 11
노스 게이트 01
02 Ul. Matije Gupca
04 성 이바나 파블라 2세 광장
세인트 세바스찬 예배당
커트 스테이크하우스 01
시계탑과 로지아
05 성 니콜라스 교회와 수도원
치오보 섬
Gradska ul.
사우스 게이트 06
Park fortin
Ul. Hrvatskih mučenika
Šubićeva ul.
Villa Sv. Petar
Mornarska ul.
Ul. Ivana Dukovića
08 리바
Ul. Blaženog Augustina Kažotića
XII Century Heritage Hotel
Ul. Blaženog Augustina Kažotića
02 칵테일 바 도미니크
07 성 도미니크 수도원 단지
Vukovarska ul.
Carol Rooms
Hotel Trogir
Park Malarija
10 세인트 마르카 요새
09 카메를랭고 요새
N
0 50m

세계문화유산으로 걸어들어가다 ······①

노스 게이트

Sjeverna Gradska Vrata / North Gate

본토에서 짧은 돌다리를 건너면 가장 먼저 만나는 올드타운의 입구. 이 작은 문을 통해 세계문화유산 속으로 들어가게 된다. 르네상스 양식의 석조 성벽에 아치형 문이 나 있고, 상단에는 12세기에 이 도시에 거주했던 주교이자 트로기르의 수호성인인 성 이반 오르시니 Saint Ivan Orsini의 동상이 세워져 있다.

🚶 버스터미널에서 도보 5분
📍 Ul. Gradska vrata 6

여러 시대를 안내한 도시의 역사 ······②

트로기르 도시 박물관

Muzej Grada Trogira / Trogir City Museum

1963년에 설립되어 3년간의 준비를 거쳐 1966년에 대중에게 공개된 박물관. 박물관이 있는 건물은 16세기 말 베니스에서 트로기르로 건너온 가라기닌Garagnin 가문의 궁전이 있던 자리다. 내부는 상설 전시장과 도서관으로 구성되어 있다. 전시장에서는 선사 시대부터 20세기 초까지 트로기르와 주변 지역의 역사를 보여주는 유물들이 전시되어 있고, 도서관에는 15~20세기까지 다양한 세계 언어로 제작된 5,582권의 도서가 소장되어 있다.

🚶 노스 게이트에서 도보 2분
📍 Ul. Gradska vrata 4
🕒 월~토요일 10:00~13:00, 17:00~20:00
⊗ 일요일
€ 어른 €4, 어린이 €3
📞 021-881-406
🏠 muzej-grada-trogira.hr

아름다운 입구와 오를 가치가 있는 종탑 ······ ③

성 로렌스 성당 Katedrala sv. Lovre

영어로는 '성 로렌스', 크로아티아어로는 '성 로브레'라 불리는 트로기르의 대성당. 크로아티아 전체를 통틀어 가장 아름다운 성당 건축물로 손꼽히는 곳이다. 13세기 초부터 16세기 말까지 400여 년에 걸쳐 완성되었으며, 내외부를 장식하고 있는 조각과 장식 등이 아름답기 이를 데 없다. 건축 기간이 길어진만큼 여러 시대의 양식이 혼재되어 있는데, 전체적인 외관은 고딕과 로마네스크 양식이지만, 디테일을 더해주는 화려함은 바로크와 르네상스 양식에서 나온다.

성 로렌스 성당은 서쪽 메인 입구에서부터 남다른 조각들로 시선을 사로잡는다. 트로기르 출신의 명장 라도반이 1240년에 완성한 '라도반의 관문Potal of Radovan'이 그 주인공. 이 성당을 달마티아 최고의 건축물로 만든 공의 7할 정도는 이 관문 조각에 있다 해도 과언이 아니다. 성당 안으로 들어서면 성 이반 오르시니 주교(올드타운의 노스 게이트을 지키고 있던 바로 그 조각상의 주인공)에게

- 노스 게이트에서 도보 5분
- Trg Ivana Pavla II
- 수, 금요일 8:00~20:00,
  토~화, 목요일 12:00~18:00
- 종탑 €5
- 021-881-426

바쳐진 아름다운 예배당이 나온다. 가운데에 주교의 석관이 놓여있고, 주변으로 여러 기독교 성인들의 모습이 입체감 있는 부조 조각으로 표현되어 있다.

성당 유명세의 또 다른 지분은 47m 높이의 종탑에서 찾을 수 있다. 성당 입구에는 라도반의 관문과 마주보는 작은 문이 있는데, 그 나무문이 종탑으로 향하는 입구다. 다른 도시의 종탑들에 비해 높은 편은 아니지만, 도중에 매우 가파른 계단들이 있어서 한두 번은 쉬어가며 올라야 한다. 특히 시대를 달리하고 있는 세 개 층의 종탑 창문들은 바깥 풍경과 함께 멋진 인증샷 배경이 되어 준다. 종탑에 오르면, 탁 트인 아드리아해와 동화 같은 트로기르의 풍경, 그리고 바다 건너 치오보 섬까지 한눈에 들어오는 장관이 기다리고 있다.

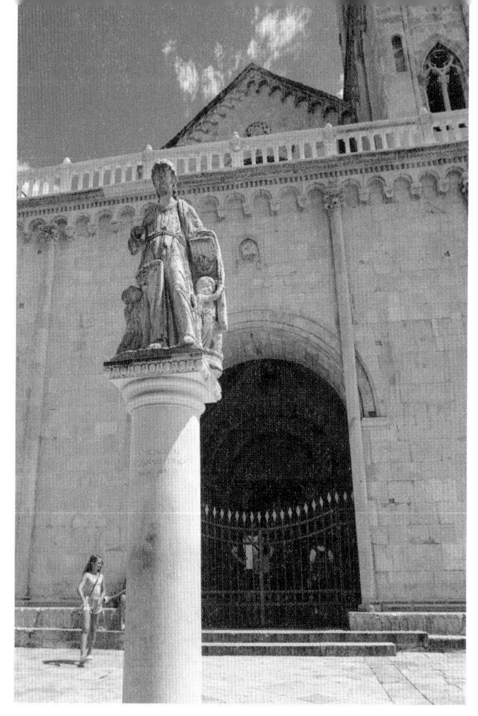

라도반의 관문을 유심히 볼까요?

가장 먼저 고개 들어 정면 상단부를 보자. 반원 모양의 아치에는 예수의 생애가, 그 가운데는 예수의 모습이 조각되어 있다. 수태고지와 동방박사 등 익숙한 성경의 내용들이 담겨있는데, 구약성서 창세기에 나오는 예수 탄생의 순간을 표현한 것이라 한다.

기둥으로 시선을 옮기면. 문 좌우 눈높이에 사자상이 하나씩 놓여있다. 베네치아 공화국의 상징인 사자상은 트로기르가 베네치아의 지배하에 있었다는 반증이다. 사자상의 아래에는 전체 기둥을 떠받들고 있는 사람들이 보인다. 힘겨워 보이는 표정들이 매우 사실적이다. 마지막으로 눈높이를 올리면 포털의 하이라이트 아담과 이브가 나온다. 여성과 남성이 왼쪽과 오른쪽에 나란히 조각되어 있는데, 이들이 달마티아 최초의 누드 조각상, 아담과 이브다. 이 역시 구약성서 창세기에 나오는 내용으로, 조각가 라도반이 표현하려 했던 세계관을 짐작할 수 있다.

시대가 중첩된 살아있는 건축 박물관 ······ ④

성 이바나 파블라 2세 광장

Trg Ivana Pavla II / John Paul II Square

성 이바나 파블라 2세는 요한 바오로 2세의 크로아티아식 표기다. 올드타운의 메인 광장으로, 트로기르 스퀘어와도 맞닿아 있다. 아담한 크기의 광장에는 관광안내소와 시청사, 법원 등이 모여있고, 광장을 둘러싼 모퉁이마다 카페와 레스토랑의 야외 테이블들이 자유로운 분위기를 자아낸다. 이 도시가 생겨난 이후 지금까지 수천 년 동안 이 광장에서는 사람들이 모이고, 이야기하고, 중요한 일을 결정하며 살아왔을 것이다. 세월만큼 견뎌온 건축물들이 각기 시대를 달리하고 있어서, 살아있는 거대한 건축 박물관을 보는 듯하다.

시청사
Gradska Uprava Trogir

아름다운 미색 벽돌 건물로, 한때는 궁전으로 사용되었고 현재는 시청의 부속 건물로 사용되고 있다. 15세기에 성 로렌스 성당의 예배당을 설계한 니콜라스 플로렌스가 지은 건물로, 당시 유행했던 베네치아 스타일의 안뜰과 내부 계단이 특징이다. 안뜰 벽면에는 이 건물을 지었던 귀족 가문의 문장이 조각되어 있고, 귀족 이외에는 출입을 금했던 기록도 있다. 1890년에 이르러 재건축되면서 일반 시민들의 출입도 가능하게 되었다. 주말에는 트로기르 시민들의 결혼식 장소로 주로 사용되는데, 운이 좋으면 흥겨운 달마티아의 결혼식을 볼 수도.

시계탑과 로지아
Clock Tower& Loggia

14세기 이후부터 광장의 정중앙을 지키고 있는 세인트 세바스찬 예배당과 시계탑. 흑사병에서 살아남은 사람들이 도시를 지켜준 수호성인 성 세바스찬에게 봉헌한 예배당과 시계탑이다, 올드타운의 다른 건축물들과 비슷하게 하단에서부터 상단까지, 고딕에서 시작해서 르네상스로 마무리되는 다양한 건축 양식이 중첩되어 있다. 예배당 옆으로 길게 이어지는 로지아는 중세 시대에 법원 혹은 공개 재판장으로 사용되었던 건물이다. 로지아의 중앙 벽면에 있는 말을 탄 남자의 부조 조각은 크로아티아가 자랑하는 세계적인 조각가 이반 메슈트로비치의 작품이니 눈여겨보자.

로지아란?

로지아Loggia는 한 쪽 또는 여러 면이 트여 있는 방이나 복도, 특히 주택에서 거실 등의 한쪽 면이 정원으로 연결되도록 트여 있는 형태를 가리키는 건축 용어다. 트여 있는 면에는 주로 기둥을 세워 보강하므로 기둥이 늘어선 '주랑형 건축물'을 가리키는 의미로도 쓰인다. 주로 사람들이 모이는 공공장소에 로지아가 많이 활용된다.

카이로스의 부조를 간직한 ······ ⑤

성 니콜라스 교회와 수도원

Crkva sv. Nikola / Church of St. Nicholas

올드타운의 남동쪽 성벽을 따라 지어진 성 니콜라스 교회와 수도원은 천 년이 넘는 기간 동안 단순한 종교기관을 넘어서 트로기르의 정신과 예술을 간직한 보물창고로 여겨져 왔다. 그런데 1064년에 지어진 이곳이 20세기 이후 유명세를 타는 이유는, 트로기르 사람들이 도시의 상징으로 생각하는 카이로스의 유물 때문이다. 그리스 신화에 나오는 기회의 신 카이로스의 부조 조각품은 전 세계에서 단 두 점만 발견된 고대 유물. 그중 하나가 바로 이 수도원에 보관되어 있었던 것이다. 1928년 오렌지색 대리석에 새겨진 카이로스 조각품이 처음 세상에 알려졌을 때, 고고학계가 발칵 뒤집어졌다. 수도원 박물관에는 카이로스 컬렉션 외에도 다양한 고대 유물과 작품들이 전시되어 있어서 종교와 고고학에 관심이 있는 사람들에게 매우 특별한 영감을 준다. 교회 내부에 있는 수도원에는 현재 베네딕트 수도회의 수녀 3명이 거주하고 있지만, 일반인은 수도원 내부를 관람할 수 없다.

성 이바나 파블라 2세 광장에서 리바 방향으로 도보 5분

Obala bana Berislavića 10 · €5 · 021-881-631

www.benedicta.hr

시간의 신, 카이로스

카이로스는 그리스 로마 신화에 나오는 인물로, 제우스의 막내 아들로 알려져 있다. 그리스어로 시간을 의미하는 단어는 카이로스와 크로노스가 있는데, 카이로스는 멈추어 있는 '시각'을, 크로노스는 연속적으로 흐르는 '시간'을 의미한다. 이 때문에 카이로스는 멈추어서 잡아야 할 '기회의 신'이라고도 불린다. 신화에 묘사된 카이로스의 외모는 앞머리는 길고 뒷머리는 민머리인데, 이 때문에 '기회의 신은 뒷머리가 없다' 즉, 기회는 지나가면 잡을 수 없다는 속담이 전해오기도 한다.

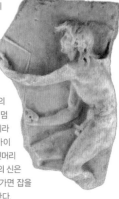

올드타운의 남쪽 문 ······ ⑥

사우스 게이트

Južna Gradska Vrata / South Gate

올드타운의 남쪽 문이자, 해안도로 리바로 향하는 관문. 언제나 열려있어서 무심히 지나치기 쉽지만, 관심 갖고 보면 가시가 박힌 중후한 철문이 인상적이다. 노스 게이트에 비해서 문 자체의 장식은 소박하지만, 사우스 게이트를 둘러싸고 있는 성벽의 스카이라인은 남쪽이 더 아름답다.

🚶 성 이바나 파블라 2세 광장에서 남쪽으로 도보 5분
📍 Obala bana Berislavića

바다가 보이는 수도원 ······ ⑦

성 도미니크 수도원 단지

Crkva i Samostan sv. Dominika / Church and Monastery of St. Dominic

🚶 성 이바나 파블라 2세 광장에서 도보 7분. 리바에 위치
📍 Obala bana Berislavića 17
🕒 9:00~17:00 € €2
📞 021-245-137
🏠 www.dominikanci.hr/samostani/hrvatska/trogir

장식 없이 정직해 보이는 외관과 군더더기 없이 솟은 종탑. 치오보 섬이 마주보이는 리바를 따라 걷다가 만나는 성 도미니크 수도원의 모습이다. 1265년에 지어진 수도원의 회랑을 지나면 200년 후인 14세기에 완성된 성당 건물이 나오고, 회랑의 동쪽 벽면에는 수도원의 역사를 적어둔 석판이 보인다. 2차 세계대전 당시에 수도원 단지 전체가 심하게 훼손되었으나, 꾸준한 개조를 통해 원형에 가깝게 재현되었다. 요금을 내고 내부에 들어가면 우물이 있는 아름다운 정원과 도미니크 수도회의 의복 및 종교 물품 등을 관람할 수 있고, 종탑에 올라 멀리 치오보 섬까지 조망할 수 있다.

아름다운 해안산책로 ⑧

리바 Riva

바다와 야자수가 길게 늘어 선, 트로기르의 해안도로. 올드타운을 지나온 사람들은 마침내 리바에 다다르게 된다. 좁고 오래된 골목길을 지나 맞닥뜨리게 된 리바의 풍경은 마치 중세에서 현대로 타임슬립 한 것 같은 착시를 일으킨다. 모던한 레스토랑과 카페, 고급진 요트와 크루즈, 그리고 자갈이 아닌 콘크리트 바닥까지. 시원한 바닷바람 맞으며 천천히 걷기 좋은 길이다.

하늘과 바다 사이, 천혜의 요새 ⑨

카메를랭고 요새 Kula Kamerlengo / Kamerlengo Castle

베네치아가 트로기르를 점령하던 1420년에서 1437년 사이에 지어진 방어용 요새. 사방에 4개의 탑이 있는 불규칙한 사다리꼴 형태로, 그중 가장 오래되고 큰 탑은 14세기 초에 지어진 이 지역 최초의 건물 '베리가 타워Veriga Tower'다. 요새의 이름 카메를랭고는 당시 이 지역을 통치하던 베네치아 총독(또는 건축 총감독)의 이름에서 유래했다. 이 정도 큰 건축물을 짓기 위해서는 얼마만큼의 권위와 힘이 필요했는지 짐작할 수 있는 대목이다.

내부에 들어가기 위해서는 입장료를 내야하는데, 요새이다 보니 내부에 별다른 시설이나 볼거리는 없다. 대신 철제 계단을 오르면 두브로브니크의 성벽처럼 사람이 걸어다닐 수 있는 좁은 공간이 나오고, 이곳에서 바라보는 전망 하나는 끝내준다. 요새 앞에서 돌아서지 말고 성벽을 따라 서쪽 끝으로 가보자. 현지인만 아는 다이빙과 해수욕 스폿이 나온다.

🚶 성 이바나 파블라 2세 광장에서 도보 10분. 리바의 서쪽 끝에 위치
📍 Obala bana Berislavića
🕘 9:00~20:00
€ €5 📞 021-796-009

다소 귀여운 원통형의 요새 ⑩

세인트 마르카 요새

Kula sv. Marka

올드타운의 북서쪽 모퉁이를 지키고 있는 원통형의 요새. 적의 총격을 막아내기 적합한 형태로, 15세기 오스만 제국의 공격에 맞서 지어졌다. 원래는 카메를렝고 요새와 함께 성벽으로 연결되어 있었다고 하는데, 성벽이 허물어진 지금은 홀로 덩그러니 남아 궁금증을 자아낸다. 특히 카메를렝고 요새를 먼저 보고 왔다면 다소 귀여운 사이즈의 요새에 이상하게 마음이 끌릴지도 모른다. 이런 사람들을 위해서 성수기의 특정 시기에는 내부를 개방하기도 하는데 대부분은 문이 잠겨서 계단을 따라 중간 지점까지만 올라가 볼 수 있다.

카메를렝고 요새에서 도보 5분

Ul. Hrvatskog proljeća

트로기르의 청과물 시장 ⑪

그린 마켓 Green Market

본섬과 올드타운을 연결하는 작은 운하(?)를 따라 매일 오전 시장이 열린다. 채소과 과일, 치즈 등의 신선 식품이 주를 이루지만, 장난감, 수영용품, 모자 등을 파는 잡화점도 여럿 있다. 시장 맞은편에는 대형 슈퍼마켓 콘줌도 있지만 트로기르 사람들은 일단 시장부터 들르는 분위기. 컬러풀한 과일들의 유혹은 발걸음 바쁜 여행자도 외면하기 어려울 정도다. 실제로 시장에서 판매하는 과일은 가격도 저렴하고, 소량 구매도 가능하니 도전해 보자. 시장을 마주보고 왼쪽에는 버스터미널이, 오른쪽에는 대형 주차장이 있고, 새벽 6시부터 오후 1시까지는 맞은 편 피시 마켓에서 수산물 좌판도 열린다.

버스터미널에서 도보 2분 또는
올드타운 노스 게이트에서 도보 2분

Put Mulina 2

오픈 6:00~14:00(시즌별로 변동)

www.tgholding.hr/trznica

치오보 섬 Otok Čiovo

대부분의 한국 여행자들은 스플리트에서 당일치기로 트로기르를 찾는다. 그러나 우리와 달리 유럽 여행자들은 트로기르 올드타운에서의 산책을 끝낸 후 다리 건너 치오보 섬에서 며칠을 머물며 휴가를 즐긴다. 치오보 섬은 그런 곳이다. 현지인과 유럽인들에게는 이 섬이 트로기르를 찾는 이유이기도 하고, 레스토랑과 숙박 등 부족한 올드타운의 인프라를 보충해줄 수 있는 휴양지이기도 하다.
동서로 15㎞ 가까이 길게 뻗은 치오보 섬은 생각보다 큰 면적이어서 걸어 다니기보다는 드라이브에 적합하다. 해안도로를 따라 달리다가 풍광 좋은 곳에 정차해서 땀을 식히거나, 멋진 바닷가에서 망중한을 즐기면서 유유자적할 것을 권한다.
섬 곳곳에 캠핑장과 자갈 해변, 소나무 휴양림 등이 조성되어 있고, 전망 좋은 언덕 지대에는 민박집들도 많아서 하루 이상 머물러도 좋은 곳이다. 섬 입구에 해당하는 오크루그 고르니Okrug Gornji는 치오보 섬에서 가장 오래된 마을로, 본토에서 마을까지 버스도 운행되고, 올드타운에서는 걸어서도 방문할 수 있는 곳이다. 극성수기를 제외하고는 대부분 인적이 많지 않은데, 이상하게 올드타운에서 치오보 섬으로 들어가는 다리는 언제나 차가 밀린다. 당황하지 말고 다리를 건너보자.

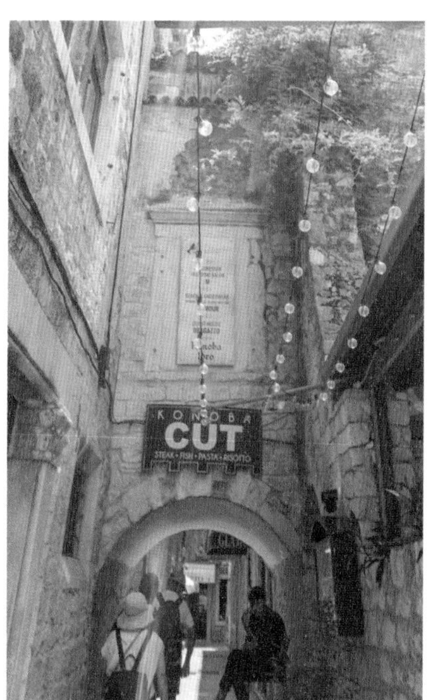

동네방네 유명한 스테이크 ······①

커트 스테이크하우스 Cut Steakhouse

맛과 가격, 서비스 모든 면에서 호평을 받고 있는 올드타운 맛집. 좁은 골목길에 위치한 오래된 건물이지만 내부는 꽤 넓은 면적에 집처럼 편안한 분위기다. 200km를 달려서 공수해 온다는 최상급 소고기와 인근 농장에서 직거래하는 신선한 채소들, 그리고 아드리아해에서 당일 잡아 올린 해산물들만 접시 위에 올린다는 원칙 때문에 단골이 많은 것도 특징. 시그니처 메뉴는 특제 소스와 곁들여 나오는 큼직한 비프 스테이크와 토마호크 스테이크. 정말 좋은 육질의 소고기를 맛보고 싶다면 후회 없을 선택이다. 이외에도 해산물 플레이트, 깔라마리 튀김 등 해산물 요리도 하나 같이 푸짐하고 맛있다.

🚶 성 이바나 파블라 2세 광장에서 도보 2분
📍 Ul. Matije Gupca 2
🕒 12:00~23:00
⊗ 일요일
📞 095-3950-215

자리가 다 했다! ······②

칵테일 바 도미니크 Cocktail Bar Dominik

사실 이곳의 음식과 서비스에 대해서는 평가가 좋은 편이 아니다. 그럼에도 거부할 수 없는 이곳의 무기는 바로 리바 중앙이라는 위치와 확 트인 씨뷰! 도미니크의 노천 테이블에 앉으면 카메를랭고 요새와 치오보 섬, 그리고 점점이 떠있는 유람선과 오가는 사람들까지 우리가 상상하는 유럽 여행지의 모든 풍경이 한눈에 펼쳐진다. 그러므로 이곳은 낮 시간에, 뜨거운 햇살을 피해 잠시 여유부리고 싶을 때 들어가면 딱 좋은 곳이다. 시원한 칵테일 또는 로컬 맥주를 마시며 트로기르의 낭만을 만끽하자. 참고로, 음료를 제외한 나머지 메뉴는 가격이 만만치 않으니 주의할 것.

🚶 성 도미니크 수도원 앞, 리바에 위치
📍 Ul. Blaženog Augustina Kažotića 1
🕒 8:00~22:00
📞 021-881-857

자그레브
달마티아
Dalmatia
ETNOGRAFS

로마 황제의 리타이어 시티

옛날 옛적에, 세상을 다 가진 왕이 있었다. 20년이 넘게 거대한 제국을 지배하던 왕은 은퇴를 결심하고, 고향 근처의 바닷가 마을에 돌아갈 궁전을 짓기 시작했다. 자신이 가진 힘을 한껏 활용해서 세상에서 제일 좋은 대리석과 값비싼 보물들로 궁전을 가득 채우고, 멀리 이집트의 스핑크스까지 가져와 궁전을 지키게 했다. 그 왕의 이름은 로마 황제 가이우스 아우렐리우스 발레리우스 디오클레티아누스, 그가 돌아온 고향은 바로 이곳 스플리트다.

1700년이 지난 지금, 그의 영토는 로마 밖에서 가장 로마스러운 도시로 회자되고, 그의 궁전은 세계문화유산 목록에 등재되었다.

어떻게 가면 좋을까

스플리트는 크로아티아 제2의 도시다. 행정수도는 자그레브, 관광수도는 두브로브니크, 그리고 스플리트는 행정과 관광 모두에서 제2의 도시다. 그래서 어떤 면에서는 두 도시보다 스플리트가 훨씬 우월하다는 느낌이 드는데, 특히 교통면에서 그렇다. 가용할 수 있는 모든 교통수단이 스플리트를 거점으로 삼고 있으며, 버스터미널, 기차역, 페리터미널이 모두 한 블록 안에 모여 있어서 이용자의 편의를 돕고 있는 것도 장점이다.

VISITOR CENTER

스플리트 관광안내소
Peristil bb
021-345-606
www.visitsplit.com

비행기 Airplane

스플리트는 황제 뿐 아니라 현대의 여행자들에게도 은퇴 후 살고 싶은 도시, 또는 휴양지로 인기가 높다. 따라서 스플리트 공항은 유럽의 여러 나라에서 휴가를 즐기려는 사람들로 언제나 붐비는 공항 중 한 곳이다. 유럽의 거의 모든 항공사들이 스플리트 공항으로 취항하고, 특히 유로윙스나 트레이드 에어 같은 LCC 항공사들의 운항도 빈번하다. 공항은 시티센터에서 서쪽으로 약 24㎞ 떨어져 있으며, 공항에서 시내까지는 공항버스나 시내버스 37, 38번을 이용하면 손쉽게 시내의 장거리 버스터미널까지 이동할 수 있다. 단, 공항버스는 항공기 착륙 직후 바로 출발하므로 서둘러야 한다. 일행이 있다면 우버나 볼트 택시를 추천한다.

스플리트 공항
Cesta Dr. Franje Tuđmana 1270 공항버스 편도 8€
021-2203-589 www.split-airport.hr

버스 Bus

주로 자그레브 방향에서 오는 버스와 이스트리아 반도에서 오는 버스로 나뉜다. 어느 쪽이든 스플리트 행 버스는 횟수가 잦아서 극성수기를 제외하고는 여유가 있는 편이다. 자그레브에서 플리트비체를 거쳐서 스플리트로 오는 노선과 이스트리아에서 리예카를 거쳐 오는 노선이 있으며, 대부분 도중에 자다르나 트로기르에 멈췄다가 스플리트까지 향한다. 따라서 도중에 경유하는 도시에 따라 총 소요 시간이 달라지므로 시간표를 유심히 살펴봐야 한다.

북쪽으로 가장 가까운 대도시인 자다르에서는 약 2시간 30분이 소요되고, 남쪽에 있는 두브로브니크에서는 3시간 30분~4시간 30분 정도가 걸린다. 버스터미널은 구시가지에서 불과 500m 거리여서 도보로도 이동이 가능하다.

■스플리트 장거리 버스터미널
Obala kneza Domagoja 12
021-329-180
www.ak-split.hr

페리 Ferry

스플리트 근교에는 수도 없이 많은 섬이 있다. 그 가운데 흐바르나 코르출라 같은 섬은 본토의 여느 관광지 못지않은 필수 여행지가 되었고, 성수기에는 유럽 각국에서 휴가를 즐기러 오는 여행자들로 몸살을 앓는 곳들이다. 이들을 실어 나르는 페리와 페리터미널 역시 이 시기에는 북새통이 된다.

5~9월까지 성수기 동안, 스플리트에서 흐바르 섬은 하루 5~7차례, 코르출라 섬까지는 하루 2차례, 그리고 바다 건너 이탈리아의 안코나와 스플리트를 잇는 노선은 일주일에 3~4차례 정기선이 운행된다. 이탈리아 여행을 마치고 크로아티아로 넘어오는 여행자들 사이에서는 스플리트 행 야간 페리가 시간과 비용(11시간 소요, €57~75)을 아낄 수 있는 꿀팁으로 알려져 있다. 크로아티아 페리 회사 야드롤리니야와 이탈리아 페리 회사 SNAV가 이 구간 국제 노선을 운행한다.

페리터미널은 기차역과 버스터미널 맞은편에 바다와 접하고 있는데, 여러 배들이 주차하고 있어서 실제 탑승은 거의 리바 근처에서 이뤄진다. 티켓은 터미널에서 직접 발권할 수 있고 현장에서는 약간의 네고도 가능하지만, 성수기 여행자라면 홈페이지를 통해 사전 예매할 것을 권한다. 주의할 것은 목적지별로 페리 탑승 장소가 달라 매우 헷갈리니, 반드시 출발 시간보다 여유있게 일찍 나가야 한다.

페리 회사

페리 회사	주요 운행 구간 및 특징	예매 사이트
야드롤리니야 Jadrolinija	**국내선** 스플리트 근교 섬들과 두브르브니크 **국제선** 이탈리아 안코나 ⇆ 스플리트	www.jadrolinija.hr
스나브 SNAV	**국제선** 이탈리아 안코나 ⇆ 스플리트	www.snav.it
부라 라인 Bura Line	**국내선** 트로기르, 슬라틴	www.buraline.com
카페탄 루카 Kapetan Luka	**국내선** 흐바르, 코르출라, 브라치, 포메나, 두브로브니크를 오가는 고속선	www.krilo.hr

기차 Train

버스터미널과 거의 같은 공간에 자리한 기차역. 크로아티아에서 기차를 이용할 일은 그리 많지 않은데, 스플리트는 조금 예외다. 자그레브-스플리트 구간은 야간 기차를 이용할 수 있는 인기 노선이기 때문. 야간 기차는 수면용 침대에 대한 비용이 추가되고, 요일과 시즌에 따라 운행 시간표가 달라지므로 홈페이지를 통해 시간과 요금을 미리 확인해야 한다. 슬로바키아, 오스트리아, 헝가리에서도 스플리트까지 기차가 하루 2~3차례 운행된다.

운행 노선	출발	도착	일반 요금
자그레브-스플리트	01:11 07:07 15:18 22:30	09:21 14:00 21:53 06:51	약 €15

스플리트 기차 티켓 예매
☎ 01-3782-583 ⌂ www.hzpp.hr

렌터카 Rent a Car

운전자가 선택할 수 있는 길은 매우 단순하다. 유료 고속도로 E65번을 달리다가 1번 도로로 갈아타면 스플리트까지 가장 빠르고 쉽게 도착한다. 볼거리가 모여 있는 구시가지는 아담하지만, 스플리트 도시 자체는 꽤 넓고 현대적이다. 자그레브를 제외하고는 고층빌딩을 보기도 힘들었지만 스플리트에서는 상황이 다르다. 도시 초입에서부터 현대식 건물과 대형 쇼핑몰 등이 여행자의 가슴을 설레게 한다.

어떻게 다니면 좋을까

도시의 동남쪽에 있는 버스터미널에서 서북쪽에 있는 마르얀 언덕까지의 관광지는 모두 도보로 이동할 수 있다. 특히 그 사이에 있는 올드타운과 디오클레티아누스 궁전은 도보 외에는 방법도 없다. 결론은, 튼튼한 두 발로 모두 해결된다는 말. 그 외의 지역이라면 고고학 박물관이 있는 북쪽 지역과 넓게 포진해 있는 해변으로 갈 때 정도인데, 이때는 시내버스를 이용하거나 택시를 이용하는 것이 좋다. 시내버스는 버스를 타고 운전기사에게 목적지를 말하면 요금을 알려준다. 기사에게 직접 현금으로 결제하거나, 근처 키오스크에서 티켓을 구매하면 된다.

시내버스 Promet Split
€ €2~6(거리에 따라) ☏ 021-407-999
⌂ www.promet-split.hr

스플리트 카드

자그레브나 두브로브니크 등 크로아티아의 대도시에서는 시 관광청에서 발행하는 여행자용 할인카드가 있다. 스플리트 카드 역시 여행자의 편의에 맞춰 박물관, 극장, 쇼핑 매장, 레스토랑, 여행상품, 렌터카 등을 무료 또는 할인된 가격으로 이용할 수 있도록 구성해 두었다. 특이한 것은 다른 지역의 카드와 달리, 스플리트 카드는 무료라는 것. 대신 무료 카드를 발급받기 위해서는, 4~10월 사이에는 5박 이상, 11~3월말까지는 2박 이상 스플리트의 숙소를 이용해야 한다. 숙소 예약증을 가지고 시내의 3군데 관광안내소에 가면 카드를 받을 수 있다. 스플리트에서 오래 머물 예정이라면 놓치지 말아야 할 혜택이지만, 실제 한국여행자들에게 그리 와 닿는 혜택은 아니다.

스플리트 카드
발급 장소 TIC Peristil(Peristil bb), TIC 리바(Obala Hrv. narodnog preporoda 9), TIC Stobreč (Sv. Lovre 4) ⚠ 유효기간 72시간 ⌂ www.visitsplit.com

스플리트 추천 코스

디오클레티아누스 궁전 하나만 봐도 스플리트의 절반은 본 것과 마찬가지다. 궁전 전체를 둘러보는 데는 1~2시간이면 충분하고, 궁전을 둘러싼 구시가지까지 기웃거려도 4~6시간이면 충분하다. 그러나 이게 전부면 크로아티아 제 2의 도시가 될 수 없었을 것이다. 해질녘의 마르얀 언덕에도 오르고, 리바에 앉아 아드리아 해풍도 느끼고, 바츠비체 비치에서 해수욕까지 즐기려면 최소 2일은 스플리트에 머물러야 한다.

예상 소요 시간 1~2일

브론즈 게이트
궁전의 남쪽 문

도보 2분

궁전의 지하
살아있는 시장과 유적이 한 자리에

도보 1분

베스티불
황제가 머무는 곳의 현관

도보 1분

페리스틸 광장
궁전의 중심

바로 옆

성 돔니우스 대성당
황제의 영묘

도보 3분

실버 게이트
궁전의 동쪽 문

도보 5분

그린 마켓
궁전 밖 청과물 시장

도보 10분

골든 게이트
궁전의 북쪽 문

도보 1분

그레고리 대주교의 동상
발가락을 문지르면 행운이 와요!

도보 10분

나로드니 광장
서쪽 문과 맞닿은 중세 시대 광장

도보 5분

스플리트 리바
아름다운 해안산책로

도보 15분

마르얀 언덕
고양이가 반겨주는 언덕, 일몰 포인트!

스플리트 광역 지도

마르얀 삼림 공원
스플리트 인근 섬
스플리트 공항
트로기르
Ciovo
치오보
스플리트
Šolta
숄타
Brač
브라츠
Hvar
흐바르
Vis
비스
N
0
10km
Korčula
코르출라
Ul. Feana Supila
이반 메슈트로비치 갤러리 06
예치나츠 비치
Šetalište Ivana Meštrovića

Hotel As
Hotel Mondo
AC Hotel Split
Ul. Sedam Kaštela
Atrium Hotel
Ul. Domovinskog rata
07 고고학 박물관
Ul. Zrinsko Frankopanska
Put Plokita
Slobode ul.
Hotel Globo Split
Heritage Hotel FERMAI Split - MGallery Collection
Time Hotel
Split Center
스플리트 구시가지
Residence by Vestibul Palace
Marjanski tunel
마르얀 언덕 입구 계단
디오클레티아누스 궁전
01
Splendida Palace
마르얀 언덕 뷰 포인트
05
05 부페 피페
Trumbićeva obala
성 니콜라스 교회
Ul. kralja Zvonimira
Pojišanska ul.
스플리트 기차역
장거리 버스터미널
Ul. Matije Gupca
페리 터미널
08 바츠비체 비치
N
0
100m

스플리트 구시가지 상세 지도

황제가 여생과 영생을 보낸 곳 ······ ①

디오클레티아누스 궁전

Dioklecijanova Palača

디오클레티아누스 궁전은 세계에서 가장 잘 보존된 로마 건축물 중 하나다. 개인적으로는 로마의 포로로마노 보다 훨씬 집약되어 있고 현실에 맞닿아 있다는 느낌. 남북으로 약 215m, 동서로 약 180m에 달하는 직사각형의 궁전에는 4개의 모서리마다 큰 탑이 있고, 25m 높이의 성벽에는 동(은문), 서(철문), 남(청동문), 북(금문)에 4개의 출입문이 있다. 네 방향의 출입문을 통해 궁전 내부로 들어서면, 마치 고대와 중세를 테마로 한 영화 세트장에 들어온 것 같은 착각마저 든다.

궁전은 크게 황제 일가의 별장과 군사용 캠프로 이루어졌으며, 궁전 안에 두 개의 메인 거리가 있어서 동서남북을 네모반듯하게 나눈다. 궁전의 남쪽 부분은 황제의 거주 공간이었고, 북쪽 부분은 황실 경비대를 위한 공간이었다. 황제의 삶을 상상하며 궁전 내부를 기웃거리다 보면 세월과 권력의 무상함을 느끼게 된다. 이 멋진 궁전이 황제의 사후에는 여러 번 전쟁에 노출되었고 한동안은 잊진 공간이기도 했다니 말이다. 세월의 풍파에 내부 건물과 외벽은 많이 훼손되었지만 다행히 궁전의 전체적인 윤곽은 잘 보존되어 1979년 유네스코 세계문화유산으로 지정되었다.

놀라운 사실은 1700년 전부터 지금까지 이 궁전에는 사람들이 살고 있다는 것이다. 오늘 이 시간에도 약 3000명 가량의 주민이 궁전 안에서 장사를 하고, 출근을 하고, 아이를 키우면서 일상을 살아가고 있다. 좁은 골목길에서 고개를 들어 성벽을 올려다보면 창문마다 불빛이 새어나오고, 미처 거둬들이지 못한 빨래들이 현재진행형의 삶을 말해 준다.

박수 칠 때 떠난, 디오클레티아누스 황제의 일생

스플리트를 생각하면 가장 먼저 떠오르는 이름. 디오클레티아누스 황제다. 그런데 왜 크로아티아에 로마 황제의 이름이 아이콘이 되었을까.

제일 큰 이유는 그가 크로아티아 출신이라는 것이다. 물론 그의 생전에는 크로아티아라는 존재도 없었지만, 지금에 와서 보니 그는 크로아티아의 솔린 지역에서 태어났다. 솔린은 스플리트에서 불과 5㎞ 떨어진 내륙의 도시. 은퇴 후 여생을 보낼 곳을 물색하던 황제의 눈에 고향에서도 가깝고, 로마에서도 가까운 해안 도시 스플리트가 낙점된 것이다.

사실, 디오클레티아누스는 로마의 주류도 왕족도 아니었다. 로마 제국의 변방 출신에다가 직업은 경호대장이었다. 그러나 운이 끝내주게 좋았던 걸까. 그가 황제가 되기 직전의 로마는 한 세기에 20명이 넘는 황제가 교체될 만큼 혼란의 시기(제3세기의 위기)였다. 그가 모시던 누메리아누스 황제가 페르시아 원정에서 살해당하자, 황제를 가장 가까이서 모시던 경호대장 디오클레티아누스가 황제로 추대되었다. 난세에 황제가 되었지만 그는 꽤 인정받는 통치자였다. 나라 안팎의 혼란을 수습하고 황제권을 강화하기 위해서 그는 두 가지 정책을 펼친다.

첫 번째는 역사가들이 '사두정치'라 칭하는 정치체제 확립이다. 넓어진 영토를 효율적으로 관리할 수 없어서 제3세기의 위기가 일어난 만큼, 거대한 로마를 동서로 나누고, 각각 2명의 황제와 2명의 부황제가 다스리게 했다. 이때 디오클레티아누스 본인은 동로마 황제로, 막시미아누스는 서로마 황제로, 그리고 갈레리우스와 콘스탄티우스를 각각 동서 로마의 부황제로 삼았다. 재미있는 것은 2명의 부황제로 하여금 원래의 부인과 이혼하고 자신의 딸과 재혼하게 만들었다는 것. 이를 통해 반란의 기미를 잠재우고 결속을 다질 수 있었다.

한편, 황제권 강화를 위해 그가 행한 두 번째 정책은 그리스도교 탄압이었다. 당시 로마는 다신교 국가였는데, 오늘날의 기독교인 그리스도교가 사회 전반에 스며들어 있었다. 황제를 신

의 대리인으로 칭하고 자신을 신격화하려했으나 유일신을 믿는 그리스도교인들에게는 씨도 안 먹히는 이야기가 되고 마는 것이다. 대대적인 그리스도교 탄압이 시작되었다. 집회를 금지하고 예배당을 무참히 파괴하고, 개종을 거부하는 성직자들은 온갖 잔인한 방법으로 살해했다. 이로써 디오클레티아누스 황제는 역사상 최악의 기독교 탄압자로 남게 되었다.

이렇게 약 20년간(284~305년) 로마 제국을 다스렸던 디오클레티아누스 황제는 의외의 기록도 가지고 있다. 로마 역사상 최초이자 유일하게 스스로 왕권을 내려놓은 황제라는 것. 스스로 은퇴 시기를 정하고, 10년에 걸쳐 여생을 보낼 화려한 궁전을 지었다. 그곳이 바로, 스플리트의 디오클레티아누스 궁전이다.

그런데, 은퇴한 황제는 스플리트에서 행복한 여생을 보냈을까? 예상과 달리 그의 말년은 평탄치 않았던 것 같다. 그가 퇴위한 후 사두정치 체제는 너무나 빠르게 붕괴되었고 수많은 내전의 와중에 외동딸 발레리아와 아내 프리스카가 납치당하는 일까지 생긴다. 디오클레티아누스는 사자를 보내 이를 항의했지만 권력을 내려놓은 황제의 힘은 미약했다. 오리엔트 지방으로 추방된 이후 유랑 생활을 하던 아내와 딸은 결국 타국에서 살해당하고 만다.

화려한 궁전에서 가족과 단란한 여생을 보내고자 했던 황제의 꿈도 사라지고 말았다. 먼저 떠난 가족을 그리워하며 궁전에서 시름시름 말년을 보내던 그는, 결국 312년경 자살로 생을 마감했다.

주인을 잃은 화려한 궁전의 한가운데는 그의 영묘가 세워졌지만 수세기 후 황제의 영묘는 그리스도인들의 성당(성 돔니우스 성당)으로 바뀌었고, 영묘 안에 있던 그의 석관은 행방마저 묘연해지고 말았다. 박수 칠 때 떠났지만, 박수의 여운이 끝나기도 전에 맞은 씁쓸한 엔딩이다.

브론즈 게이트(남쪽 문) Brass Gate / South Gate

금은동철로 구성된 4개의 문 가운데, 브론즈 즉 (청)동의 문이다. 가장 소박한 형태의 문으로, 의식하지 않으면 문인지도 모르고 지나치기 쉽다. 궁전의 남쪽은 황제의 숙소와 가장 가까운 곳이어서 혹시나 있을 적의 침입을 막기 위해 가장 작게 만들었다는 설도 있다. 남문을 나서면 바로 바다로 이어지는데, 이곳을 통해 궁전에서 사용할 각종 물자와 무기들이 드나들었을 것으로 추측한다.

🚶 디오클레티아누스 궁전 남쪽, 리바와 접하고 있다
📍 Obala Hrvatskog narodnog preporoda 22

궁전의 지하
Dioklecijanovi Podrumi / Diocletian's Cellars

흔히 '지하궁전'이라고 번역하지만, 이 오역으로 인해 많은 여행자들이 지하에 또 다른 궁전이 있는 줄 착각하기 십상이다. 실제 이곳은 궁전 아래 있는 '지하실'로, 황제의 궁전이 아니라, 노예들의 거처나 물건을 쌓아놓는 용도의 창고였던 것.
남문을 통과하면 바로 뻥 뚫린 공간이 나오는데, 조금 더 정확히는 남문에서 페리스틸로 이어지는 좁은 통로는 지하시장이고, 그 좌우는 입장료를 내고 들어가는 고고학 유적지다. 유적지 내부는 잦은 공사로 미공개인 곳도 많고, 유물들의 고고학적 가치에 비해 설명이나 안내가 부족하다는 느낌이다. 미드 <왕좌의 게임>에서 용의 여왕이 갇혀있던 감옥으로도 유명하다.

🚶 리바와 페리스틸 광장 사이, 남문을 통과하면 바로 나온다
📍 Ul. Iza Vestibula 3 🕘 9:00~17:00
€ €8(*스플리트 카드 소지자는 25% 할인)

민족지학적 박물관
Etnografski Muzej Split / Split Ethnographic Museum

궁전의 지하와 베스티불 사이, 작은 골목에 위치한 민속 박물관. 천년을 넘는 유적들 사이에서 크게 눈에 띄는 공간은 아니지만, 이 지역 역사와 민족지학적 측면에서는 소중한 공간이다. 이곳이 황제의 침실이 있던 자리라는 사실을 알고 나면 더더욱. 크로아티아 전통 복장과 공예품, 보석과 미술작품 등을 전시하고 있다.

📍 Ul. Iza Vestibula 4
🕘 여름 9:30~19:00, 겨울 9:30~15:00 ⊗ 일요일과 공휴일
€ 어른 €5, 어린이 €3.5(*스플리트 카드 소지자는 무료 입장)
📞 021-344-164 🏠 www.etnografski-muzej-split.hr

베스티불 Vestibul

베스티불Vestibul은 크로아티아어로 '현관'을 의미한다. 즉, 이곳은 황제가 거처하는 곳의 현관이기도 하고, 황제를 알현하려는 방문자들이 대기하던 곳이기도 하다. 누구라도 이곳에 서면 경외심을 느끼게 되는데, 그 이유는 반원형의 벽감에 높게 솟은 돔 천정의 가운데가 뻥 뚫렸기 때문이 아닐까 싶다. 마치 로마의 판테온 신전처럼 빛이 쏟아지는 천정이 주는 압도감이 상상 이상이다. 기록에 따르면 원래는 막혀있었던 돔 천정이 기술적 문제로 붕괴되어 오늘날과 같은 형태가 되었다고 한다. 페리스틸 광장보다 조금 높게 설계된 이곳에서 황제를 기다리던 사람들의 마음은 어땠을까. 비록 은퇴한 황제여도 얕보거나 넘볼 수 없는 권위가 느껴졌을 것이다. 의도와 상관없이 뚫린 천정으로 인해 현대의 여행자가 느끼는 경외심은 더 굳건해졌다. 원래 이곳이 얼마나 아름다웠을지, 상상만으로도 가슴이 뛴다.

🚶 궁전의 지하에서 계단을 올라오면 광장이 나오는데, 그 광장을 등지고 다시 계단을 따라 올라간다

📍 Ul. Iza Vestibula 1

페리스틸 광장 Peristil

길게 기둥이 늘어선 건축 양식을 뜻하는 '페리스틸' 광장. 이름처럼 이곳은 24개의 화강암 기둥이 열병하듯 늘어선 디오클레티아누스 궁전의 중앙 광장이다. 4개의 문으로 통하는 중심이자, 황제의 현관을 앞두고 마지막으로 통과해야 할 공간이다. 이 광장은 묘하게도 평지보다 세 계단 정도 낮게 조성되어 있고, 이 때문에 평지보다 두 계단 정도 높게 조성된 베스티불이 실제보다 더 높아 보이는 효과가 있다. 주로 황제가 회의나 행사를 주관했던 공간이라는데, 이 계산된 설계로 황제의 위엄은 한껏 돋보였을 듯. 오늘날 이곳에서는 로마 검투사 글래디에이터 복장을 한 사람들이 매일 밤낮으로 로마 시대를 재현한 퍼포먼스를 펼치고 있다. 여행자들은 광장의 계단에 앉아 로마의 휴일 같은 스플리트의 일상을 만끽한다.

성 돔니우스 대성당(황제의 영묘)

Prvostolnica Uznesenja Blažene Djevice Marije / Cathedral of Saint Domnius

황제가 죽고, 로마 시민들마저 떠나간 디오클레티아누스 궁전은 수백 년 동안 방치되었다. 다시 이곳이 주목받게 된 것은 7세기경, 이민족의 침입을 피해 궁전 안으로 들어온 사람들이 비교적 안전한 성벽 안에 집을 짓고 살면서부터였다. 성 돔니우스 대성당의 역사도 이때부터 시작되었다. 새로운 도시를 일구어가던 사람들이 황제의 영묘 자리에 대성당을 개축한 것이다. 그리고 650년에 완성된 대성당을 순교자 성 돔니우스에게 헌정하였다.

성 돔니우스는 3세기경에 살로나 지역에 살았던 그리스도 주교로, 디오클레티아누스 황제의 박해로 희생된 3000여 명 중 한 명이었다. 이를 모를 리 없었던 기독교인들은 박해자 황제에게 복수라도 하고 싶었던 것일까. 죽어서도 끝나지 않은 역사적 아이러니 위에 더해진 또 하나의 미스터리는 영묘 안에 놓여있던 황제의 석관이 사라졌다는 것이다. 이쯤 되면 복수설이 역사적 확신이 된다.

황제의 묘가 있던 자리는 크립트Crypt라 불리는 지하무덤으로, 대성당의 지하에 자리하고 있다. 대성당 입장료에 추가 입장료를 내고 들어가야 하는데, 현재 이 지하무덤에서 볼 수 있는 것은 성모 마리아 조각상 하나밖에 없다. 통합 티켓 소지자가 아니라면 굳이 둘러볼 필요는 없어 보인다.

팔각형의 성당은 입구부터 화려하다. 로마네스크 양식으로 조각된 출입문의 장식은 예수의 일생을 표현한 중세기 작품이고, 내부를 장식하고 있는 황금빛 성화와 제물들도 눈길을 끈다. 돔을 받치고 있는 코린트식 기둥들 사이에는 디오클레티아누스 황제와 그의 아내 프리스카의 모습이 조각으로 새겨져 있는데, 기독교식 제단과 장식들 속에서도 이곳이 영묘였음을 알려주는 몇 안 되는 표식이다. 대성당 입구를 지키고 있는 두 마리의 사자, 그리고 주피터 신전을 지키고 있는 검은 스핑크스 정도가 황제의 역사를 알려주는 쓸쓸한 증거들이다.

- 페리스틸 광장 동쪽에 위치
- Ul. Kraj Svetog Duje 3
- 월~토요일 8:00~20:00, 일요일 12:00~18:00
- 대성당 €5, 지하무덤 €3
- smn.hr/split-katedrala

대성당 종탑

Zvonik svetoga Duje / Saint Domnius Bell Tower

13세기에 세워진 57m 높이의 종탑. 성 돔니우스 대성당이 완공된 지 600~700년이 지난 후에 성당의 부속 건물로 지어졌다. 성수기의 낮 시간에는 오르려는 사람들로 좁은 계단에 러시아워가 생길 지경이다. 가급적이면 이른 시간을 추천한다. 대성당 입구의 매표소에서 티켓을 구매해야 하고, 문 닫기 1시간 전에 티켓 판매가 종료되니 서둘러야 한다. 183개의 계단을 밟고 종탑 꼭대기에 오르면 궁전 전체는 물론 스플리트의 해안선까지 시원하게 펼쳐진다.

월~토요일 8:00~20:00, 일요일 12:00~18:00
€7
021-345-600

대성당 티켓 총정리

대성당 안팎에는 다섯 개의 어트랙션이 있다. 성당 앞 매표소에서는 다섯 개 어트랙션을 각각 입장할 수 있는 개별 티켓과 여러 개를 묶은 통합 티켓을 판매하고 있다. 개별 티켓보다는 통합 티켓이 경제적이고, 통합 티켓 중에서는 대성당과 종탑이 포함된 그린과 옐로우 티켓이 가장 인기 있다.

개별 티켓

어트랙션	요금(€)
대성당 입장	5
지하무덤Crypt	3
주피터 신전 또는 세례당Baptistery	3
전시관Treasury	5
종탑Bell Tower	7

통합 티켓

티켓 및 어트랙션	요금(€)
블루 티켓 대성당+지하무덤+주피터 신전	9
레드 티켓 대성당+지하무덤+주피터 신전+전시관	10
그린 티켓 대성당+종탑+전시관	12
옐로우 티켓 대성당+주피터 신전+전시관+종탑	13
퍼플 티켓 대성당+종탑+지하무덤+주피터 신전+전시관	15

매표소 영업
성수기 월~토요일 8:00~20:00, 일요일 12:00~18:00
비수기 월~토요일 9:00~17:00, 일요일 12:00~18:00

주피터 신전(세례당) Krstionica Sv. Ivana / Jupiterov Hram

주피터는 하늘의 신, 제우스의 다른 이름이다. 로마의 황제들은 스스로를 신격화하며 곧잘 신들의 신인 주피터를 숭상하곤 했는데, 디오클레티아누스 역시 그랬다. 궁전 내에 세 개의 신전을 짓고 제의를 지냈지만, 현재는 이 주피터 신전만 남았다. 그마저도 기독교가 공인된 세상에서는 성 돔니우스 대성당의 부속 세례당이 되었고, 신전을 지키던 스핑크스는 우상숭배라는 이유로 목이 잘려 나갔다. 신전 내부는 생각보다 좁고 휑하지만, 이 건물이 지니는 고고학적 가치를 생각하면 입장료가 아까운 수준은 아니다. 덩그러니 놓여있는 세례자 요한의 조각은 크로아티아 최고의 조각가 이반 메슈트로비치의 작품이다.

🚶 페리스틸 광장 룩소르 카페 옆으로 난 작은 아치문을 통해 들어가면 정면에 위치
📍 Ul. Kraj Svetog Ivana 2
🕓 8:00~16:00 ⊗ 일요일 € €3

비도비치 갤러리 Gallery Emanuel Vidovic

고대 궁전 안에 있지만 궁전 유적과는 상관이 없는 장소로, 화가 엠마누엘 비도비치의 삶과 작품을 기리는 일종의 기념센터다. 1870년 스플리트에서 태어난 비도비치는 1953년 사망할 때까지 20세기 전반에 걸쳐 왕성하게 활동한 크로아티아의 대표 화가다. 사후에는 자신의 작품 대부분을 국가에 기증했고, 그의 작품을 모아 2006년 스플리트 시는 궁전 내에 갤러리를 오픈했다. 성수기와 비수기의 오픈 시간이 유동적이지만, 스플리트 카드 소지자라면 무료 입장 찬스를 놓치지 말자.

🚶 페리스틸 광장에서 동문 방향으로 도보 3분
📍 Poljana kraljice Jelene 1
🕓 여름 8:30~22:00, 겨울 9:00~17:00 ⊗ 월요일
€ €2(*스플리트 카드 소지자는 무료 입장)
📞 021-341-240 🏠 www.emanuelvidovic.org/museum

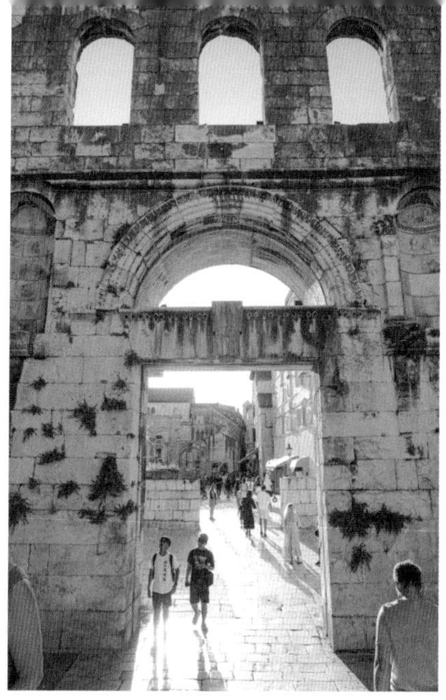

실버 게이트(동쪽 문) Srebrena Vrata / Silver Gate

궁전의 동쪽을 담당하고 있는 실버 게이트. 문을 나서면 바로 그린 마켓과 이어져서 이용자들이 많은 편이다. 오후 시간의 실버 게이트는 서쪽에서 비치는 태양빛을 받아 다소 비현실적일 정도로 멋진 실루엣을 연출한다. 구멍 뚫린 성벽과 아치형의 게이트, 그리고 적당한 단차의 계단까지 어우러져 최고의 사진 스폿이 된다.

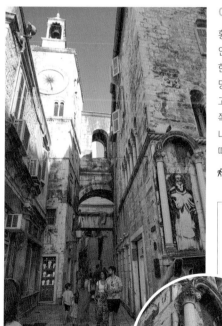

아이언 게이트(서쪽 문) Željezna Vrata / Iron Gate

황제가 드나들었던 골든 게이트에 비해 다소 소박한 이름의 아이언 게이트. 궁전의 서쪽에 있는 이 문은 주로 군대의 출입구였다고 한다. 황제는 금의 문으로, 군사는 철의 문으로, 계급만큼이나 극명한 작명이다. 그러나 아이러니하게도 현재 가장 잘 보존되어 있고, 조각 등의 장식이 제일 아름답다는 평가를 받고 있다. 골목 안쪽에 위치한 성문 자체는 크기도 작고 눈에 잘 안 띄지만, 나로드니 광장으로 이어지는 자유로운 분위기와 주변 건물들과의 조화 때문에 훨씬 아름다워 보인다.

나로드니 광장에서 동쪽 방향으로 도보 1분 Ul. Ispod ure

아이언 게이트 옆 건물의 주인은?

나로드니 광장에서 아이언 게이트로 가기 위해서는 건물들 사이의 골목으로 들어가야 한다. 바로 그 골목 오른쪽 건물에는 뭔가 예사롭지 않은 얼굴이 새겨져 있다. 이 건물의 이름은 '사이프리안-베네데티 궁전The Cyprianis-Benedetti Palace', 황제의 궁전으로 들어가는 입구에 자리한 귀족의 궁전이랄까. 이 아름다운 궁전은 1394년 이탈리아 귀족 사이프리안이 지었고, 1860년에 베네데티 가문으로 넘어갔다고 한다. 건물의 절반을 가득 채운 부조는 고통을 참고 있는 은둔자 성 앙투안Saint Antoine ermite을 표현한 것이다. 또한 이 건물의 주인이었던 두 가문의 문장과 아담과 이브의 모습도 부조 조각으로 새겨져 있다. 이 모든 사실이 건물 벽면 안내판에 쓰여 있으니, 그냥 지나치지 말고 한번쯤 눈 여겨 보자.

골든 게이트(북쪽 문) Zlatna Vrata / Golden Gate

궁전의 북쪽 문으로, 골든 게이트라는 이름값을 하기에는 훼손 정도가 심하다. 유고 내전 때 가장 많은 총격을 막아낸 북쪽 성벽체에는 아직도 총탄의 흔적이 보일 정도. 골든 게이트라는 이름은 이곳이 황제의 행렬이 드나들던 주 출입구였기 때문이라고 한다.

황제의 거소가 있는 남쪽에 비해서 궁전 내 시중이나 평민들이 거주하던 북쪽이어서 주거의 흔적도 가장 많이 찾아볼 수 있다. 문을 나서면 바로 거대한 그레고리 대주교의 동상이 나온다.

🚶 페리스틸 광장에서 북쪽으로 도보 5분 📍 Dioklecijanova 7

마법사 아니고 대주교입니다!

북쪽 문을 나서면 바로 만나게 되는 검은색의 거대한 동상. 처음 이 동상을 보는 사람들은 대부분 호그와트 마법학교의 덤블도어 교장을 연상한다. 그도 그럴 것이 마치 마법사의 지팡이를 휘두르듯 오른손가락으로 무언가를 가리키고 있는데, 이게 어쩌면 디오클레티아누스 궁전을 '뿅'하고 만드는 순간은 아닐까? 라는 생각이 드는 거다. 방금 빠져나온 1700년 전 시간 여행의 여운이 채 가시기도 전이니 말이다.

결론부터 말하자면, 이분은 마법사가 아니고 대주교님이시다. 이름은 그레고리 닌스키Gregory Ninski. 때는 10세기경, 라틴어를 몰라 성경 말씀을 제대로 알아듣지 못하는 크로아티아 사람들을 위해, 그레고리 주교는 교황께 크로아티아어로 설교를 할 수 있게 해달라 요청했다. 이 분 덕분에 크로아티아 사람들은 모국어로 된 설교를 들을 수 있었다고 하니, 어쩌면 진짜 마법 같은 일이 일어난 것일 수도.

그레고리 대주교의 동상은 그 자체로도 유명하지만, 그보다는 이반 메슈트로비치의 작품이라는 이유와 발가락 주술 때문에 더 유명하다. 왼쪽 엄지발가락을 만지면 소원이 이루어진다는데, 이 때문에 검은색 동상의 발가락만 황금빛으로 빛난다. 믿거나 말거나 어차피 8.5m 높이의 동상 중에 만질 수 있는 높이는 발가락 정도밖에 없으니 열심히 문질러주고 오자.

그레고리 닌스키 대주교의 동상 Monument to Gregory of Nin

🚶 북쪽 문에서 도보 1분 📍 Ul. kralja Tomislava 12

사람들이 모이는 곳 ······ ②

나로드니 광장

Narodni Trg / People's Square

나로드니 또는 피아차Pjaca라 불리는 중세 시대 광장. 오래된 고딕 양식의 시청 건물과 13세기에 지어진 시계탑 및 기타 여러 유서 깊은 건물들로 둘러싸여 있다. 유럽에서 가장 오래된 서점 중 하나인 '모르푸르고Morpurgo'도 1861년과 거의 같은 모습으로 자리를 지키고 있다. 이곳은 디오클레티아누스 궁전 밖에서 스플리트 최초로 사람이 거주했던 지역으로, 황제 가까이 머물고 싶어 하는 귀족들이 광장 주변에 집을 짓고 살았다고 한다. 귀족의 가옥들은 레스토랑, 바, 기념품 가게 등으로 용도가 바뀌었지만 중세부터 현재까지 여전히 사람들이 모이는 활기찬 장소다.

🚶 궁전의 서쪽 문에서 도보 1분

산 마르코 광장을 닮은 광화국 광장 ······ ③

리퍼블릭 스퀘어 Republike Trg / Republic Square

베네치아의 산 마르코 광장을 본 사람이라면 매우 큰 기시감을 느꼈을 수 있다. 실제로 이곳은 스플리트가 베네치아 공화국의 지배를 받던 시절에 만들어진 곳으로, 3면을 둘러싼 건물들은 15~17세기에 베네치아 정부 관공서가 있던 곳이다. 그래서 이름도, '공화국 광장'. 19세기에 이르러 광장 전체가 네오 르네상스 스타일로 재건되었고, 건물들은 아케이드와 호텔로 개조되었다. 나로드니 광장의 아담한 규모에 비하면 리퍼블릭 스퀘어는 넓고 개방적이다. 거의 매일 펼쳐지는 축제와 콘서트, 버스킹 등이 광장에 낭만을 더한다.

🚶 리바의 서쪽 끝에 위치. 나로드니 광장에서 도보 5분

📍 Prokurative, Trg Republike

아름다운 해안도로 ······ ④

스플리트 리바 Split Riva

바다를 접하고 있는 크로아티아의 도시들에는 거의 빠짐없이 리바(해안산책로)가 있다. 스플리트 역시 리바를 중심으로 바다와 유적지가 길게 이어진다. 보행자 전용도로인 리바는 밤이 되면 더욱 화려해진다. 밤바다의 크루즈 불빛과 어우러진 리바의 풍경은 이곳이 21세기 항구도시임을 실감하게 한다. 리바의 서쪽 끝은 아름다운 풍경을 품은 마르얀 언덕으로, 동쪽 끝은 페리터미널, 버스터미널, 기차역 등이 있는 신시가지로 이어진다.

스플리트를 내 품에 ······ ⑤

마르얀 언덕 Prva vidilica na Marjanu / Viewpoint to Marjan

스플리트 지도를 보면 도시 전체의 절반에 해당하는 초록색 지대가 있다. 정식 이름은 마르얀 삼림공원. 원래의 목적은 좁은 궁전에 거주하던 8000여 명의 사람들이 휴식을 취하기 위한 장소였다고 한다. 주말이면 돌무더기 같은 올드타운을 벗어나 탁 트인 바다도 보고 예배도 보는 삶이었을 것이다. 이런 용도는 현재까지 이어져서 스플리트 시민은 물론 수많은 여행자가 스플리트의 또 다른 매력을 만나는 곳이 되었다. 리바와 가까운 곳에 있는 입구에서 계단을 따라 15~20분쯤 오르면 정상에 다다른다. 도중에 카페와 전망대가 나오는데, 이곳에서의 뷰가 가장 좋다. 초기에 계단이 꽤 가파르지만 사람을 따르는 고양이들이 많아서 마치 길동무를 해주는 느낌이다. 전망대에서부터는 완만한 경사의 포장길이 이어지는데, 숨이 찰 때쯤 나타나는 성 니콜라스 교회 앞이 또 하나의 전망 포인트다. 일몰 즈음에 이곳에 서면 핑크색으로 물드는 아드리아해의 하늘과 바다를 동시에 전망할 수 있다. 아이와 함께 여행 중이라면 마르얀 삼림공원 안에 있는 미니 동물원도 방문할 만하다.

🚶 리바의 서쪽 끝에서 해안길을 따라 200m쯤 걸어가면 언덕으로 오르는 계단이 나온다. 리바에서 도보 8분 📍 Šetalište Luke Botića 3

은퇴 후 스플리트에서의 삶을 꿈꾸었던 ⑥

이반 메슈트로비치 갤러리

Galerija Meštrovićna / Mestrovic Gallery

디오클레티아누스 황제와 조각가 메슈트로비치는 1600년의 간극을 뛰어 넘는 공통점이 있다. 스플리트에서의 은퇴 후 삶을 꿈꾸었다는 것. 황제는 스플리트에 궁전을 지었고, 조각가는 갤러리를 지었다. 10년도 못 살고 떠난 안타까움마저 두 사람이 닮았다.

크로아티아의 미켈란젤로라 불리는 이반 메슈트로비치(1883-1962)는 사후에 자신이 지은 4개의 건물과 크로아티아 내에 있는 작품 전부를 정부에 기증하였다. 이 갤러리도 그중 한 곳으로 가족과 함께 여름 별장 겸 갤러리로 사용했던 곳이다. 조각상과 드로잉 등 1000여 점의 작품이 보관, 전시되어 있으며, 야외 정원과 2층 카페는 그 자체로도 인기 있는 명소다. 갤러리 입장료에는 갤러리에서 약 400m 떨어져 있는 또 다른 건축물 ' 메슈트로비치 크리비네-카슈틸라츠Crikvine-Kaštilac'의 입장료까지 포함되어 있다. 이곳은 메슈트로비치의 가족들이 살았던 곳으로, 지금은 작은 예배당과 정원이 잘 보존되어 있다.

🚶 리바에서 도보 15분, 또는 시내버스 7, 8, 12, 21번 이용
📍 Šetalište Ivana Meštrovića 46 🕓 겨울 화~일요일 9:00~17:00, 여름 화~일요일 9:00~19:00 ⊗ 월요일과 공휴일 € €12
📞 021-340-800 🏠 www.mestrovic.hr

🚶 시내버스 8번을 타고 Park Emanuel Vidović 역에 하차, 또는 17번을 타고 Stadion Poljud 역에 하차
📍 Ul. Zrinsko Frankopanska 25
🕓 월~토요일 9:00~14:00, 15:00~20:00 (겨울에는 토요일 9:00~14:00) ⊗ 일요일과 공휴일
€ 어른 €8, 어린이 €4(*스플리트 카드 소지자는 50%)
📞 021-329-340 🏠 www.armus.hr

크로아티아에서 가장 오래된 박물관 ⑦

고고학 박물관

Arheološki Muzej / Archaeological Museum in Split

고고학에 관심이 많거나 역사 전공자라면, 이 박물관 하나만을 위해서도 이 도시를 방문할 만하다. 1820년에 설립된 스플리트 고고학 박물관은 크로아티아는 물론 유럽 전체에서도 가장 오래된 박물관 중 하나로 손꼽힌다. 1818년 당시 이 지역의 통치자였던 오스트리아의 프란시스 1세 황제가 디오클레티아누스 궁전의 유적과 유물 컬렉션을 살펴본 후 매우 기뻐하며 박물관 건립을 명령했다. 처음에는 박물관에 자체 건물이 없어서 디오클레티아누스 궁전의 동쪽 벽 바깥쪽에 가건물을 세우고 시작했지만, 유물의 규모가 커져서 지금의 자리로 옮기게 되었다.

전시는 매우 구체적으로 구분되어 있는데, 고대 유물부터 비교적 가까운 중세 유물까지 시대와 지역별로 전시실이 나뉘어 있다. 특히 디오클레티아누스 황제의 고향이었던 솔린 지역에서 발견된 유물이 많은데, 인물 부조, 보석, 도자기, 유리, 동전 등 다채로운 컬렉션이 특징이다.

잔잔하고 안전한 해수욕장 ······ ⑧

바츠비체 비치 Bacvice Beach

도심에서 가장 가까운 해변이자 스플리트 시민들이 제일 사랑하는 해수욕장. 크로아티아의 해변들이 대부분 돌멩이만한 자갈돌들로 이루어진 데 비해 바츠비체 비치는 모래에 가까운 해변을 가지고 있다. 만처럼 깊숙이 들어온 해변 덕에 물의 깊이도 얕고 파도도 거의 없다. 대신 물색이 그리 맑아 보이지는 않는데, 들어가 보면 생각보다는 깨끗하다. 무엇보다 안전하다는 장점 때문에 어린이를 동반한 가족들이 많다. 해변 끝으로 가면 레스토랑과 카페들이 있고, 해수욕장 입구에는 어린이 놀이터와 간이 샤워대, 화장실 등의 시설도 갖추고 있다.

이 외에도 스플리트에는 3~4군데의 해변이 더 있는데, 만약 스플리트 구시가지에 머문다면 마르얀 언덕 아래에 있는 예치나츠Ježinac 해변이 추천할 만하다. 바츠비체에 비해 조용하고, 물색도 맑다.

🚶 시내버스 3, 5, 8, 11, 14,17번 이용. 또는 스플리트 버스터미널에서 도보 10분

📍 Ul. Matije Gupca 6

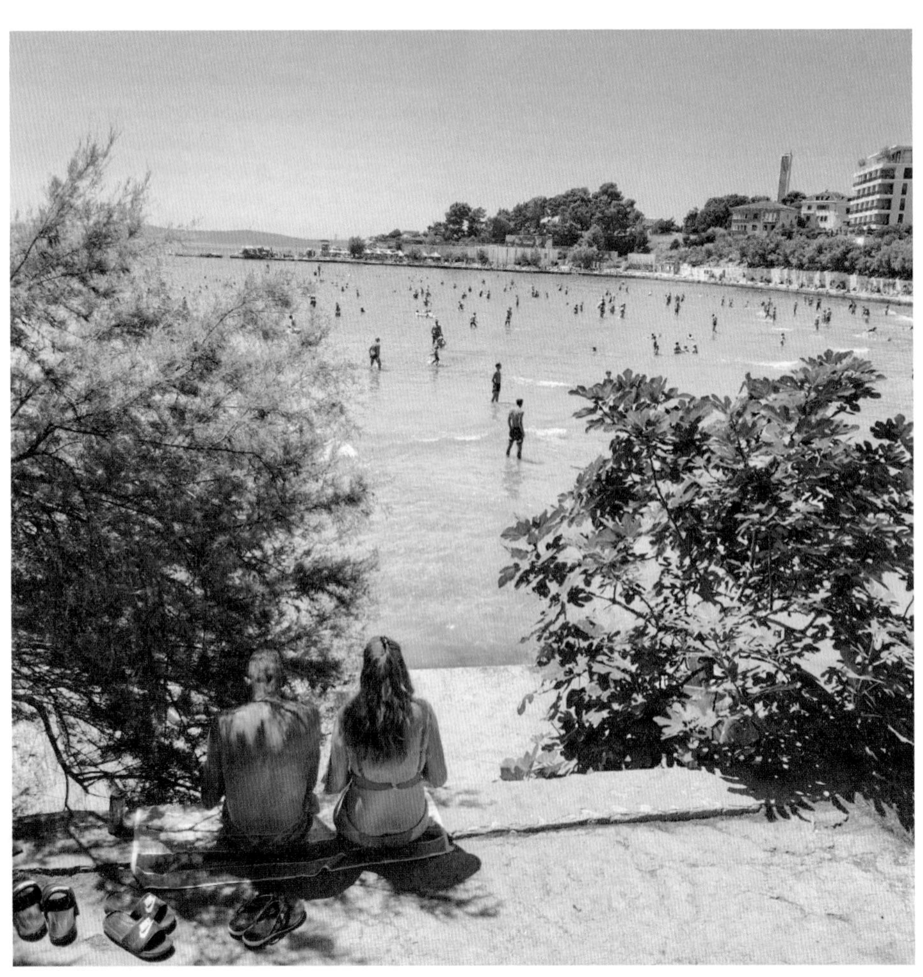

페리스틸 광장의 터줏대감 ······ ①

룩소르 Café & Restaurant Lvxor Split

페리스틸 광장의 서쪽에 자리한 카페 겸 레스토랑. 세계문화유산 한가운데 어떻게 카페가 있을 수 있을까 싶을 만큼 명당 중의 명당에 자리하고 있다. 맞은편의 스핑크스 동상과 룩소르라는 이름의 조화는 가뜩이나 비현실적인 공간에 화룡점정을 찍는다. 레스토랑 내부 인테리어도 멋있지만, 언제나 가장 먼저 채워지는 곳은 광장의 계단을 활용한 야외 테이블이다. 지중해 스타일의 파스타와 샐러드, 스테이크 등이 주 메뉴이고, 좋은 와인리스트를 보유하고 있다. 저녁 메뉴는 가격이 조금 비싼 편이지만, 낮 시간에 피자나 간단한 음료 등을 즐기기에는 큰 부담이 아니다. 로마 황제의 정원에서 즐기는 칵테일에 서비스와 가격을 따질 때가 아니다. 홈페이지를 통해 미리 좌석을 예약하면 편리하게 이용할 수 있다.

페리스틸 광장에 위치
Ulica kraj svetog Ivana 11
8:00~24:00 021-341-082
www.lvxor.hr

오며가며 한 입 베어먹기 좋은 빵 맛집 ······ ②

보비스 Bobis

커피, 빵, 케이크, 아이스크림까지 파는 베이커리. 쇼핑 거리 마르몬토바의 중간쯤에 위치하고 있어서 오며가며 들르는 사람들이 많다. 이 거리에서 가장 먼저 문을 여는 곳 중 하나로, 브런치나 모닝 커피를 즐기기 좋다. 진열대에 있는 수많은 빵 중에서 마음에 드는 것을 골라 리바의 벤치에 앉아 맛보는 것도 추천. 빵맛은 1949년에 처음 문을 연 이후 반세기 동안 검증된 것이지만 서비스는 그때그때 평가가 다르다.

마르몬토바 거리 중간쯤 위치 Marmontova ul. 5
7:00~121:00 021-344-631 www.bobis.hr

홈메이드 내추럴 아이스크림 ······③

빌리산 Bili San

마르몬토바 거리에는 아이스크림 가게가 여럿 있다. 그런데 메인 거리에서 살짝만 동쪽으로 고개를 돌리면 이 구역에서 가장 맛있고 저렴한 아이스크림 가게 빌리산이 보인다. 사실 크로아티아의 아이스크림 가게는 대동소이하게 다양한 맛의 아이스크림을 선보이지만, 가격은 약간씩 다르다는 특징이 있다. 빌리산은 다른 집에 비해 단 몇 센트라도 저렴한 것이 최대 장점이다. 흔히 만나기 힘든 빌리산만의 라벤더맛 아이스크림과 비건 아이스크림에 도전해 보자.

🚶 모르몬토바 거리에서 우측 톰 니게라 골목에 위치
📍 Ul. Tome Nigera 2 🕓 10:00~다음날 01:00

시원한 흑맥주와 프렌치프라이! ······④

하라츠 아이리시 펍 Harat's Irish Pub Split

밤이 되면 더 밝게 빛나는 몬르몬토바 거리에서 줄을 서는 펍이 있다. 늦은 밤까지 이어지는 라이브 음악과 더 라이브한 생맥주가 있는 곳. 크로아티아 뿐 아니라 벨라루스, 헝가리 등의 동유럽 도시들에서 이미 유명세를 얻고 있는 하라츠 아이리시 펍이다. 밤 시간에는 음악 소리와 소음에 다소 어수선할 수 있는데, 의외로 낮 시간에는 조용하게 햄버거를 즐길 수 있는 숨은 맛집이다. 더위를 피해 잠시 들러 아이리시 흑맥주와 프렌치프라이를 곁들이면 여행의 맛이 한층 깊어진다.

🚶 모르몬토바 거리에 위치 📍 Tončićeva ul. 2
🕓 10:00~24:00 📞 021-282-110 🏠 www.split.harats.com

구관이 명관 ⑤

부페 피페 Buffet Fife

워낙 많은 가이드북에 소개된 집이라 한국 여행자들이 많이 찾는 레스토랑이다. 최근에는 악평이 늘고 있는 것도 사실인데, 이는 메뉴에 따른 호불호일 수 있다. 오징어먹물 리조또와 깔라마리 튀김은 거의 실패 없는 메뉴고, 토마토소스 파스타는 비추하는 메뉴다. 농어 구이에 대해서는 평가가 갈리는데, 그냥 소금 친 생선 구이 이상도 이하도 아니다. 기대가 크면 실망도 클 수 있지만, 나라별 메뉴판과 유쾌한 직원 서비스 등은 칭찬받을 만하다. 가격에 대해서는 두브로브니크에서 올라오는 여행자에게는 싸게 느껴지고, 자다르 방향에서 오는 여행자에게는 상대적으로 비싸게 느껴진다. 그래도 인근의 다른 레스토랑에 비해서 아직은 저렴한 편.

바다가 보이는 야외 테이블은 이른 시간부터 다 차기 일쑤지만 내부로 들어가면 생각보다 넓은 공간이 여럿 있어서 대기가 길지는 않다. 참고로 부페 피페는 이 지역 어부였던 레스토랑 창업자의 이름이다. 테이블에 깔아주는 종이 매트에 그의 얼굴이 그려져 있다.

리바에서 마르얀 언덕 방향으로 도보 5분
Trumbićeva obala 11 7:30~24:00
021-345-223

덕후들의 놀이터 ······①

왕좌의 게임 박물관 Game of Thrones Museum

크로아티아를 여행하다 보면 유난히 자주 듣게 되는 타이틀이 있다. <왕좌의 게임Game of Thrones>. 한국을 포함한 전 세계에 방영되어 유명세를 타고 있는 미국 드라마 시리즈다. 이 드라마의 주요 장면들을 크로아티아의 여러 도시에서 촬영했고, 스플리트 역시 그중 한 곳이다. 이를 활용해서 재빨리 만든 테마 박물관과 기념품을 판매하는 팬숍fan shop도 성업 중이다. 드라마 캐릭터들이 입었던 의상과 무기, 책, 안경, 테이블 등이 소품으로 판매되고 있으며, 시리즈마다 각기 다른 촬영 세트장을 재현해 두기도 했다. 박물관은 비싼 입장료(€15)에 비해 가성비 있는 선택은 아니니 패스하고, 입장료가 없는 팬숍은 한번쯤 들러볼 만하다.

나로드니 광장에서 북쪽으로 도보 5분 Bosanska ul. 10
9:00~24:00 099-694-0312

현대적인 쇼핑 스트리트 ······②

마르몬토바 거리 Marmontova ul.

레스토랑, 카페, 상점, 부티크 호텔 등이 즐비한 마르몬토바 거리는 우리가 상상하는 모든 소비 활동이 이루어지는 미식과 쇼핑의 거리다. 250m 가량 되는 거리의 끝은 바다로 연결되어, 여기저기 구경하며 걷기만 해도 기분이 좋아진다. 리퍼블릭 스퀘어와 맞닿아 있으며, 나로드니 광장이나 리바와도 연결되어 이 거리를 지나지 않고는 스플리트를 봤다고 할 수 없을 듯. 유명 음식점과 디저트 가게들도 많으니 이곳에서 식후경도 해결하자.

스플리트 시민들의 시장 ······③

그린 마켓과 피시 마켓
Green Market & Fish Market

현지인의 삶을 엿볼 수 있는 청과물 시장과 해산물 시장. 그린 마켓은 궁전의 동쪽 문을 나서면 바로 만날 수 있고, 피시 마켓은 마르몬토바 거리의 골목에 자리하고 있다. 두 시장 모두 아침 일찍 문을 열고 오후 1~2시면 이미 문을 닫는다. 차이가 있다면 그린 마켓은 야외의 노점이 주를 이루고, 피시 마켓은 실내에서 좌판이 벌어진다.

그린 마켓 Ul. Stari Pazar 8 6:00~14:00
피시 마켓 Obrov ul.5 6:00~13:00

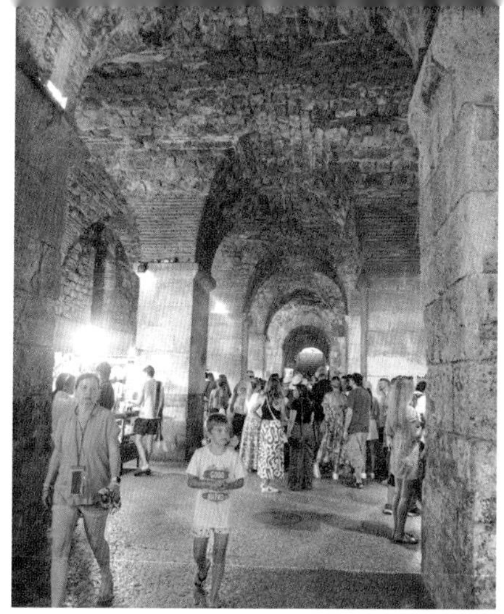

없는 거 빼고 다 있는 ······④

궁전 지하 시장 Delicija Vinski Podrum

디오클레티아누스 궁전의 지하 공간에 펼쳐지는 도깨비(?) 시장. 원래는 궁전의 식자재와 와인 등을 보관하던 지하창고였는데, 현재는 없는 거 빼고 다 있는 기념품 시장이 펼쳐지고 있다. 그 모습이 마치 남대문 시장이나 광장 시장처럼 활기차고, 다소 어수선하다. 퀄리티 있는 제품들보다는 3~4유로 정도의 기념품들이 주를 이루는데, 마그네틱이나 볼펜, 키홀더 같은 선물을 구입하기 좋다.

🚶 궁전의 지하에 위치
📍 Šetalište Ivana Meštrovića 18
📞 091-3352-837

아기자기한 소품들의 유혹 ······⑤

디스커버 크로아티아 Otkrij Hrvatsku / Discover Croatia

매우 크로아티아스러우면서 퀄리티 좋은 선물을 구입해야 한다면 이곳을 추천한다. 크로아티아를 나타내는 국기나 컬러, 문양 등을 활용한 다양한 상품이 구비되어 있고, 도시별 상징성 있는 상품들도 눈에 띈다. 크로아티아 작가들이 만든 패브릭 작품과 수공예품, 유리공예품 등 종류도 다양하다. 캔버스천에 크로아티아 레터링이 들어간 에코백이나 쿠션 등은 매우 세련되고 독특한 디자인이니 눈여겨 볼 것. 퀄리티가 좋은 만큼 가격대는 조금 높은 편이다.

🚶 나로드니 광장에 위치 📍 Narodni trg 1 🕘 9:00~22:00 ⊗ 일요일

자그레브
달마티아
Dalmatia

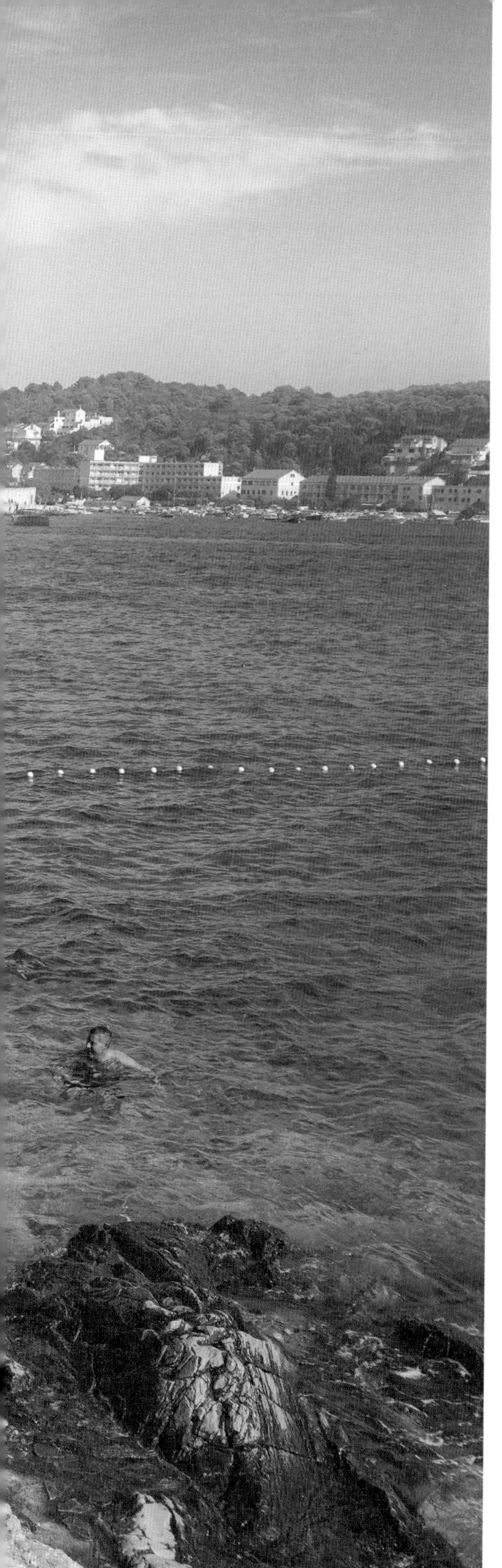

라벤더 향 날리는
아드리아해의 베니스

흐바르
HVAR

흐바르는 섬이다. 점점이 박힌 아드리아해의 섬들 가운데도 일조량이 가장 많은 곳. 연중 내리쬐는 햇살은 포도를 영글게 하고, 라벤더를 꽃 피운다. 반짝이는 바다와 보석 같은 모래알이 여행자를 유혹하고, 오래된 마을의 성벽과 화려한 요트의 행렬이 그림 같은 조화를 이룬다. 여름의 흐바르는 전 세계 클러버들과 휴가를 즐기려는 여행자들로 잠시 북새통을 이루지만, 그 시기를 제외하고는 세상 조용하고 향기롭다. 그리스 로마 시대의 건축물과 중세 시대의 요새를 둘러보고, 자박자박 해변을 산책하다가 해수욕을 즐기고, 야자수 아래 카페에서 '바다멍'을 만끽하는 하루. 흐바르에서는 이 모든 게 현실이 된다.

어떻게 가면 좋을까

흐바르 섬으로 가는 방법은 페리 외에는 없다. 작은 비행장이 있지만 정기 항공편은 없고, 개인 비행기의 이착륙 용이다. 페리는 스플리트와 두브로브니크 두 도시에서 브라츠, 흐바르, 코르출라 섬을 차례로 경유하며 오간다. 그중에서 흐바르 섬은 브라츠 섬과 함께 스플리트에서 가장 가까워서 당일치기 여행자가 많은 편이다.

VISITOR CENTER

흐바르 관광안내소
Trg svetog Stjepana 42
9:00~19:00
021-742-977
www.visithvar.hr

페리 Ferry

흐바르는 4개의 항구를 통해 본토 및 다른 섬과 연결되어 있으며, 그중 2개는 자동차를 실은 카페리가 입항할 수 있다. 주요 카페리 터미널은 흐바르타운에서 차로 20분 거리에 있는 스타리 그라드Stari Grad에 있으며, 성수기에는 크로아티아 뿐 아니라 이탈리아에서도 정기 카페리가 운행된다. 단, 코로나19 이후 현재까지 카페리 운행이 잠정 중단되고 있어서, 계획하고 있는 여행 시기의 운행 여부를 미리 확인하는 것이 좋다.

한편, 흐바르타운에 있는 터미널은 뚜벅이 승객만 탈 수 있는 일반 페리용 터미널이다. 크루즈급의 페리에는 화장실과 매점, 짐 보관대 등의 시설이 잘 갖춰져 있고, 2층 갑판에서는 시원한 바닷바람을 만끽할 수 있어서 운행 시간이 길게 느껴지지 않는다.

대표적인 페리 회사는 '야드롤리니야'이고, '카페탄 루카'와 'TP라인'도 작은 규모의 고속선을 운행한다. 세 회사 모두 성수기와 비수기의 운행 편수가 크게 다르고, 타임테이블과 요금도 매년 조금씩 달라진다. 예매에 앞서 홈페이지를 통해 시간과 요금을 확인하자.

흐바르 외의 섬으로 갈 때는?

스플리트에서 두브로브니크 사이를 운행하는 페리 회사들은 대부분 흐바르, 비스, 브라츠, 코르출라 노선을 모두 운행한다. 성수기에는 각 섬으로 향하는 직행도 운행하지만, 대부분은 섬들을 차례로 거치는 완행선들이다. 여러 페리 회사를 비교하기 번거로울 때는 통합 페리 예약 사이트에서 목적지와 날짜를 입력해서 표를 예매할 수 있다. 요금은 거리에 따라 달라지고, 섬 하나를 지날 때마다 안내 방송이 나오니 알아서 목적한 섬에 잘 내려야 한다.

페리 예약 통합 사이트 www.getbyferry.com

페리 회사

페리 회사	주요 운행 구간 및 특징	예매 사이트
야드롤리니야 Jadrolinija	-스플리트 근교 섬들과 두브르브니크 -흐바르의 세 군데 터미널로 운행	www.jadrolinija.hr
카페탄 루카 Kapetan Luka	-흐바르, 코르출라, 브라치, 포메나, 두브르브니크를 오가는 고속선 -흐바르타운 행 운행	www.krilo.hr
TP 라인 TP-Line	-스플리트-흐바르 직항 운행 또는 근교 섬들과 두브르브니크 -흐바르타운 행 운행	www.tp-line.hr

페리 소요 시간 및 요금(스플리트↔흐바르)

운행 회사	운행 횟수	소요 시간	요금
야드롤리니야	10~5월 : 하루 1~2차례 6~9월 : 하루 5~6차례	1시간 5분	€25
카페탄 루카	11~5월 : 하루 1~2차례 6~10월 : 하루 4~6차례	55분~1시간	€25

어떻게 다니면 좋을까

흐바르타운 선착장에 도착했다면 별다른 교통수단은 필요가 없다. 도착한 곳에서 몇 발자국만 떼면 볼거리가 모여 있는 성 스테판 광장이다. 산꼭대기에 있는 포르티카 요새와, 해안을 따라 형성된 보니 비치까지, 흐바르타운 전체를 둘러보는 데는 걸어서 2~3시간 정도면 충분하다. 흐바르타운을 벗어나 섬 북쪽의 스타리 그라드로 이동할 때는 각 터미널 사이를 오가는 시내버스를 이용할 수 있다. 흐바르 시내버스는 배 도착 시간에 맞추어서 기다리고 있는데, 이 타이밍을 놓치면 택시를 이용해야 한다.

택시 회사

Taxi Neven ☏ 091-5499-486 🏠 www.taxi-neven.hr

Ivan Travel Logistics ☏ 091-561-7945 🏠 www.transfershvar.com

짐은 맡기고 다니세요~

크로아티아 여행 도중, 아침 일찍 스플리트에서 출발해서 흐바르를 여행하고 밤늦게 두브로브니크로 이동하는 여행자들이 많다. 문제는, 아름다운 흐바르 섬에서 무거운 캐리어나 배낭을 끌고 다닐 수는 없다는 것. 이럴 때는 짐 보관 서비스를 이용하자.

페리에서 내리자마자 10m 반경에 짐 보관 업체의 광고판이 여럿 보인다. 보관료는 가방 1개당 하루 €5. 어떤 업체를 선택하든 컨디션이나 가격 모두 대동소이하다. 대신 큰 가방 기준이므로, 미리 가방의 개수를 줄여 두자.

호바르타운 상세 지도

포르티카 요새 02
Dr. Josip Avelini Park
Islands view point
Free Hvar viewpoint
Tudor House Hvar
Ul. Higijeničkog Društva
Apartman Lesina Gojava
코노바 메네고 03
Apartments Frane
Ul. Matija Ivanića
Ul. Biskupa Jurja Dubokovica
베네딕트 수녀원 03
로지아 04
Kroz Grodu
암포라 리조트 Amfora Hvar
마리고 그릴 앤 칠 02
Adriana - Hvar Spa Hotel
성 스테판 성당 01
Pharos - Hvar Bayhill Hotel
Fabrika
호바르 관광안내소
Jurja Novaka
파브리카 06
Ul. Dinka Kovačevića
Jurja Matijevića
07 보니 비치
아스날 05
포슈테니 01
Riva
N
0 50m
호바르 섬 페리 선착장

호바르 섬 광역 지도

브라츠 섬
라벤더 필드
스타리그라드
호바르타운
116
116
116
N
0 5km
ščedro

흐바르타운 유일의 광장 ······ ①

성 스테판 광장과 대성당 Katedrala sv. Stjepana I. / St. Stephen's Cathedral

성 스테판 광장은 흐바르 섬의 중앙 광장이자, 의외로 달마티아 지방에서 가장 큰 광장이다. 원래는 암석으로 채워져 있던 깊은 만이었지만 수세기 동안의 간척 작업으로 15세기 이후에 육지가 되었다. 광장의 동쪽은 대성당, 서쪽은 바다로 이어진다. 광장 중앙에 있는 공동 우물은 1529년에 만들어졌고, 광장의 바닥은 1780년에 완전히 포장되었다. 광장을 둘러싸고 레스토랑과 카페, 관광안내소, 기념품숍 등 모든 편의시설이 모여 있어서 흐바르 섬을 찾는 여행자라면 누구라도 한번쯤 들르는 장소다. 요새로 향하는 골목길도 이 광장에서 시작된다.

한편, 광장의 가장 깊숙한 곳에 자리하고 있는 성 스테판 대성당은 섬의 북쪽 스타리 그라드에서 이곳 흐바르타운으로 옮겨왔다. 새 성당은 16~18세기에 건축되었고, 종탑은 1550년경에 완성되었다. 베네치아 공화국의 지배하에 있었던 시대상을 반영하듯, 성당의 모든 건축은 베네치안 르네상스 양식을 따르고 있다. 성당은 오전과 오후 개방 시간을 정해두고 있어서 이 시간을 잘 맞춰야만 내부를 관람할 수 있다.

선착장에서 리바를 따라 북쪽으로 도보 5분
Trg Sv. Stjepana
대성당 9:00~12:30, 16:30~19:30
021-742-160

숨은 차지만 올라가면 보람 있는 ……②

포르티카 요새 Tvrđava Fortica / Fortica Fortress

성 스테판 광장에서 북쪽으로 난 어떤 골목으로 올라도 정상에는 포르티카 요새가 나온다. 좁은 계단이 끝나는 지점부터 요새로 향하는 산책로가 나오고, 도중에 거대한 선인장들과 아이스크림 노점상, 섬 고양이 등과 눈인사를 하다보면 어느새 정상이다.
포르티카 요새는 1278년 베네치아 공화국 시절에 이미 성채의 형태를 갖추었고, 1500년대 중반에는 오스만 제국의 침략을 받아 섬으로 피난 온 사람들의 은신처가 되기도 했다. 이때 이곳에 입성한 스페인 원정대에 의해 '스파뇰라 요새'라는 이름으로도 불리었다.
요새 안에는 카페와 지하 감옥, 연병장으로 쓰였을 공터와 여기저기 쌓아올린 축대, 대포 등을 제외한 별다른 볼거리나 시설도 없다. 확 트인 전망이 자랑이긴 하지만, 요새를 둘러싼 산 정상에서도 충분히 훌륭한 전망을 즐길 수 있으니 내부에 대한 큰 기대는 하지 말자.

🚶 성 스테판 광장에서 북쪽 언덕으로 도보 20분
📍 Ul. Biskupa Jurja Dubokovica 80 🕒 9:00~21:00
€ €10, 통합티켓 €15(요새+아스날과 로지아도 입장 가능)
📞 021-718-336

라벤더를 볼 수 있을까?

흐바르는 크로아티아 최대의 라벤더 군락지이다. 그러나 흐바르에 도착하면 바로 눈앞에 라벤더 밭이 펼쳐질 거라는 상상은 하지 말자. 흐드러진 라벤더는 섬의 중앙에 해당하는 브루셰Brusje와 벨로 그라블예Velo Grablje 마을 근처, 라벤더 필즈Lavender Fields로 가야만 만날 수 있고, 그것도 매년 6~7월에 맞춰 가야 보랏빛 물결을 만날 수 있다. 7월 중순에는 라벤더 축제도 펼쳐지니, 이 시기에 흐바르를 방문한다면 라벤더 필즈로 달려가 보자.
만약 이 시기를 놓쳤다면, 섬 곳곳의 노점상에서 판매하는 라벤더 완제품이라도 구입해 보자. 순도 100% 흐바르 산 라벤더 포푸리, 오일, 소품 등은 퀄리티에 비해 가격이 저렴하고 종류도 다양하다.

유네스코 문화유산이 있는 곳 ······ ③

베네딕트 수녀원 Benedictine Convent

흐바르 섬은 6개의 유네스코 문화유산을 보유한 섬이다. 그중 눈에 띄는 무형문화유산은 아가베 실로 묶은 레이스로, 바로 이곳 베네딕트 수녀원 수녀들에 의해 전승된 것이다. 전시실을 겸하고 있는 수녀원 내부에서는 레이스를 만드는 과정과 레이스 작품들을 관람할 수 있다.

수녀원 입구를 지키고 있는 동상은 16세기에 흐바르에 살았던 크로아티아 시인 한니발 루치치로, 자신이 태어난 이 집을 수녀원에 기증했다고 한다. 성 스테판 대성당 뒤편 골목에는 한니발의 여름 별장도 보존되어 있다.

🚶 성 스테판 광장에서 포르티카 요새로 가는 골목길 중간에 위치. 광장에서 도보 7분

📍 Kroz Grodu, 21450

📞 021-741-052

늘어선 기둥 ······ ④

로지아 Lođa / Loggia

🚶 성 스테판 광장과 파브리카 산책로의 초입에 위치

📍 Trg Sv. Stjepana 6

📞 021-718-336

1289년에 처음 지어졌지만 오스만의 침략으로 소실되었고, 현재의 로지아는 15세기에 재건되어 16세기에 완공된 모습이다. 베네치아의 통치 기간 동안 법원과 관세청으로 사용되었고, 공개 경매장으로도 사용되었다. 즉, 중세 시대에는 주로 관청으로 사용되었던 건축물이다. 이후 호텔로 개조되어 지역 사회 엘리트들의 핫플레이스였다고 하는데, 현재는 그저 바다를 마주보고 있는 르네상스 양식의 오래된 건물일 뿐. 이 건축물에서 눈여겨봐야 할 것도 건물의 이름이자 건축양식을 일컫는 '로지아(전면의 파사드를 이루고 있는 늘어선 기둥들)' 뿐이다. 평소에는 폐쇄되어 있고, 성수기나 축제 기간에 이벤트 공간으로 활용되고 있다.

관광안내소 건물 ⑤

아스날 Hvar Arsenal

페리 선착장에서 성 스테판 광장으로 걸어가다 보면 광장 초입에 꽤 큰 건물이 보인다. 애초의 목적은 배를 만들기 위한 조선소였으나 전쟁 중에는 무기 보관창고로 사용되었기에, '아스날(무기 창고)'이라고 불린다. 여러 차례 전쟁으로 인해 13세기 최초의 모습은 사라졌지만, 여전히 아름다운 내외관을 자랑한다. 돈 없는 서민들이 소금에 절인 생선 한 묶음만 내고도 공연을 즐길 수 있었던 유럽 최초의 공공 극장으로도 유명하다. 지금도 우아한 분위기의 공연장에서는 클래식 공연과 미술 전시, 이벤트 등이 활발하게 이뤄지고, 건물 입구에 관광안내소가 상주하고 있다. 내부 관람을 위해서는 요새 입장권이 포함된 통합티켓을 구입하는 것이 좋다.

성 스테판 광장 입구에 위치 Obala, Riva 1
10:00~14:00, 17:00~20:00 €10, 통합티켓 €15 021-741-009

아름다운 해안산책로 ⑥

파브리카 Fabrika

흐바르타운의 중심가인 성 스테판 광장에서 로지아를 지나 무심히 발걸음을 떼다보면 어느새 파브리카에 들어서게 된다. 파브리카는 흐바르타운의 중심가와 서쪽의 리조트 지역을 연결하는 해안산책로로, 어깨 한쪽은 내내 바다를 끼고 걷게 된다. 길을 걷다 마음만 먹으면 바로 바다로 뛰어들 수 있는데, 실제로 바다로 난 암벽에 누워 일광욕을 즐기는 여행자들도 많다.

보니 비치 Bonj Beach

성 스테판 광장에서 파브리카를 따라 15분 정도만 걸어가면 깜짝 놀랄 만큼 아름다운 보니 비치가 나온다. 만처럼 형성된 해변은 파도를 막고, 동글동글 자갈돌은 파란 바닷물을 머금어 천혜의 해수욕장이 되었다. 평소 바다 수영을 즐기지 않는 사람이라도 이곳에서만큼은 꼭 온몸을 아드리아해에 맡겨보기를 권한다. 단, 거의 지압 수준의 몽돌 해변은 아쿠아슈즈가 없으면 디딜 수 없을 정도니 반드시 슈즈와 비치타월, 썬블록 등을 챙겨야 한다. 해변에 설치된 썬베드는 유료이지만, 크게 부담스러운 정도는 아니다. 해변을 병풍처럼 두르고 있는 암포라 리조트 Amfora Resort는 우리나라 여행자들에게도 인기가 많은 휴양시설로, 리조트 고객들은 무료 썬베드와 인피니티 수영장 등을 이용할 수 있다.

또 하나의 마을, 스타리 그라드

흐바르 섬의 남쪽에 흐바르타운이 있다면, 북쪽에는 스타리 그라드가 있다. 기원전 4세기경 고대 그리스 파로스 섬에서 건너온 개척민들의 마을로, 붉은 지붕의 집들과 레스토랑, 카페, 성당 등이 섬마을의 정취를 느끼게 한다.
도시를 감싸고 있는 스타리 그라드 평원은 수천 년 된 포도원과 울창한 올리브 숲, 그리고 라벤더 군락이 장관을 이루고, 그 가치를 인정받아 유네스코 세계문화유산으로도 등재되었다. 카페리 선착장에 내려 도보로 30분 정도면 전체를 둘러볼 만큼 작은 마을이지만, 자동차로 평원을 가르며 반나절은 머물러도 좋을 곳이다.

🏠 www.visit-stari-grad.com

광장의 햇살 받으며 브런치 ······ ①

포슈테니 Pošteni Restaurant

광장에는 레스토랑마다 쳐둔 파라솔이 즐비하고, 그 가운데 꽤 큰 자리를 차지하고 있는 곳이 포슈테니다. 친절한 직원은 입구에서부터 손님을 안내하고, 좌석도 넓어서 마음 편하게 식사할 수 있다. 해산물 플레이트나 오징어먹물 리조또 같은 지중해식 메뉴가 주를 이루고, 햄버거나 피자 등도 스낵 이상의 맛이다. 무엇보다 아이스커피 한잔 마시려면 추가 요금을 내야하는 크로아티아에서, 이 집은 커피에 얼음 동동이 가능하다!! 파스타에 질린 일행이 있다면 마치 푸드코트처럼 바로 옆에 있는 '스파이스 아시안 푸드Spice Asian Food'에서 아시아 음식을 주문해서 함께 먹어도 된다.

성 스테판 광장에 위치 · Trg svetog Stjepana 31
10:00~24:00 · 098-166-2027 · www.posteni.com

대중적인 맛과 친절한 서비스 ······ ②

마리고 그릴 앤 칠 MARIGO Grill & Chill

이른 아침부터 새벽 2시까지, 브런치에서 펍 메뉴까지 다양한 시간대에 다양한 메뉴를 선보이는 성실한 레스토랑. 음식의 퀄리티에 비해 가격도 합리적이라는 평가다. 참고로, 흐바르 레스토랑의 가격은 광장 쪽이 가장 저렴하고, 골목으로 올라갈수록 높아지는 경향이 있다. 마리고의 주 메뉴는 다양한 버전의 햄버거와 파스타, 크로아티아 전통 체밥치치도 추천할 만하다. 식사 시간이 아니라면, 한낮의 햇살을 피해 맥주 한 잔 하기도 좋은 장소다.

성 스테판 광장에 위치 · Trg Sv. Stjepana 11
8:00~새벽 2:00 · 095-222-1000
hvar-restaurants.com/marigo-naslovna

오래된 동네 맛집 ······ ③

코노바 메네고 Konoba Menego

1999년부터 같은 자리에서 한 가족이 운영하고 있는 패밀리 레스토랑(?). 메네고라는 이름도 창업주 안주인의 이름에서 따왔단다. 이곳에서 제공되는 모든 음식의 재료는 흐바르 섬에서 재배되는 것이고, 특히 올리브 오일과 치즈, 무화과, 와인 등은 가족 농장에서 재배한 것들이라고. 전통을 중요시하고, 크로아티아 음식에 대한 자부심이 대단해 보인다. 메뉴도 다른 곳에서 보기 힘든 것들이 많은데, 도움을 요청하면 매우 친절하게 설명해 준다. 한 가지 단점은 현금만 받는다는 것. 크로아티아 가정식 요리를 맛보고 싶다면 강추한다.

성 스테판 광장에서 요새로 가는 메인 골목 중간에 위치
Kroz Grodu 26 · 12:00~14:00, 18:00~22:00 · 일요일
021-717-411 · www.menego.hr

달마티아
Dalmatia

크로아티아 여행의 정점

두브로브니크

DUBROVNIK

크로아티아 최남단에 위치한 두브로브니크는 여러 의미에서 여행의 정점을 이룬다. 지금까지 거쳐 온 도시는 모두 두브로브니크로 향하기 위한 것이었으며, 지금까지 본 눈부신 풍경들도 모두 이 도시를 보기 위한 예행연습에 지나지 않았다. 무엇을 상상하든 그 이상의 자연과 역사와 볼거리, 그리고 높은 물가가 당신을 기다리고 있다. 두브로브니크에서 여행을 시작했다면 이후에 대한 기대치는 낮추는 것이 좋고, 두브로브니크에서 여행을 끝낸다면 아낌없이 느끼고 즐기고 소비할 준비를 해야 한다. 그만큼 눈부시고, 기대 이상으로 아름다우며, 돌아서면 금방 그리운 곳, 두브로브니크다.

어떻게 가면 좋을까

크로아티아의 대표 관광지답게 넘쳐나는 여행자들을 위한 모든 교통수단이 두브로브니크로 향한다. 성수기에는 모든 교통편이 증편되지만, 그만큼의 혼잡도 각오해야 한다. 한국에서 출발한다면, 자그레브 IN 두브로브니크 OUT 또는 그 반대의 방법으로 다구간 항공편을 이용하는 것이 좋다.

VISITOR CENTER

두브로브니크 관광안내소
Brsalje ul. 5
020-323-887
www.tzdubrovnik.hr

비행기 Airplane

자그레브, 리예카, 스플리트에서 출발하는 국내선은 물론이고, 파리, 암스테르담, 헬싱키, 뉴욕 등 전 세계 주요 도시에서 출발하는 국제선 항공기가 두브로브니크 공항에 도착한다. 한국에서 두브로브니크까지 직항은 운행되지 않지만, 두바이나 이스탄불 등의 중동 도시를 경유하거나 유럽의 주요 도시를 경유하는 항공편은 매우 발달되어 있다.
올드타운에서 남쪽으로 20㎞ 정도 떨어져 있는 두브로브니크 공항의 정식 이름은 루제르 보스코비치 국제공항Rudjer Boskovic International Airport. 시내 중심부까지 차량으로 약 30분 정도가 걸리지만, 성수기에는 길이 막혀 1시간이 넘게 걸리기도 한다.
공항에서 시내까지는 공항셔틀과 시내버스(11, 27, 38번 노선)를 이용할 수 있는데, 공항셔틀은 새벽 4시경부터 마지막 항공기가 도착하는 자정까지 항공기 도착 시각에 맞춰 출발한다. 공항에서 출발한 버스는 구시가지 입구인 필레 게이트와 플로체 게이트, 그리고 그루즈의 장거리 버스터미널에 정차한다. 이때 편도보다 왕복 요금이 저렴하니 참고할 것(편도 €10, 왕복 €15). 셔틀버스 티켓은 공항 도착장 입구 오피스에서 구입하면 된다. 우버 택시를 이용할 경우에는 공항에서 시내까지 €40~50 정도의 요금이 나온다.

두브로브니크 공항
Dobrota 24 020-773-100
www.airport-dubrovnik.hr

버스 Bus

장거리 버스터미널은 페리터미널이 있는 그루즈 지역에 위치하고 있다. 관광지가 몰려있는 구시가지에서 북서쪽으로 3km 가량 떨어져 있어서, 도심까지는 버스나 택시를 이용하는 것이 좋다. 공항 셔틀버스도 버스터미널에 정차하는데, 공항 셔틀버스나 1A, 1B, 1C, 3, 8번 시내버스를 타고 구시가지 입구까지 15분 정도면 이동할 수 있다. 두브로브니크 버스터미널은 크로아티아 전역의 주요 도시는 물론, 국경을 맞대고 있는 몬테네그로의 코토르, 보스니아 헤르체고비나의 모스타르 행 버스도 빈번하게 오가는 교통 허브다. 버스터미널 홈페이지를 통해 티켓을 예매할 수 있고, 버스 출도착 정보도 실시간 확인할 수 있다.

두브로브니크 장거리 버스터미널
Obala Ivana Pavla II 44 A
060-305-070
autobusni-kolodvor-dubrovnik.com

버스 예매 사이트
플릭스버스 www.flixbus.com
겟바이버스 www.getbybus.com
버스 크로아티아 www.buscroatia.com

페리 Ferry

두브로브니크는 크로아티아 국내의 여러 항구와 이탈리아 바리Bari, 안코나Ancona 간의 여객선 노선이 잘 연결되어 있다. 이들 국제 여객선은 주로 야간 페리여서 도착과 함께 해 뜨는 두브로브니크를 만날 수 있다.
그 외에도 코르출라, 믈리예트 같은 두브로브니크 근교의 섬을 이어주는 정기선도 빈번하다. 페리 운행 횟수가 많은 성수기에는 스플리트에서 두브로브니크까지 페리로 이동하기도 하는데, 예를 들어 스플리트에서 아침 일찍 출발하는 페리를 타고 근교의 섬 한 군데(흐바르 또는 코르출라)를 여행하고 저녁 페리로 두브로브니크에 입성하는 식이다. 페리 여행과 섬 여행을 동시에, 교통과 관광을 다 잡을 수 있어서 추천할 만하다.

두브로브니크 페리터미널
Obala Ivana Pavla II 1 020-313-333 www.portdubrovnik.hr

렌터카 Rent a Car

두브로브니크에서 가장 가까운 대도시 스플리트에서 약 3시간(210km)이면 도착한다. 도중에 보스니아 헤르체고비나의 도시 네움을 거쳐야 하는 것이 특이하지만, 이 또한 크로아티아 여행의 재미다. 단, 크로아티아는 2023년 EU에 가입되었지만 보스니아는 그렇지 않아서 국경 지대에서는 여권 검사를 한다. 여권을 미리 준비해 둘 것.
두브로브니크에 도착했다면, 가장 먼저 렌터카를 반납하는 것이 좋다. 특히 성수기의 두브로브니크에서는 열악한 주차 공간과 사악한 주차비 등등으로 자동차가 애물단지로 전락하기 십상이니, 반드시 첫날 반납하도록 하자.

어떻게 다니면 좋을까

볼거리 할 거리 많은 두브로브니크에서는 생각보다 많은 대중교통을 이용하게 된다. 올드타운 안에 숙소를 잡은 경우를 제외하고는, 숙소와 올드타운까지 이동에 버스나 택시를 이용하게 되기 때문. 터미널과 페리가 있는 그루즈 지역, 호텔과 리조트가 모여 있는 라파드 지역, 저렴한 숙소가 있는 바빈쿡 등에서 올드타운까지는 시내버스를 이용하는 것이 가장 좋다. 두브로브니크 시내버스는 총 12개의 시내 노선이 있는데, 그 가운데 1A, 1B, 2A, 3, 4, 6, 9, 17번 버스가 올드타운 입구인 필레 문에 정차한다(*버스 노선도 참고할 것). 즉, 절반 이상의 노선이 필레 문까지 운행하며 관광객의 편의를 돕는다. 버스정류장마다 노선도가 표기되어 있고, 티켓은 정류장 근처 키오스크에서 구입하거나 버스 기사에게 직접 구입할 수 있다. 대신 기사는 거스름돈을 돌려주지 않으니, 미리 잔돈을 준비해야 한다. 최초 탑승 시 등록된 시간으로부터 1시간 동안은 시내버스를 탑승 횟수에 제한 없이 이용할 수 있다.

두브로브니크 시내버스 요금

티켓 종류	요금	티켓 종류	요금
차량에서 구매 시 1시간 탑승 티켓	€2.50	**3일 티켓**	€11.95
1시간 탑승 티켓	€1.73	**2회 탑승 티켓**	€3.19
1일 티켓	€5.31	**20회 탑승 티켓**	€21.24

두브로브니크 시내버스
🏠 www.libertasdubrovnik.hr

두브로브니크 버스 노선도

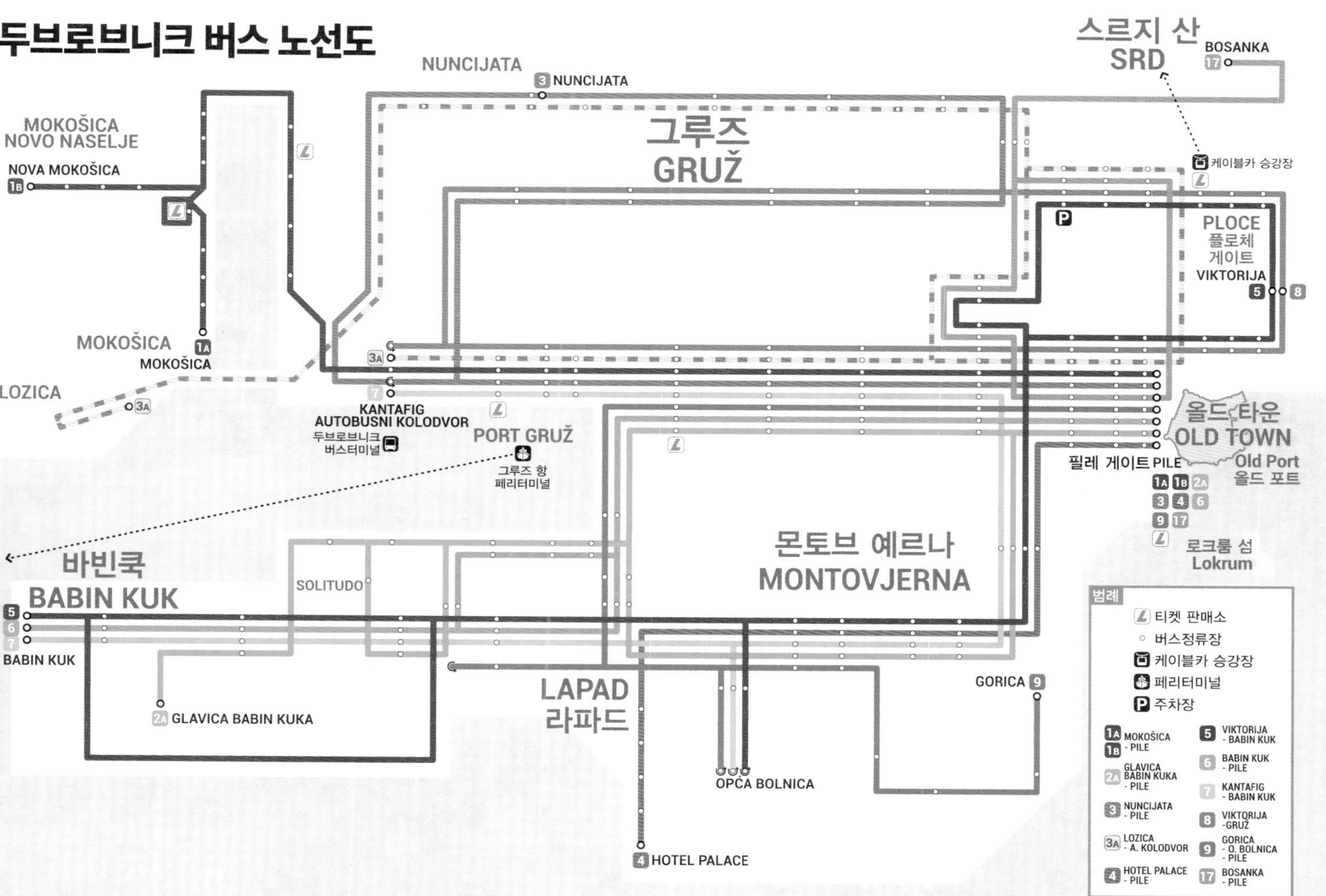

NUNCIJATA
3 NUNCIJATA
스르지 산
SRD
BOSANKA
17
MOKOŠICA
NOVO NASELJE
NOVA MOKOŠICA
1B
그루즈
GRUŽ
케이블카 승강장
PLOCE
플로체
게이트
VIKTORIJA
5 8
MOKOŠICA
1A
MOKOŠICA
LOZICA
3A
7
KANTAFIG
AUTOBUSNI KOLODVOR
두브로브니크
버스터미널
PORT GRUŽ
그루즈 항
페리터미널
올드 타운
OLD TOWN
필레 게이트 PILE
Old Port
올드 포트
1A 1B 2A
3 4 6
9 17
로크룸 섬
Lokrum
바빈쿡
BABIN KUK
SOLITUDO
몬토브 예르나
MONTOVJERNA
5
6
7
BABIN KUK
2A GLAVICA BABIN KUKA
LAPAD
라파드
GORICA 9
OPĆA BOLNICA
4 HOTEL PALACE
범례
티켓 판매소
버스정류장
케이블카 승강장
페리터미널
주차장
1A 1B MOKOŠICA - PILE
2A GLAVICA BABIN KUKA - PILE
3 NUNCIJATA - PILE
3A LOZICA - A. KOLODVOR
4 HOTEL PALACE - PILE
5 VIKTORIJA - BABIN KUK
6 BABIN KUK - PILE
7 KANTAFIG - BABIN KUK
8 VIKTORIJA -GRUŽ
9 GORICA - O. BOLNICA - PILE
17 BOSANKA - PILE

실속 가득한, 두브로브니크 패스

한 도시를 여행하는 데 필요한 입장료와 교통편이 한꺼번에 해결된다면? 거기에 할인까지 더해진다면? 두브로브니크 패스가 그런 요술봉이다. 자그레브나 스플리트 같은 대도시에서 망설이면서 시티패스를 사용해 본 경험이 있다면, 두브로브니크에서는 망설임 없이 구매해도 된다. 크로아티아 전역을 통틀어서 가장 실속 있는 시티패스니까 말이다. 성벽 투어만 이용해도 본전이고, 시내버스를 이용하거나 올드타운 내의 몇 군데 박물관까지 방문하면 한참 남는 장사다. 단, 머무는 기간에 맞춰 구입하기 보다는, 3일권을 구입해서 기간 안에 성벽 투어를 끝내는 것이 합리적이다. 패스는 온라인 또는 필레 문 앞에 있는 관광안내소에서 구매하면 된다. 구매 후 메일로 받은 바코드를 스마트폰에 다운받고, 버스 승차나 박물관 입장 시에 스마트폰 티켓을 보여주기만 하면 된다. 식당과 기념품숍 등에서도 할인이 되니, 결제 전에 할인 여부를 문의 하자.

두브로브니크 패스
www.dubrovnikpass.com

두브로브니크 패스

<table>
<tr><th>패스 종류</th><th>요금</th><th>무료 버스</th><th>무료 입장</th></tr>
<tr><td>3일권</td><td>€35</td><td>24시간 이용</td><td rowspan="3">City Walls 성벽 투어
Rector's Palace 렉터 궁전
Maritime Museum 해양 박물관
Ethnographic Museum 고고학 박물관
Marin Držić House 마린 드르지치 생가
Dubrovnik Natural History Museum 두브로브니크 자연사 박물관
Friars Minor Franciscan Monastery Museum 프란체스코 수도원 박물관
Museum of Modern Art Dubrovnik 두브로브니크 현대미술 박물관
Dulčić - Masle - Pulitika Gallery 둘치치-마슬레-푸리티카 갤러리
The Pulitika Studio 푸리티카 스튜디오
Archaeological exhibitions</td></tr>
<tr><td>5일권</td><td>€45</td><td>72시간 이용</td></tr>
<tr><td>7일권</td><td>€55</td><td>168시간 이용</td></tr>
</table>

두브로브니크
광역 지도

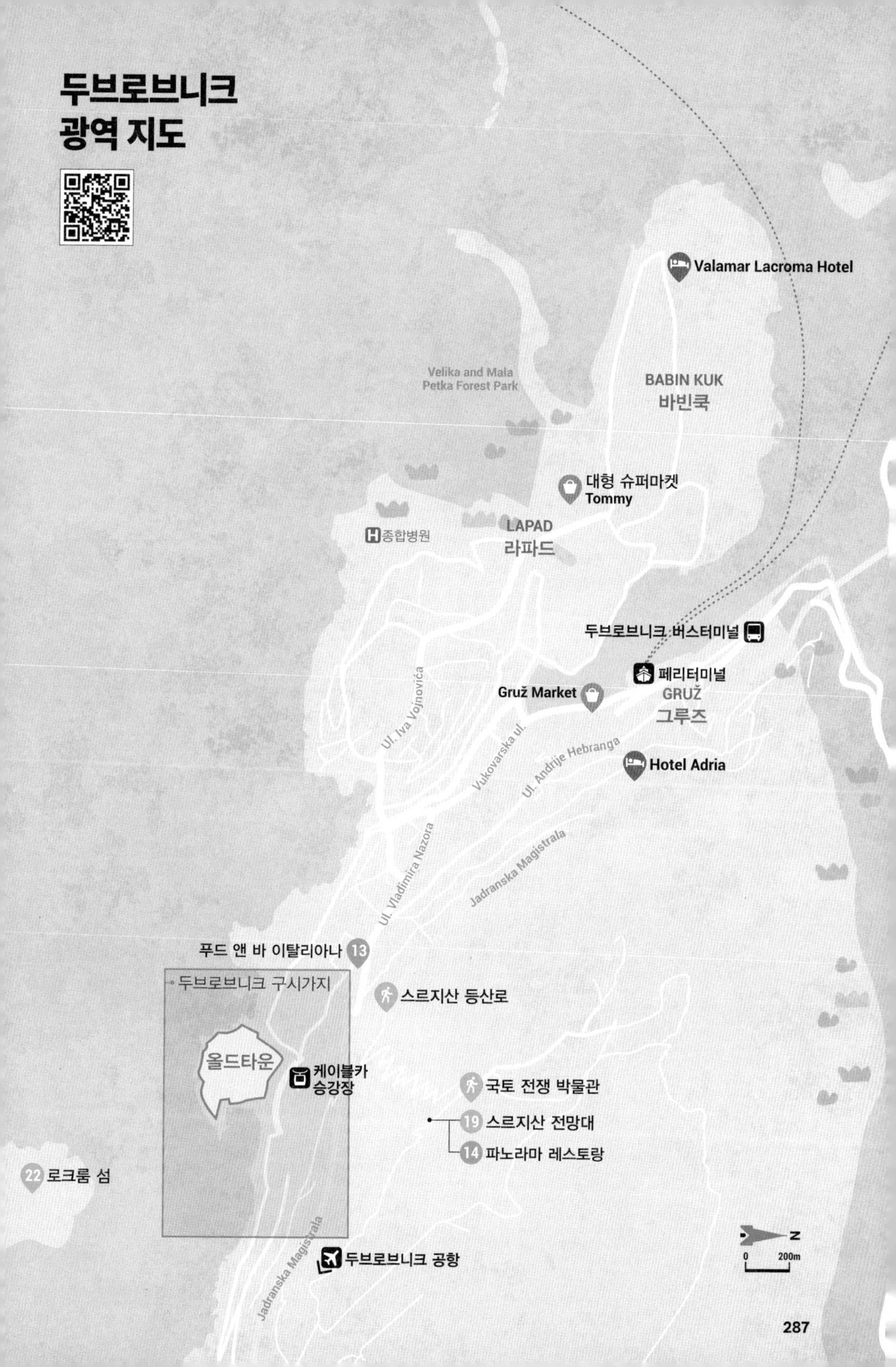

Valamar Lacroma Hotel

Velika and Mala
Petka Forest Park

BABIN KUK
바빈쿡

대형 슈퍼마켓
Tommy

종합병원

LAPAD
라파드

두브로브니크 버스터미널

페리터미널

Gruž Market

GRUŽ
그루즈

Hotel Adria

Ul. Iva Vojnovića

Vukovarska ul.

Ul. Andrije Hebranga

Ul. Vladimira Nazora

Jadranska Magistrala

푸드 앤 바 이탈리아나 13

두브로브니크 구시가지

스르지산 등산로

올드타운

케이블카
승강장

국토 전쟁 박물관

19 스르지산 전망대

14 파노라마 레스토랑

22 로크룸 섬

Jadranska Magistrala

두브로브니크 공항

N
0 200m

두브로브니크 올드타운 상세 지도

Zagrebačka Ul.
민체타 보루
Ul. Iza Grada
힐튼 임페리얼
Ul. branitelja Dubrovnika
말라 브라차 약국
04 프란체스코 수도원&박물관
부자 게이트
12 버거바 조조
P
P
Brsalje ul.
City of Dubrovnik Tourist Board
필레 게이트 01
Ul. Celestina Medovića
05 루친 칸툰
21 슐리츠 비치
큰 오노프리오 분수 03
07 돌체 비타
06 젤라테리아
아로마
08
성 블라이
성
스트라둔(플라차) 02
두브로브니크 숍-모레 트르고비나 03
Stradun
스폰자 궁전 06
인크레더블 인디아 04
10 피제리아 맘마 마트
18 로브리예나츠 요새
루자 광장 05
Stra
아트 아틀리에 '리틀 하우스' 02
성 블라이세 성당 07
보카 보루
테라 크로아티아 01
Široka ul.
Ul. Svetog Josipa
ul. Nikole Božidarevića
올란도 기둥
03 타지마할 올드타운
렉터 궁전 08
루페 민속학 박물관 13
군둘리치 광장과 동상 10
Ul. Josipa Jurja Strossmayera
두브로브니크 대성당 09
미크로 09
성 이그나티우스 교회 12
11 코푼
예수회 계단 11
01 부자 바
바드 02

N
0
50m

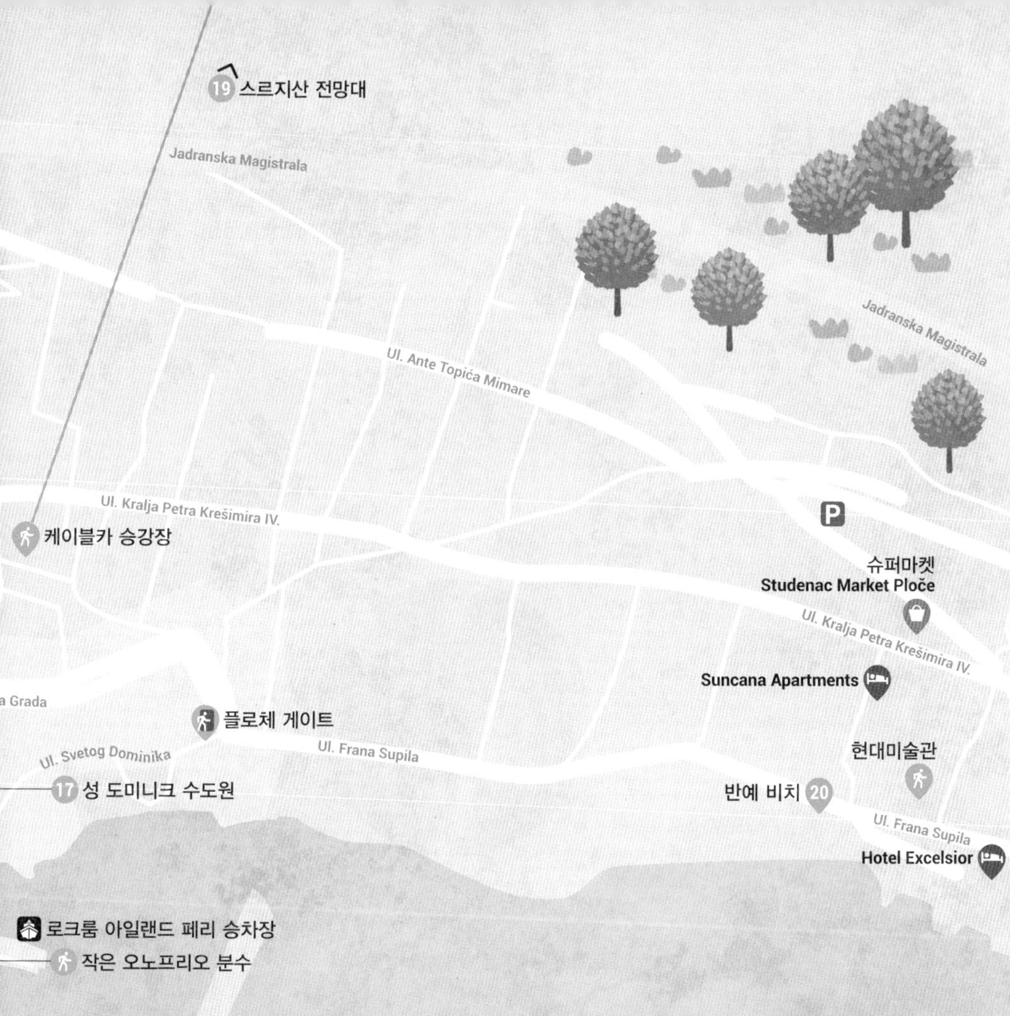

19 스르지산 전망대
Jadranska Magistrala
Ul. Ante Topića Mimare
Jadranska Magistrala
Ul. Kralja Petra Krešimira IV.
케이블카 승강장
P
슈퍼마켓
Studenac Market Ploče
Ul. Kralja Petra Krešimira IV.
Suncana Apartments
a Grada
플로체 게이트
Ul. Svetog Dominika
Ul. Frana Supila
17 성 도미니크 수도원
현대미술관
반예 비치 20
Ul. Frana Supila
Hotel Excelsior
로크룸 아일랜드 페리 승차장
작은 오노프리오 분수
폰테 게이트
올드 포트
14
성 요한 보루
15 해양박물관
16 포르포렐라 방파제
로크룸 섬 22

두브로브니크 추천 코스

두브로브니크는 최고의 관광지다. 큼직큼직한 놀거리, 볼거리, 먹거리만 섭렵하더라도 최소 3일 이상의 일정이 필요한 곳이다. 올드타운 시가지 걷기, 성벽 걷기, 스르지산 전망대, 아드리아해에서 해수욕, 섬 여행 등을 큰 일정으로 놓고, 시간과 체력에 맞게 동선을 조율해 보자.

Day 1

예상 소요 시간 6~8시간

미션 올드타운 완전 정복

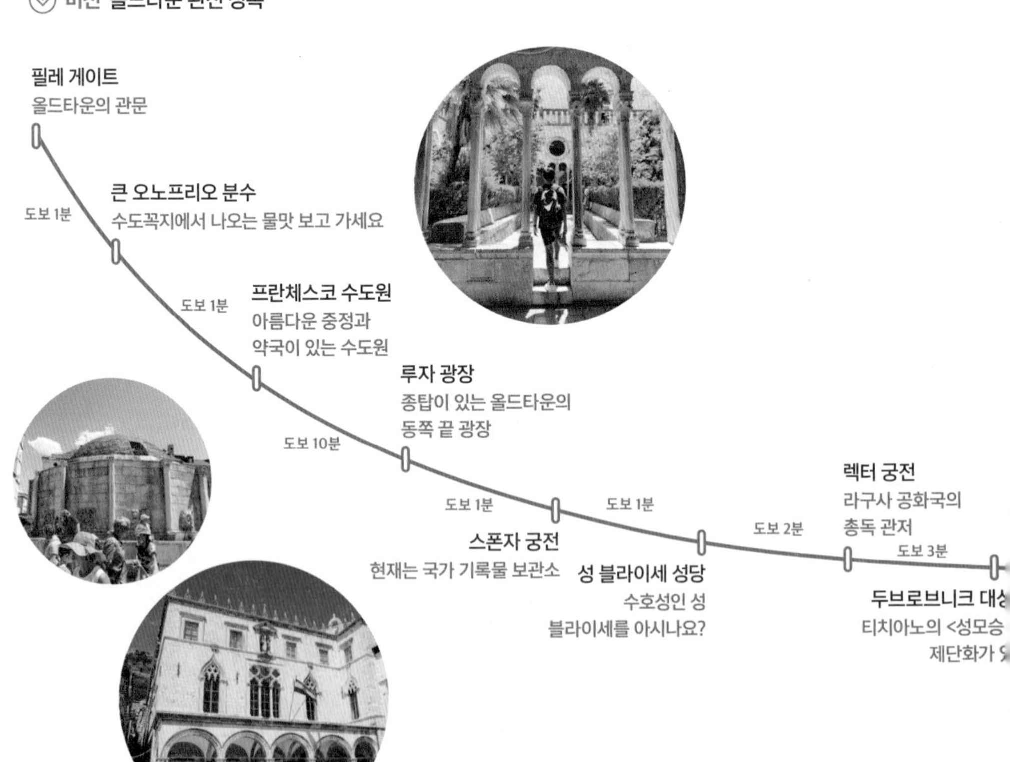

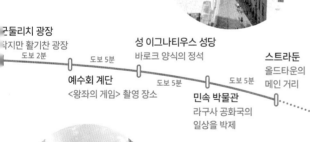

Day 2

예상 소요 시간 6~8시간

미션 성벽 걷기

군둘리치 광장
작지만 활기찬 광장

도보 2분

예수회 계단
<왕좌의 게임> 촬영 장소

도보 5분

성 이그나티우스 성당
바로크 양식의 정석

도보 5분

민속 박물관
라구사 공화국의 일상을 박제

도보 5분

스트라둔
올드타운의 메인 거리

성벽 걷기
필레 게이트 옆 입구에서 시작

성벽 한 바퀴 완주에 도보 2시간

젤라테리아 두브로브니크
완주를 축하하며 스트라둔 거리에서 젤라또 맛보기

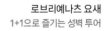

도보 15분

로브리예나츠 요새
1+1으로 즐기는 성벽 투어

Day 3

예상 소요 시간 6~8시간

미션 오전에는 슐리치 비치에서 해수욕 하기, 오후에는 스르지산 정상에서 노을 보기

슐리츠 비치
아드리아해에 온몸을 풍덩

도보 20분 or 택시 10분

케이블카 승강장
도로변에 있어요

케이블카로 10분

스르지산 정상
이보다 더 멋질 수는 없다!

도보 3분

파노라마 레스토랑
평생 기억에 남을 식사를 원한다면

도보 30~40분
or 케이블카+도보 30분

부자 게이트
올드타운의 북쪽 관문

Day
4

예상 소요 시간 4~6시간

미션 로크룸 섬에서 반나절 피크닉 도전

올드 포트
이곳에서 로크룸 섬 페리 출발

페리 10분

로크룸 섬
공작새가 반겨주는 아름다운 무인도

페리 10분+도보 10분

해양 박물관
두브로브니크의 바다 역사

도보 10분

포르포렐라 방파제
바다멍과 일몰 명소

올드타운
OLD TOWN

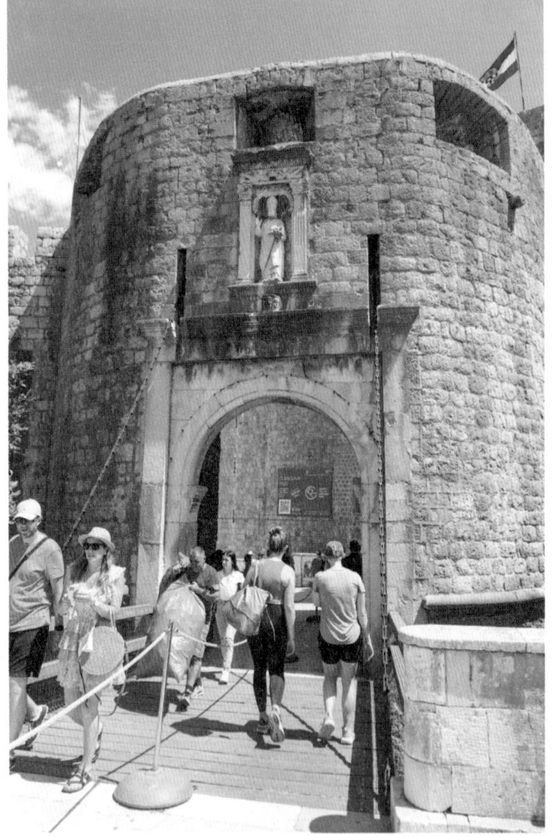

이 문을 지나면 올드타운 ······ ①

필레 게이트 Pile Gate

성벽의 서쪽 입구로, 이 문을 지나면 성벽으로 둘러싸인 올드타운에 들어서게 된다. 대부분의 버스와 택시들이 승하차하는 곳이고, 대부분의 여행자가 거쳐 가는 곳이다. 이중으로 설계된 필레 게이트의 바깥쪽은 작은 다리로 연결되는데, 다리 아래는 적의 침입을 막기 위한 해자였고, 다리는 개폐가 가능한 도개교였다고 한다. 수문장이 성을 지키던 당시의 모습을 상상하면 약간의 비장함이 느껴지지만, 현실은 어깨를 스치는 관광객들로 북새통이다. 도개교 쪽 게이트 위에는 두브로브니크의 수호성인 성 블라이세의 조각이 자리하고 있는데, 크로아티아의 국가대표 조각가 이반 메슈트로비치의 작품이다. 성벽 안쪽으로 난 게이트를 지나면 바로 올드타운의 메인 스트리트인 스트라둔 대로가 나타난다. 필레 게이트 반대쪽에는 동문에 해당하는 플로체 게이트가 있고, 두 게이트 사이에는 부자 게이트(북문)가 있다. 이렇게 3개의 문으로 둘러싸인 올드타운은 난공불락의 요새로 500년이 넘는 세월을 견뎌냈다.

🚶 관광안내소에서 도보 1분

📍 Dubrovačke Gradske Zidine

올드타운의 메인 스트리트 ②

스트라둔(플라차) Stradun(Placa)

필레 게이트를 통과하면 바로 일직선으로 펼쳐지는 스트라둔. 300m 남짓 거리이지만, 올드타운의 동서를 관통하는 메인 스트리트다. 이탈리아 통치 기간에는 '거리'라는 의미의 '스트라둔'이라 불렸지만, 현지인들은 여전히 '플라차'라는 이름으로 부른다. 얼마나 많은 사람들이 오갔는지, 바닥은 반질반질 대리석처럼 닳아 햇살에 반짝인다. 원래 11세기의 스트라둔은 지금처럼 거리가 아닌 얕은 바다가 지나는 운하였다고 한다. 운하의 북쪽에는 남슬라브인들이, 남쪽에는 로마인의 후예들이 살았는데, 운하를 메꿔 하나의 라구사 민족이 되었다. 처음 스트라둔이 생겼던 당시에는 길 양옆에 화려한 궁전들이 즐비했지만, 현재는 카페, 기념품숍, 여행사들이 자리를 차지하고 있다.

🚶 필레 게이트 안쪽 문을 통과하면 바로

지금도 식수가 나오는 ③

큰 오노프리오 분수
Velika Onofrijeva Fontana

필레 게이트를 통과하자마자, 스트라둔의 초입에서 처음 만나는 조형물. 이 분수는 15세기에 두브로브니크의 상수도 시스템을 만든 오노프리오 델라카바의 이름을 따서 지어졌다. 분수의 물은 두브로브니크에서 11.7km 떨어진 슈메트 마을에서 끌어 왔으며, 오늘날에도 이 분수에서는 식수가 나오고 있다. 커다란 원통의 16면에 16개의 표정을 가진 조각상이 붙어 있고, 바로 그 조각의 입을 통해 물을 받아먹어야 하지만 물맛은 꽤 괜찮다. 맞은편 루자 광장에 작은 오노프리오 분수도 있다.

🚶 필레 게이트에서 도보 1분 📍 Poljana Paska Miličevića

아름다운 회랑이 있는 ······ ④

프란체스코 수도원 & 박물관

Franjevački Samostan i Crkva / Franciscan Monastery & Museum

원래는 성곽 바깥에 있던 프란체스코 수도원이 성 안쪽으로 옮겨온 것은 14세기 초의 일이다. 중세의 잦은 전쟁에 수도원은 적들의 빈번한 공격 표적이 되었으며, 나아가 피난처이자 요새가 될 위험이 있었기 때문이다. 이렇게 옮겨온 수도원이지만 1667년 두브로브니크를 삼킨 대지진을 피해가지는 못했다. 현재의 모습은 지진 이후 새롭게 재건된 것인데, 원래의 아름다움을 최대한 복원했다고 한다.

수도원의 출입구는 큰 오노프리오 분수 맞은편 좁은 골목 안에 있어서 그냥 지나치기 쉽다. 하지만 일단 내부로 들어서면 넓고 아름다운 모습에 눈이 휘둥그레질 지경이다. 특히 유려한 아치와 섬세한 조각들이 어우러진 수도원 회랑은 수도원 건축의 백미로 꼽힌다. 60개의 기둥들에는 로마네스크 양식의 동물 조각들이 새겨져 있고, 회랑에 둘러싸인 안뜰과 첨탑은 엄숙하면서도 친근한 조화를 보여준다. 수도원 내부에는 르네상스 스타일의 홀과 음악기록보관소, 도서관, 그리고 다양한 금은 세공품을 전시한 박물관이 함께 있다. 건물 초입에는 오래된 약국이 있는데, 약국까지는 무료 입장할 수 있다.

🚶 필레 게이트에서 도보 1분, 큰 오노프리오 분수 맞은편
📍 Stradun 30 🕘 9:00~18:00(여름), 9:00~14:00(겨울)
€ 박물관 입장료 €6(*두브로브니크 패스 소지자는 무료)
📞 020-641-110 🏠 www.malabraca.com/muzej

유럽에서 세 번째로 오래된, 말라 브라차 약국

프란체스코 수도원의 입구에 들어서면 좌측에 작은 출입문이 보인다. 유리창을 통해 보이는 풍경은 얼핏 연구소나 사무실 같아 보이지만, 이곳이 바로 1317년에 설립한 유럽에서 세 번째로 오래된 약국이다. 문을 열고 들어가면 하얀 가운을 입은 약사가 여전히 약을 팔고 있다. 프란체스코 수도사들의 오래된 조제 방식에 따라 허브와 정제된 오일을 사용해 만든 것들로, 피부질환 치료 목적의 약과 크림, 천연 화장품 등이 주를 이룬다. 특히 크로아티아 대표 기념품으로 꼽히는 장미크림과 장미수는 바로 이곳 제품이 오리지널이다! 합리적인 가격에 패키지까지 예뻐서 선물용으로 인기가 많다.

말라 브라차 Mala Braca **약국**
📍 Dubrovačke Gradske Zidine, Stradun 32
🕘 월~금요일 7:00~19:00, 토요일 7:00~15:00
⊗ 일요일

두브로브니크를 만나는 가장 완벽한 방법

올드타운 성벽 투어

두브로브니크 성벽 투어

🕓 10:00~17:00(4월1일~6월30일), 8:00~19:30(7월1일~7월31일), 8:00~19:00(8월1일~8월31일), 8:00~18:30(9월1일~9월14일), 8:00~18:00(9월14일~9월30일), 8:00~17:30(10월1일~10월31일), 9:00~15:00(11월1일~3월31일)

✖ 12월 25일

€ 올드타운 성벽 + 로브리예나츠 요새 어른 €35, 17세 미만 €15(*두브로브니크 패스 소지자 무료)

📞 020-638-800

🏠 www.wallsofdubrovnik.com

크로아티아는 외세의 침입이 많았던 나라다. 아름다운 바다를 지닌 지정학적 이점은 그 바다를 통해 들어오는 적의 침입 또한 막아내야 하는 숙명으로 작용했다. 그래서 스플리트나 트로기르 같은 달마티아의 도시들은 모두 성곽으로 도시를 둘러싸고, 오늘날 그 자산이 올드타운으로 남아 관광자원이 된 것이다. 두브로브니크는 그런 역사적 배경의 정점에 있는 도시다.

도대체 얼마나 많은 침입이 있었으면 이토록 길고 높은 성벽을 쌓았을까. 14~16세기에 걸쳐 바다를 접하는 면은 첩첩으로 쌓아 난공불락의 요새를 완성했고, 사람들은 성벽 안에서 비로소 평화로운 삶을 영위할 수 있었다. 14세기에 만든 **필레 게이트(서문)**와 **플로체 게이트(동문)**, 그리고 1908년에 만든 **부자 게이트(북문)**를 통해 거주민들이 드나들었고, 수문장은 매일 성문을 열고 닫으며 도시를 지켜냈다.

이렇게 지켜낸 성벽은 유럽에서 가장 잘 보존된 방어체계 중 하나로 손꼽히며, 오늘날까지 총 2㎞(정확히는 1940m)의 길이에 5개의 보루와 16개의 탑, 그리고 여러 성루들이 남아있다.

성벽 투어=나홀로 성벽 걷기

성벽 투어라고 해서 가이드의 깃발 아래 여러 명이 일사분란하게 움직이는 투어를 상상했다면, 큰 오산이다(물론, 가이드투어 상품도 있다). 일반적인 의미의 두브로브니크 성벽 투어는 개인이 내 맘대로 시간에, 나만의 속도로, 성벽의 상단 부분을 걷는 것을 말한다. 내리쬐는 태양빛을 피할 그늘도 없고, 다음 입구가 나오기까지는 다른 길로 샐 수도 없다.

서쪽의 **필레 게이트 옆**(오노프리오 분수 맞은 편), 동쪽의 **성 루크 성당 옆**(도미니크 성당 맞은편), 그리고 **성 요한 보루의 해양박물관 옆**, 이 세 곳의 입구를 통해 성벽으로 올라갈 수 있다.

성벽 위를 걷다보면 모서리마다 높이 솟은 보루들과 마주치게 된다. 민체타, 보카르, 성 요한 보루는 성벽의 구조를 이루는 필수적인 부분이며, 나머지 서쪽의 로브리예나츠 보루, 동쪽의 레벨린 보루는 성벽과 분리되어 올드타운의 방어체계를 완성한다.

감시탑=전망대

성벽에서 가장 높은 감시탑인 **①민체타 보루**Fortress Minčeta는 북쪽에서 쳐들어오는 적으로부터 도시를 지키는 두브로브니크 수비의 상징이다. 타워처럼 높이 솟은 보루의 끝까지 계단을 따라 올라가면, 꼭대기에 크로아티아 국기가 게양되어 있다.

남서쪽의 **②보카르 보루**Fortress Bokar는 작은 만을 사이에 두고 로브리예나츠 요새와 마주 보고 있다. 로브리예나츠 요새는 올드타운 서편의 작은 항구와 성벽 주변의 해자, 그리고 필레 게이트의 방어를 목적으로 16세기에 건설되었다.

1346년, 방파제 위에 지어진 **③성 요한 보루**St John's Fortress는 사각의 형태가 있는 최초의 보루로, 남동쪽으로부터 올드포트를 방어하기 위해 세워졌다. 밤에 몰래 침입자가 들어오는 것을 방지하기 위해 입구 쪽에 쇠사슬이 설치되었는데 보루 내부의 윈치로만 통제할 수 있었다. 현재는 1층에 아쿠아리움이 있고, 2, 3층에는 해양박물관이 있다.

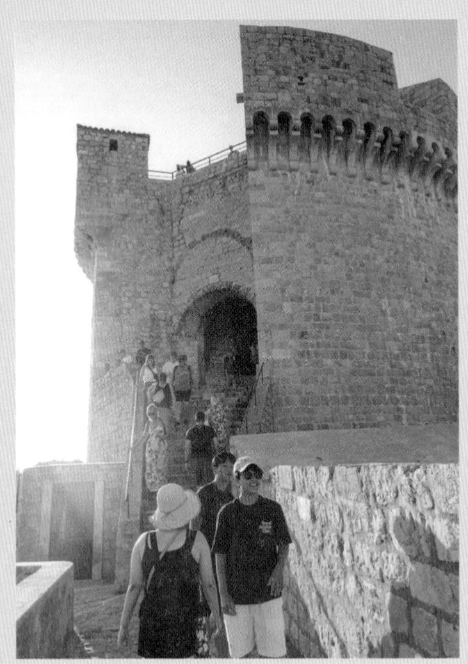

성벽을 한 바퀴 완주하는 데는 평균 2시간 정도가 걸린다. 생각보다 계단도 많고, 오르락 내리락도 심심찮게 이어져 마냥 쉬운 코스는 아니다. 그럼에도 불구하고 포기할 수 없는 성벽 투어의 백미는 성벽 밖의 파란 아드리아해와 성벽 안의 붉은색 지붕들이 하나의 프레임에 들어온다는 것. 살다가 이런 풍경을 또 만날 수 있을까, 보고도 믿기지 않는 풍경의 연속이다.

성벽 투어 전 꼭 읽어볼 것!

① 사정없이 내리쬐는 햇빛과 넘쳐나는 인파를 피하려면 아침 일찍(오전 8시~9시) 혹은 오후 늦은 시간을 선택하자.

② 3군데 입구에서 출발할 수 있지만, 대부분 필레 게이트에서 출발해서 시계 반대방향으로 걷는다. 대세에는 이유가 있다. 웬만하면 따라 하자.

③ 성벽 중간에 응급처치 요원이 앉아 있다. 너무 힘들면 도움을 요청하자.

④ 성벽을 걷다 보면 씨뷰가 멋진 곳에 이르러 아이스크림 가게와 카페가 나타난다. 음료로 목도 축이고, 화장실도 이용하자.

⑤ 3군데 입구에는 각각 티켓 검사 부스가 있다. 필레 게이트에서 보여줬어도 플로체 게이트에서 다시 보여줘야 하니, 티켓은 반드시 소지하자.

⑥ 성벽 입장료에는 로브리예나츠 요새 입장료도 포함되므로, 놓치지 말고 방문 하자.

⑦ 편한 복장과 운동화, 챙이 넓은 모자, 생수, 썬블록은 필수! 나머지 짐은 줄이고 최대한 가볍게 출발하자.

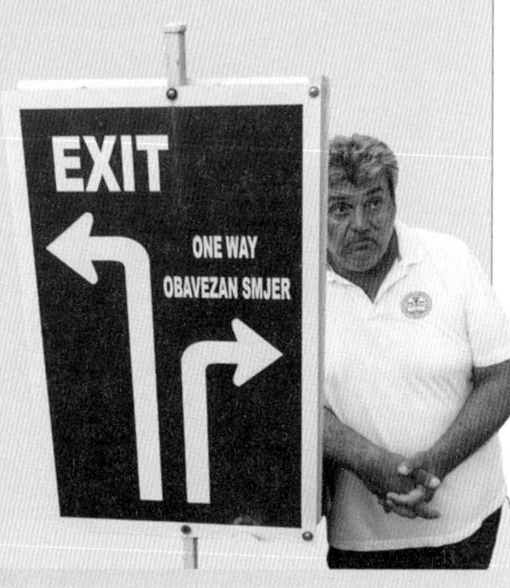

중세 도시의 콘트롤타워 ······ ⑤

루자 광장 Luza Square

스트라둔의 동쪽 끝 광장에는 두브로브니크 공화국 의회의 소집을 알리는 종탑인 '루자'가 있다. 루자의 종을 쳐서 정부 의회의 시작을 알리기도 했고, 도시에 위험상황이 발생했을 때에도 종을 쳐서 주민들에게 알렸다. 1463년에 처음 만들어진 루자는 1952년에 재건축 되었는데, 바로 이 루자에서 이름을 따 이 일대를 루자 광장이라 부른다. 광장 가운데 올란도 기둥을 중심으로 스폰자 궁전, 성 블라이세 성당 같은 주요 명소들이 모여 있다.

🚶 스트라둔의 동쪽 끝에 위치

종탑 Clock Tower of Dubrovnik

루자 광장에는 두 가지 상징물이 있다. 그중 가장 눈에 띄는 것은 31m 높이의 종탑. 1444년에 처음 생겼지만 오늘날과 같은 모습을 갖게 된 건 1509년경의 일이다. 당시 유명 주물공이 종탑 안에 큰 종과 두 개의 청동 군인상을 주조해 설치했다. 바로Baro와 마로Maro라는 별명을 가진 이 군인상은 두브로브니크 그린맨으로 불렸다. 그린맨의 임무는 매 시간에 종을 쳐서 시간을 알리는 것. 매시 정각에는 세 번, 매시 30분에는 한 번씩의 종을 울려 주민들이 시간을 알 수 있었다고 한다. 오늘도 열일 하고 있는 시계탑 그린맨들을 찾아보자.

올란도 기둥
Orlandov Stup / Orlando's Column

종탑과 함께 광장을 지키는 주인공. 고딕 양식으로 조각된 중세 기사가 검을 들고 있다. 구불거리는 머리카락과 옅은 미소를 가진 이 조각상은 유럽의 올란도(왕을 구하고 전사한 프랑스의 전설적인 기사. '롤랑'이라고도 함) 동상 중 가장 잘생긴 동상으로도 알려져 있다. 중세 시대 두브로브니크는 도시의 모토를 '리베르타스(자유)'로 하고, 그 상징으로 1418년 루자 광장에 올란도 기둥을 세웠다. 기둥의 역할은 국기 게양대. 올란도 기둥은 국가의 상징과 같아서, 한때는 두브로브니크 공화국 깃발이, 그리고 지금은 크로아티아 국기가 게양되어 있다. 두브로브니크 여름 축제 기간에는 자유를 상징하는 리베르타스 깃발로 장식된다. (*안타깝게도 현재는 기둥의 균열을 보수하는 공사 중으로, 케이지를 통해서만 잘생긴 얼굴을 볼 수 있다.)

작은 오노프리오 분수
Mala Onofrijeva Fontana / Small Onofrio's Fountain

스트라둔의 서쪽 끝에는 큰 오노프리오 분수가, 동쪽 끝에는 작은 오노프리오 분수가 있다. 크기는 작지만, 짜임새로 보자면 작은 분수 쪽이 더 섬세하다. 분수대 인근은 두브로브니크 여름 음악 축제의 무대이고, 분수 옆에 있는 동상은 르네상스 시기 라구사 공화국의 가장 위대한 작가 중 한 명으로 손꼽히는 마린 드르지치Marin Drzic(1508~1567년)의 동상이다. 동상의 코과 무릎 부분만 황금색으로 빛나는데, 이는 동네 아이들이 동상의 무릎 위에 앉아서 손을 뻗을 수 있는 높이인 코를 만지며 놀다 보니 그리되었다고 한다. 코를 문지른다고 행운이 오는 건 아닌 걸로.

🚶 스트라둔의 서쪽 끝에 위치 📍 Ul. Pred Dvorom

한때는 세관 건물, 현재는 기록물보관소 ⑥

스폰자 궁전 Palača Sponza / Sponza Palace

16세기에 지어진 고딕 르네상스 양식의 궁전 건물. 고딕에서 르네상스로 넘어가는 전환기의 양식을 보여주는 좋은 예로, 대지진에 살아남은 몇 안 되는 건물 중 하나다. 라구사 공화국 시절에는 세무 공관으로 사용되면서 '디보나(Divona 세관)'라 불리기도 했다. 1022년부터 현재까지 두브로브니크 시의 기록보관소로 사용되고 있는데, 12세기부터 라구사 공화국의 마지막이 기록된 문서가 모두 보관되어 있어서 크로아티아로서는 매우 중요한 기관이다. 그러나 여행자 입장에서는 아름다운 중정과 아치형으로 대칭을 이루는 기둥 외에는 크게 인상에 남는 장소는 아니다. 두브로브니크 패스에 포함되지 않아서 따로 입장료를 지불해야 내부를 볼 수 있다.

🚶 스트라둔의 동쪽 끝, 루자 광장에 위치
📍 Stradun 2
🕒 8:00~19:00
📞 020-321-031
🏠 www.wallsofdubrovnik.com

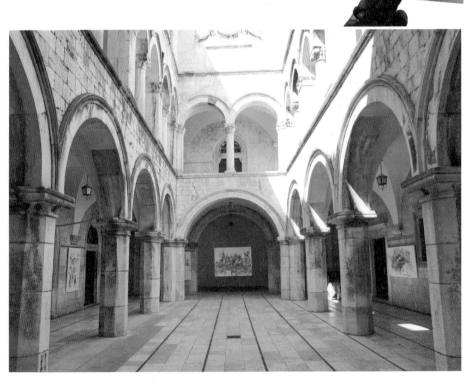

두브로브니크 시민들이 가장 사랑하는 ······ ⑦

성 블라이세 성당 Crkva sv. Vlaho / St. Blaise Church

성당이 처음 지어졌던 1368년 당시에는 로마네스크와 고딕 양식의 건물이었으나, 대지진과 화재로 심하게 훼손된 후 1717년에 재건되었다. 재건축의 설계를 맡았던 거장 마리노 그로펠리는 베네치아의 성 모리셔스 성당을 본 따, 당시 유행했던 바로크 양식의 성당을 완성했다.

수호성인 블라이세에게 봉헌된 성당 외부 정면에는 성 블라이세의 동상이 찬란하게 자리하고 있다. 금빛 주교관을 쓰고 금빛 주교봉을 든 동상은 화재와 지진에도 기적적으로 살아남아 두브로브니크의 보물로 여겨진다. 특히 그의 왼손에 들린 올드타운의 모형은 1667년 대지진 이전의 모습을 간직하고 있어서 도시 재건의 고증 자료로 쓰일 만큼 소중한 유물이다. 성당 내부에는 화재에 살아남아 금박된 성 블라이세의 조각상과 함께 여러 흔적들이 남아 성인에 대한 두브로브니크 시민들의 자부심을 엿볼 수 있다.

개인적으로는 제단 아래 놓인 순교 성인의 유해가 더 눈길을 끌었는데, 놀랍게도 4세기에 순교한 성인 실반 마르티르St. Silvan Martyr의 유해라고 한다. 무려 1600년 동안 부패되지 않은 성인의 모습이 마치 밀랍인형처럼 보인다.

🚶 스폰자 궁전 맞은편
📍 Rkt. crkva sv. Vlaha, Luža ul. 2
📞 020-323-389

두브로브니크를 지키는 수호성인, 성 블라이세

성 블라이세를 이해하지 못하면 두브로브니크를 온전히 이해하기 어렵다. 필레 문과 플로체 문 위, 로브리예나츠 요새 벽, 그리고 성당과 주요 건물의 꼭대기까지 곳곳에서 그의 조각상이 보이기 때문이다. 이토록 자주 등장하는 이분이 누구시길래?

아르메니아 태생의 블라이세는 로마 제국의 기독교 박해로 316년경 순교한 주교로 기록되어 있다. 문제는 4세기에 순교한 주교가 무려 600년이 지난 10세기에 두브로브니크의 한 신부의 꿈에 나타나 베네치아의 공격 계획을 알려줬다는 것. 성 블라이세의 예언 덕분에 도시를 안전하게 지킬 수 있었던 두브로브니크 사람들은 성 블라이세를 도시를 지키는 수호성인으로 추앙하게 되었다. 지극한 블라이세 사랑의 결과 그의 모습은 올드타운 곳곳에 현존하며, 라구사 공화국 시절 화폐에도 등장했고, 현재도 매년 2월 3일(두브로브 시의 날이기도 하다)에 성 블라이세 축제가 열린다.

아름답고 화려한 총독 관저 ······ ⑧

렉터 궁전 Kulturno-Povijesni Muzej u Kneževu Dvoru / Ractor's Palace

루자 광장에서 남쪽으로 발길을 옮기면 왼쪽에 웅장한 자태의 렉터 궁전이 나온다. 두 개의 분수를 만든 도시 건축가 오노프리오가 설계한 건물로, 후기 고딕 양식으로 1435년에 완공되었다. 15세기에 르네상스 양식으로 보수되었고, 1667년 대지진 후에는 바로크 양식으로 재건되었다. 그러다 보니 한 건물에서 고딕과 르네상스, 바로크 양식을 동시에 볼 수 있는 건축 교과서와 같은 모습이다. 렉터는 '의장'을 뜻하는 말로, 렉터 궁전은 라구사 공화국 시절 총독관저가 있던 자리다. 흥미로운 점은, 당시의 총독은 귀족 중 50세 이상 중 한 명이 1개월씩 돌아가며 선출되었는데, 임기 1개월 동안 렉터 궁전 밖으로 나오지 못하고 오로지 직무에만 집중했다고 한다.
궁전 내부로 들어가면 총독 관저답게 멋진 모습이 펼쳐진다. 뻥 뚫린 중정은 화려한 계단을 통해 2층의 발코니로 연결되는데, 이곳에서 매년 여름 축제의 클래식 공연이 펼쳐진다. 발코니를 따라 들어가면 총독의 직무실과 박물관이 나온다. 라구사 공화국의 지도와 의상, 무기, 가구, 동전 등 다양한 유물들이 전시되어 있고, 아치형의 창문을 통해 맞은편의 대성당과 올드타운 골목길이 보인다. 두브로브니크 패스로 무료 이용할 수 있으니, 반드시 2층까지 둘러보자.

🚶 루자 광장에서 스폰자 궁전을 등지고 도보 3분
📍 Ul. Pred Dvorom 3
🕘 9:00~18:00
€ 어른 €15, 학생 €8 (*두브로브니크 패스 소지자 무료)
📞 020-321-452

티치아노의 '성모승천' 제단화가 있는 ⑨

두브로브니크 대성당(성모승천 대성당)

Katedrala Uznesenja Blažene Djevice Marije

전설에 의하면, 1190년경 3차 십자군전쟁을 끝내고 돌아가던 사자왕 리처드 1세가 폭풍우를 만나 표류했는데, 이때 자신을 구조해 준 두브로브니크 사람들에 대한 감사의 의미로 이 성당을 지었다고 한다. 그러나 성당 보수 공사 중 발견된 현실의 기록에 의하면 그보다 훨씬 이전인 5~6세기경에 이미 이 성당이 존재했으며, 도시공동체의 주축이었음이 밝혀졌다.

현실의 두브로브니크 대성당은 성모 마리아에게 헌납된 성당으로, 성모승천 대성당이라고도 불린다. 성당 내부의 제단에는 티치아노의 1552년 작, '성모승천' 다폭 제단화가 걸려 있고, 이외에도 많은 회화 작품과 보물급의 유물들이 성당 곳곳에 보관되어 있다. 대지진에 크게 훼손되었으나 이후 웅장한 바로크 양식으로 재건되어 현재에 이르렀다.

렉터 궁전 맞은편 · Ul. kneza Damjana Jude 1
8:00~19:00 · 020-323-459
www.katedraladubrovnik.hr

올드타운 장터 ⑩

군둘리치 광장 Gundulić Square

루자 광장에서 도보 7분,
성 블라이세 성당 뒤편

성 블라이세 성당 뒤편으로 가면 아담하고 흥겨운 군둘리치 광장이 나온다. 광장의 가운데에 있는 동상의 주인공은 16세기 두브로브니크 출신의 시인 이반 군둘리치Ivan Gundulić. 동상과 함께 광장을 지키는 아멜링 분수Amerling Fountain는 대지진과 전쟁에 훼손되고 재건되기를 반복하며 현재의 모습이 되었다. 루자 광장이 관공서가 있는 공공의 광장이라면, 군둘리치는 서민들의 삶이 있는 시장과 같은 곳이다. 지금도 이곳에서는 매일 야외 시장(7:00~14:00)이 열리는데, 근처 마을의 농부들이 직접 기른 농작물을 아침마다 들고 나와 판매하고 있다. 광장을 둘러싸고 레스토랑과 콘줌 슈퍼마켓이 있어서 물을 사거나 잠깐 쉬어가기 좋다.

스페인 계단 혹은 수치의 계단 ······ ⑪

예수회 계단 Jesuit Stairs

군둘리치 광장의 남쪽 끝에는 시선을 압도하는 바로크 양식의 계단이 기다린다. 1738년, 로마의 건축가 피에트로 파싸라쿠아Pietro Passalacqua가 설계한 이 계단은 로마의 성삼위일체 성당으로 들어가는 유명한 '스페인 계단'을 연상시킨다. 그런데 최근에는 원래 이름보다 '수치의 계단Walk of Shame'이라는 호칭으로 더 유명하다. TV 시리즈 <왕좌의 게임>에서 여황제 서세이가 알몸으로 걷는 장면을 촬영한 장소이기 때문. 가끔은 이 드라마를 본 여행자들이 "shame, shame"을 외치며 사진을 찍는 진풍경이 연출되기도 한다. 가파른 계단을 다 오르면 마치 선물처럼 성 이그나티우스 교회가 나타난다.

🚶 군둘리치 광장과 성 이그나티우스 교회 사이에 위치

📍 Ul. Josipa Jurja Strossmayera 2

바로크 양식의 성당과 신학교 ······ ⑫

성 이그나티우스 교회

Crkva sv. Ignacija / Church of St. Ignatius

🚶 군둘리치 광장에서 예수회 계단을 따라 오른다
📍 Poljana Ruđera Boškovića 7
📞 020-323-500
🏠 www.isusovcidubrovnik.com

성 이그나티우스 교회는 유명 교회 건축가 이그나치오 포초Ignazio Pozzo가 설계하여 1725년에 완공한 예수회 교회다. 교회의 내부에는 예수회의 창립자 성 이그나티우스의 일생을 그린 바로크 양식의 프레스코화가 장식되어 있다. 절제된 장식과 굵은 선을 강조하는 바로크 양식의 교회 외벽 옆에는 예수회 신학교가 있고, 건물 앞에는 작은 보스코비치 광장이 자리하고 있다. 바로크 양식의 계단을 내려가면 군둘리치 광장 쪽으로 내려갈 수 있다.

잘 보존된 현실의 삶 ······ ⑬

'루페' 민속학 박물관

Etnografski Muzej u Žitnici 'Rupe' / 'Rupe' Ethnographic Museum

민속학 박물관의 이름 앞에 붙은 '루페Rupe'라는 명칭은 암반이나 석회암을 깎아 만든 지하 곡물 저장소를 뜻한다. 실제 이 건물은 15개의 저장 구덩이와 건조 공간이 있는 곡물창고였다고 한다. 유래를 알고 보면 조금은 독특한 3층 건물의 형태와 동선이 이해가 된다.
1층 전시장에는 전통 곡물 저장 방식을 그대로 재현해 두었고, 2층과 3층에서 전통 가구와 농기구, 농촌 건축물 등이 전시되어 있다. 전시품 중 특히 크로아티아와 주변 국가들의 전통 의상 컬렉션이 눈에 띄는데, 이때부터 발달된 직물 수공예가 오늘날 크로아티아 레이스의 기반이 되었다. 2, 3층 전시실에서 내려올 때는 계단의 창문을 주목하자. 올드 타운의 주황색 지붕들이 옹기종기 어우러진 풍경이 색다른 인생샷을 부른다.

🚶 필레 게이트에서 서쪽 성벽 방면으로 도보 10분
📍 Ul. od Rupa 3 📞 9:00~18:00 ⊗ 화요일
€ 어른 €8, 학생 €5 (*두브로브니크 패스 소지자는 무료)
📞 020-323-056
🏠 www.dumus.hr/en/ethnographic-museum

옛 정취를 간직한 포구 ⑭

올드 포트 Stara Luka / The Old Port of Dubrovnik

🚶 올드타운의 남동쪽, 폰타 게이트 바깥에 위치

📍 Ul. kneza Damjana Jude 2

한때 상인과 선원들로 북새통을 이루었을 항구. 이 항구를 통해 해상 무역이 이루어졌고, 물자와 사람들이 드나들었다. 지중해에서 가장 강력한 해상 국가였던 라구사 공화국의 영광을 뒤로 한 채, 오늘날은 로크룸 섬으로 향하는 보트와 개인 요트, 유람선 등이 오가는 작은 항구의 모습이다. 대성당 맞은편의 폰테 게이트를 나서면 그림 같은 바다 풍경이 펼쳐지고, 성곽 외벽을 따라 옛 시절의 정취를 간직한 해안산책로가 이어진다. 좌우 두 개의 방파제가 있어서 웬만한 바람이나 파도는 다 막아낸다. 로크룸 섬으로 가는 보트들도 이곳에 정박해 승객들을 기다린다.

생각보다 알찬 해양 역사관 ⑮

해양 박물관 Pomorski Muzej / Maritime Museum

두브로브니크의 해양 역사를 볼 수 있는 곳. 당시 사용했던 배의 모형과 각종 수출품들이 전시되어 있다. 올드타운 남동쪽 성벽과 붙어 있어서 얼핏 지나치기 쉽지만, 박물관 외부에 설치된 돛과 닻 등을 따라가면 입구가 나온다. 전시장 내부에는 시대별 선박과 무역품, 어촌 마을의 생활용품 등 꽤 광범위한 전시품과 해상 체험 공간이 마련되어 있다. 두브로브니크 패스가 있다면 성벽 투어 도중에 잠시 들르기 좋다.

🚶 올드 포트에서 도보 5분, 성 요한 보루 내부에 위치

📍 Dubrovačke Gradske Zidine, Ul. kneza Damjana Jude 12

🕓 목~화요일 9:00~18:00

⊗ 수요일

€ 어른 €10, 학생 €7(*두브로브니크 패스 소지자는 무료)

📞 020-323-904

🏠 www.dumus.hr/en/maritime-museum

빨간 등대가 있는 히든 플레이스 ······ ⑯

포르포렐라 방파제 Porporela

성벽의 동쪽, 성 요한 보루에서 바다 끝까지 이어지는 해안방파제. 끄트머리에 자리한 빨간 등대가 인상적이다. 옛날부터 이곳은 연인들의 밀회 장소였고, 오늘날에도 올드타운 주민에게 인기 있는 산책로이자 바다 수영장으로 손꼽힌다. 그도 그럴 것이, 대부분의 관광객들은 이 길의 끝에 이런 멋진 곳이 있는 줄 모르고 올드 포트에서 발길을 돌리기 때문이다. 올드 포트에서 동쪽으로 난 길을 따라 끝까지 가면, 이 동네 터줏대감 고양이들과 빨간 등대, 그리고 나만의 바다가 기다린다.

🚶 올드 포트에서 도보 5분. 동쪽 끝까지 걸어갈 것
📍 Stajeva ul. 11A

중세의 고요를 만나다 ······ ⑰

성 도미니크 수도원

Dominikanski Samostan / Dominican Monastery

1225년에 설립된 성 도미니크 수도원은 두브로브니크에 현존하는 가장 오래된 수도원이다. 14세기에 도미니크회가 처음으로 이곳에 새 교회를 지었고, 15세기 초에는 수도원 건물과 회랑, 40m 높이의 종탑 등 현재의 수도원과 교회 모습을 갖추게 되었다.

수도원의 중앙을 차지하고 있는 회랑 천장에는 24명의 성인 형상이 석조 조각되어 있고, 중앙에는 16세기에 만들어진 우물이 있다. 이 우물은 당시 수도원뿐만 아니라 올드타운 전체에 3년 동안 물을 공급할 수 있을 정도의 규모였다고 한다.

이외에 수도원의 박물관에는 소장 가치 높은 예술 작품뿐만 아니라 그림, 보석, 도서 등이 보관되어 있다. 특히 이탈리아 거장 티치아노의 1550년 유화 작품 '막달라 마리아와 성 블라이세'는 놓치지 말아야 할 명작이다.

🚶 플로체 게이트 또는 부자 게이트에서 도보 2분
📍 Ul. Svetog Dominika 4
🕘 9:00~18:00 € €5 📞 020-322-200
🏠 www.dominikanci.hr/samostani/hrvatska/dubrovnik

올드타운 외곽
AROUND OLD TOWN

또 하나의 난공불락 ······ ⑱

로브리예나츠 요새 Tvrđava Lovrijenac

올드타운 성벽의 서쪽, 37m 높이의 바위 위에 자리 잡고 있는 로브리예나츠 요새. 100m 남짓 거리의 바다를 사이에 두고 올드타운 성벽 보카르 보루와 마주보고 있다. 바다에서 공격해 오는 적들로부터 올드타운을 지키고 필레 게이트를 방어하는 것이 이 요새의 임무였다. 로브리예나츠 요새에 대한 공식적인 기록은 1301년에 등장했지만, 그 이전에 이미 완공되어 올드타운 수비를 담당했던 것으로 보인다. 요새로 향하는 계단 입구에는 'Non bene pro toto libertas venditur auro : 자유는 세상의 모든 금을 주고도 살 수가 없다'라는 라틴어 문구가 새겨져 있는데, 이 때문에 두브로브니크 사람들은 이곳을 생존과 자유의 상징으로 여긴다. 자유롭기 위해서는 철통 방어가 필요했던 그 시절 사람들의 절박함이 느껴진다.

꼭대기에 오르기까지는 꽤 많은 계단을 올라야 한다. 요새가 있는 언덕까지 오르는데도 이미 다리가 풀릴 지경인데, 입장권 검사 부스를 지나고부터는 본격적인 계단이 시작된다. 그래도 꼭 올라가자. 올라갈수록 더 멀리 보이는 아드리아해의 수평선과 올드타운 성벽의 실루엣들이 세상없는 풍경으로 보답한다. 성벽 투어 티켓이 있다면 로브리예나츠 요새도 무료로 입장할 수 있으니 반드시 도전할 것!

참고로, 오늘날 로브리예나츠는 두브로브니크 여름축제의 메인 무대로, 특히 세익스피어의 햄릿 공연에 가장 적합한 무대로 알려져 있다. 많은 세계적인 명배우들이 이 무대에 올라 열연했고 앞으로도 그러할 것이다.

🚶 필레 게이트 앞 관광안내소 건물 옆 샛길로 도보 7분
📍 Ul. od Tabakarije 29
🕓 8:00~19:00
€ 성벽 투어 티켓 €35에 포함

숨 막히는 파노라마 ⑲

스르지산 전망대

Dubrovnik Vidikovac
(Srđ Hill Viewpoint)

북쪽의 산과 남쪽의 바다 사이에 샌드위치처럼 길게 형성된 두브로브니크에서는 도시 어디서든 스르지산이 보인다. 마치 병풍을 두른 것처럼 도시 북쪽을 길게 감싸고 있기 때문. 처음 이 산을 본 사람들은 민둥산처럼 바위가 드러나 있는 스르지산의 모습에 낯설 수 있지만, 이래봬도 전망대에서 보이는 낙조만큼은 유럽 최강을 자랑하는 곳이다. 해발 415m 높이의 정상까지는 택시를 타거나 케이블카를 타고 오른다.

전망대에 서면 숨 막히는 파노라마가 눈앞에 펼쳐진다. 왜 시인 바이런이 이곳을 '아드리아해의 진주'라 감탄했는지, 왜 소설가 버나드 쇼가 '천국을 만나려면 두브로브니크로 가라'고 했는지. 누구라도 단 1초면 이들의 표현에 공감하게 된다. 선명하게 보이는 올드타운 붉은 지붕의 행렬과 그 끝에 펼쳐지는 시리도록 파란 바다, 그리고 그림처럼 떠 있는 로크룸 섬과 요트들. 누가 찍어도 작품이 될 완벽한 구도 속에 나를 놓고, 마음껏 셔터를 누르자.

올라갈 때는 케이블카를 이용했다면 내려올 때는 천천히 걸어보는 것도 좋다. 단, 이때 현재는 독립전쟁 기념관으로 사용되고 있는 임페리얼 보루Fortress Imperial 쪽으로 내려와야 산책로가 나온다. 자칫 반대쪽으로 방향을 잡으면 산악 바이크가 내뿜는 먼지와 함께 엄청나게 먼 산길을 내려와야 하니 주의할 것!

케이블카 Žičara Dubrovnik / Dubrovnik Cable Car

스르지산에 케이블카가 처음 설치된 것은 1969년이었지만, 전쟁 기간에 크게 훼손된 후 2010년에 현재와 같이 복구되었다. 주홍색의 케이블카는 한 번에 20명 이상이 탈 수 있을 정도로 크고 사방이 유리로 만들어져 어느 방향에서도 전망을 볼 수 있다.

부자 게이트나 플로체 게이트에서 10분 정도 오르막을 오르면 길가에 접한 케이블카 승강장이 보인다. 성수기에는 꽤 긴 줄이 늘어서지만, 한꺼번에 탈 수 있는 인원수가 많아서 생각보다 대기시간이 길지는 않다. 정상까지는 약 4분 정도가 걸리는데, 케이블카 안에서는 바다 쪽 자리를 선점하는 것이 좋다. 고도가 높아질수록 넓어지는 시야에 감탄하는 소리와 함께 카메라 셔터 소리가 요란해진다. 성수기에는 밤 12시까지 운행하지만, 비수기에는 오후 4시면 운행이 중단되기도 하니 여행 시기에 맞춰 미리 운행시간을 확인하는 것이 좋다. 케이블카 탑승권은 승강장에서 구입해도 되고, 여행사나 관광안내소, 대부분의 키오스크에서 구입할 수 있다.

케이블카 승강장

부자 게이트에서 북쪽으로 도보 10분 · Ul. Kralja Petra Krešimira IV. 10A

9:00~24:00(비수기에는 시간이 당겨진다) · 왕복 €27, 편도 €15

020-325-393 · www.dubrovnikcablecar.com

'바위' 같이 단단한 라구사 공화국의 후예들

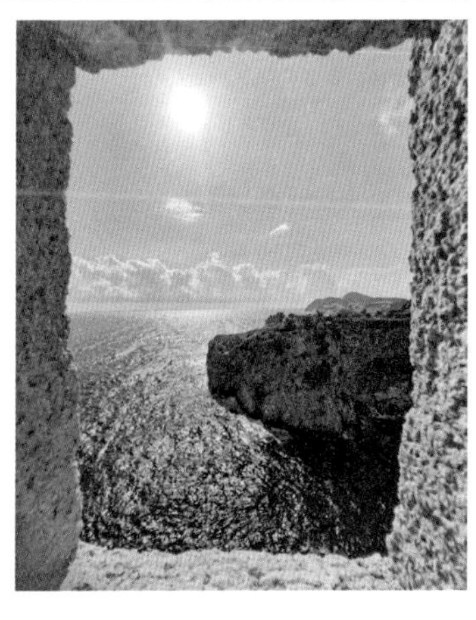

스르지산의 바위에서 온 이름일까. 두브로브니크의 옛 이름 라구사는 '바위'를 뜻하는 라틴어 'Lausa'에서 유래했다. 두브로브니크가 역사책에 등장한 최초의 시기는 7세기경. 콘스탄티누스 7세 시기의 기록에 의하면, 로마의 도시 에피다우룸(현재의 차브타트) 사람들이 이민족의 위협에 쫓겨 도망온 피난처가 바로 이곳이었다. 그들은 바위산으로 둘러싸인 영토에 공화국을 세우고 '라구사'라 명했다.

잦은 침략과 내전, 지진 속에서도 바위 같이 단단하게 자리를 지키며 스스로를 입증한 라구사 공화국의 후예들, 그리고 그들이 지켜낸 도시. '세상의 금을 다 주고도 두브로브니크와 바꾸지 않겠다'고 말한 크로아티아 시인 군둘리치의 말에 격하게 공감한다. 이곳은 눈부시게 아름다운 '아드리아해의 진주', 두브로브니크니까.

두브로브니크 간략사

- 2세기: 로마의 군사기지 카스트룸, 혹은 로마 비잔틴 제국의 위성도시였을 것으로 추정
- 7세기: 에피다우룸 피난민들이 정착. 라구사 공화국의 시작
- 1203년: 베네치아의 실질적 지배를 받게 됨. 올드타운에 고딕 양식 건축물들이 세워짐
- 1389년: 오스만튀르크의 종주권을 인정하고 공물 상납. 중계무역으로 17세기까지 전성기를 맞음
- 1667년: 대지진으로 올드타운 대부분이 파괴
- 1808년: 나폴레옹 제국군에 의한 라구사 공화국의 몰락. 오스트리아의 지배
- 1918년: 유고슬라비아 왕국의 영토로 편입
- 1991년: 유고연방에서 독립 선포
- 1995년: 유고연방에서 완전 독립 후 크로아티아에 통합

두브로브니크의 대표 해수욕장 ⑳

반예 비치 Banje Beach

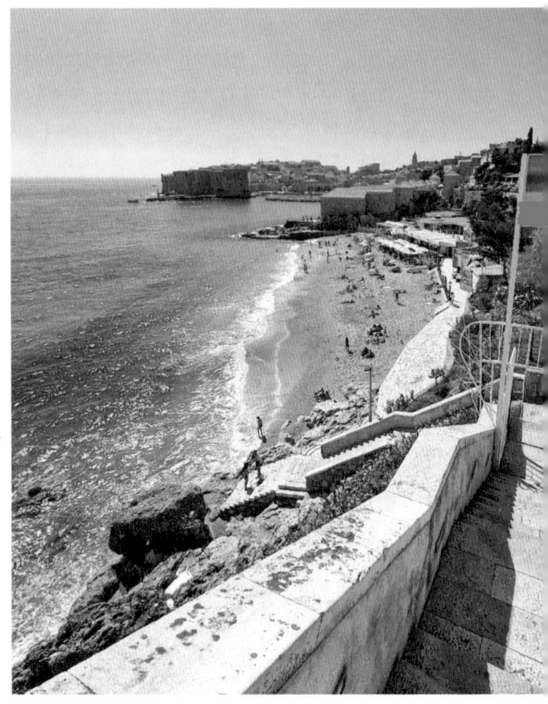

반예 비치는 누구나 손꼽는 두브로브니크 최고의 해수욕 해변이다. 넓은 해변과 비교적 자잘한 자갈돌 그리고 얕은 해변에서 깊은 바다까지, 다양한 취향을 만족키는 명불허전이다. 특히 이곳에서는 카약, 패러세일링, 바나나 보트 등 다양한 수상 스포츠도 즐길 수 있어서 젊은 여행자들에게는 천국과 같은 곳. 밤이 되면 반예 비치 클럽의 라이브 음악 소리가 해변을 울린다. 해변 입구에 거리 주차장이 있고, 샤워 시설과 레스토랑 등의 시설도 비교적 잘 갖춰져 있다. 반예 비치로 향하는 초입 도로변에는 두브로브니크 현대미술관 MOMAD(Museum of Modern Art Dubrovnik)이 있는데, 두브로브니크 패스로 무료입장할 수 있는 곳이니 패스가 있다면 놓치지 말고 방문해 보자.

🚶 올드타운 플로체 게이트에서 동남쪽으로 도보 10분(약 300m)

📍 20000, Ploče iza grada

유리알처럼 깨끗하고 사랑스러운 해변 ㉑

슐리츠 비치 Beach Šulić

현지인에게 해수욕할 수 있는 가장 가까운 비치가 어디냐고 물었다. 그렇게 알게 된 슐리츠 비치는 어떤 가이드북에도 쓰여 있지 않은 작은 비치지만, 하나둘 입소문을 타고 모여드는 히든 플레이스다. 올드타운에서 불과 10분 거리에 이런 몽돌해변이 있다는 것도 신기한데, 이곳의 물빛이 정말 장난이 아니다. 옴폭하게 들어온 작은 만은 야트막한 해변이 되었고, 바다를 향해 튀어나온 해안 바위들은 천연 다이빙대 역할을 한다. 해변으로 나가는 입구에는 조악하지만 수도 시설도 있어서 간단한 샤워 정도는 가능하다. 성수기에는 타월 깔 자리도 없을 정도로 붐비지만, 비수기에는 정말 한적하고 사랑스러운 나만의 해변이 된다.

🚶 필레 게이트 관광안내소에서 북서쪽으로 도보 7분(약 150m), 로브리예나츠 요새의 뒤편에 있다

📍 Ul. od Tabakarije 37

두브로브니크 앞 바다의 초록색 점 ······ ㉒

로크룸 섬 Otok Lokrum

성벽 위 또는 스르지산 정상에서 보면 두브로브니크에서 지척의 거리에 초록색 섬 하나가 떠있다. 붉은 지붕과 파란 바다 사이에서 존재감을 뽐내는 이 섬의 이름은 로크룸. 올드타운에 있는 두브로브니크 대성당의 전설에 등장하는 사자왕 리처드 1세가 표류하다 구조된 바로 그 섬이다.

로크룸 섬은 무척 작다. 끝에서 끝까지 세로로는 1.6㎞, 가로로는 400m 남짓의 크기. 그나마 섬의 볼거리는 선착장이 있는 포르토츠 베이Bay of Portoč에서 멀지 않은 곳에 모여 있어서 천천히 걷다보면 섬을 한 바퀴 도는 것도 어렵지 않다. '사해Mrtvo More(dead sea)'라고 불리는 작은 호수와 한때 섬 전체의 주인이었던 '베네딕트 수도원 유적지', 바위로 둘러진 해수욕장 '록스' 등을 둘러보는 데 1~2시간이 충분할 정도. 하지만 해수욕이나 망중한을 즐기려면 반나절 정도는 여유를 두는 것이 좋다.

로크룸 섬은 전체 면적의 8할 이상을 덮고 있는 녹지대 덕분에 해양 동식물이 생존하기에 거의 완벽한 생태학적 환경을 가지고 있다. 식물은 물론 156종에 달하는 조류의 천국으로, 우아한 자태의 공작새는 로크룸 섬을 대표하는 터줏대감이다.

이런 환경으로 인해 1976년에 섬 전체가 유네스코 특수삼림식물 보존구역으로 지정되었다.

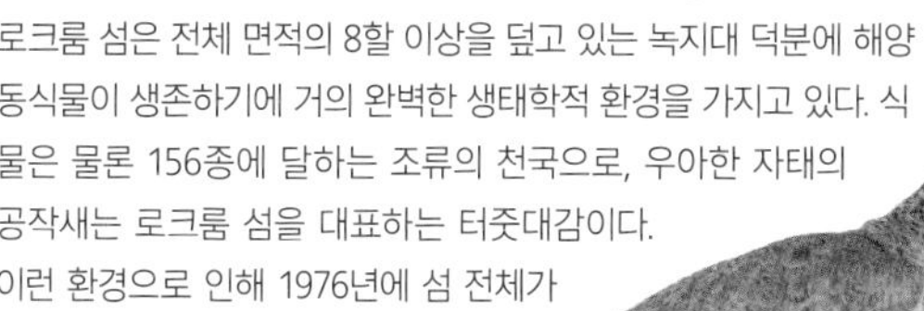

로크룸 섬으로 가는 법

30분마다 올드 포트의 북쪽 끝에서 출발하는 페리를 타고 10분이면 로크룸 섬에 도착한다. 승선권은 정박해 있는 페리에서 바로 구입하면 된다. 첫 배는 오전 9시에 출발하고 돌아오는 마지막 배는 시즌에 따라 오후 7~8시 사이에 출발한다. 섬에서 숙박이나 캠핑은 금지되어 있으니 시간에 맞춰 나와야 하고, 페리는 4월~10월까지 운영된다.

페리 티켓은 섬 입장료와 페리 왕복을 포함하는 것으로, 두브로브니크 패스 3일권은 20%, 7일권은 30% 할인받을 수 있다. 이 티켓은 3일 동안 유효하다.

Lokrum Island Ferry

Ribarnica ul. € (섬 입장+보트 왕복) 어른 €27, 18세 미만 €5 020-311-738

www.lokrum.hr

구멍을 통과하면 아드리아해의 푸른 절벽! ······ ①

부자 바 Buža Bar

도대체 어떤 사람들이 이런 곳에 영업허가를 받았을까 싶은 자리에, 그냥 의자만 놓아도 장사가 되는 분위기의 카페. 성벽 바깥쪽 절벽에 간신히 붙어 있는 것처럼 보이는 이곳은 크로아티아어로 '구멍'을 뜻하는 '부자' 카페다. 실제로 이 카페로 가기 위해서는 한 사람이 겨우 지나갈 정도의 구멍을 지나야 한다. 의식하지 않으면 그냥 지나치기 딱 좋은 구멍이지만, 일단 통과하고 나면 눈이 번쩍 뜨이는 장면이 펼쳐진다. 아드리아해의 최전방에 선 기분이랄까. 실제로 카페 난간에서 바로 바다로 뛰어드는 여행자들도 많다. 낮부터 밤늦게까지 붐비는 곳이지만, 이곳에서 마시는 레몬맥주 한 잔은 두브로브니크를 각인시키는 가장 강력한 무기다. 단, 음식 맛이나 서비스를 기대할 곳은 아니다.

성 이그나티우스 교회에서 서남쪽으로 도보 3분

Crijevićeva ul. 9 12:00~24:00 098-361-934 www.buzabar.com

두브로브니크 올드타운에서 간판 찾기?

불가능하다. 두브로브니크 올드타운에는 간판이 없기 때문이다. 대신 간판 역할을 하는 와인색 휘장과 총사초롱 모양 전기등이 있다. 올드타운 전체가 유네스코 문화유산인 두브로브니크에서는 간판들이 유물이나 경관을 훼손하지 않도록 엄격히 관리하고 있다. 그러니 골목 마다 자리한 레스토랑이나 주요 명소들을 찾으려면 골목 입구에 걸려 있는 휘장을 보면 된다. 거의 모든 상점들이 빠짐없이 순서대로 표기되어 있어서 익숙해지면 간판보다 쉽게 눈에 들어온다. 그래도 못 찾겠다면 고개를 들어 전기등 간판을 보자. 자그레브의 가스등 간판과 모양은 같지만, 두브로브니크의 청사초롱은 전기로 불을 밝힌다.

이보다 멋질 수 없는 전망 ······ ②

바드 Bard(Mala buža)

부자(구멍) 바에 대적하는 '말라 부자(작은 구멍)'. 원래 이름은 바드이지만, 워낙 작은 구멍을 통과하는 탓에 말라 부자라는 이름으로 더 많이 불린다. 부자 바와 마찬가지로 해안절벽에 자리 잡고 있지만, 부자 바 보다는 살짝 한가하고 조금 더 해수면에 가깝다. 무슨 이유인지 이곳은 임시 휴업이 잦은데, 영업을 하지 않을 때도 절벽 틈에서 일광욕을 즐기거나 절벽 다이빙 등은 가능하다. 근처 슈퍼에서 맥주를 준비한다면 나만의 바가 될 수도.

성 이그나티우스 교회에서 동남쪽으로 도보 3분
Croatia, Ul. Ispod Mira 14
020-323-406

반전 있는 메뉴 ······ ③

타지마할 올드타운 Taj Mahal Old Town

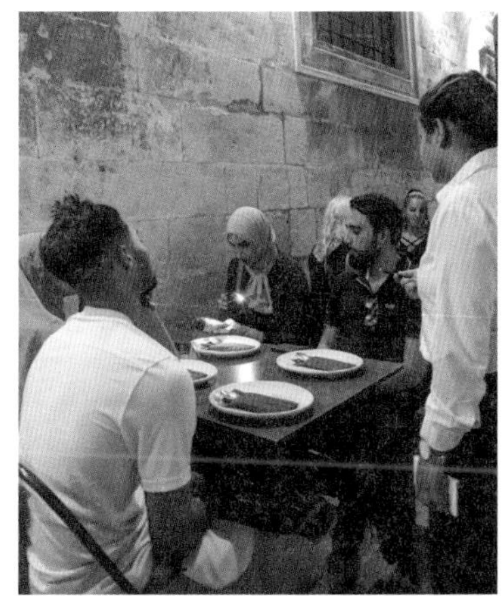

이름만 봐서는 인도 음식점으로 오해하기 딱 좋은, 그러나 뜻밖에 동유럽 음식점. 더 정확하게는 보스니아 음식점이라고 하는데, 대표 메뉴인 체바피와 고기파이 부렉 등은 크로아티아 음식으로도 자리잡고 있어서 부담 없이 맛볼 수 있다. 카이막과 고기스튜, 보스니아 전통빵 등도 고르게 맛있다. 타지마할은 여행자 뿐 아니라 현지인들에게도 최고의 맛집으로 손꼽히고, 특히 한국 사람들에게는 입맛에 맞는 메뉴가 많아 인기가 높다. 간이 조금 짜다는 평가가 있으니, 주문할 때 "레스 솔트"라고 말해 두자.

올드타운의 거의 가운데 위치. 필레 게이트에서 도보 10분
Ul. Nikole Gučetića 2 10:00~24:00
020-323-221 www.tajmahal-dubrovnik.com

집 나간 입맛을 찾아줄 ······ ④

인크레더블 인디아 Incredible India Dubrovnik

파스타와 피자에 질릴 때쯤, 입맛 돌게 할 화끈함이 필요하다면 커리와 탄두리는 어떨까. 이집은 진짜 인도 음식점이다. 믿을 수 없을 정도로 맛있지는 않지만, 정통에 충실하면서도 보편적인 맛을 찾아낸 것은 분명하다. 닭, 양, 소고기 등으로 맛을 낸 다양한 커리와 갓 구워 낸 난의 조합은 집 나간 입맛을 찾아줄 치트키다. 단, 올드타운의 높은 물가를 감안하면 이해 안되는 바는 아니지만, 탄두리 치킨의 크기는 아쉽다.

루자 광장에서 도보 5분
Croatia, Ul. Između Polača 11
12:00~23:00 020-312-743

근사한 디너를 원한다면 ⑤

루친 칸툰
Lucin Kantun Dubrovnik

스트라둔 대로에서 살짝 벗어난 골목길에 있지만 찾기 어렵지 않다. 음식 맛으로만 치면 올드타운에서 세 손가락에 들 만큼 맛있다. 하지만 하루 종일 걷느라 지친 여행자의 허기를 채우기에 양이 적다는 것이 치명적 맹점. 푸짐하게 먹기보다는 맛있게 맛보기에 집중하는 것이 좋을 듯하다. 고급스러운 플레이팅의 오징어 먹물 리조또와 송아지스테이크는 놓치면 후회할 루친 칸툰의 시그니처 메뉴다. 실내는 다소 좁지만, 골목길 야외 테이블까지 합하면 테이블 수가 적지는 않다. 저녁 시간에는 예약을 하는 것이 좋다.

필레 게이트에서 도보 3분, 스트라둔에서 왼쪽 골목에 위치
Ul. od Sigurate 4A 11:00~23:00 020-321-003 www.lucinkantun.com

가성비 젤라또 ⑥

젤라테리아
Gelateria Dubrovnik

스트라둔 대로변에는 여러 개의 젤라또 가게가 있다. 비슷한 모양과 맛이니 가격도 같을 거라 생각하면 오산이다. 확인 결과 가게마다 맛이 다르듯 가격도 약간씩 달랐다. 그중에서도 젤라테리아는 언제나 주변의 가게보다 단 1센트라도 저렴하게 젤라또를 판매하는 곳이다. 맛에서는 결코 뒤지지 않는데 말이다. 젤라또 위에 올려주는 와플 과자까지 바삭하고 맛있다.

필레 게이트에서 도보 1분, 스트라둔에 위치
Stradun 17
9:00~24:00
099-771-5143

달콤한 인생, 달콤한 디저트 ……⑦

돌체 비타 Dolce Vita

젤라또, 생크림케이크, 크레페, 팬케이크까지 더위에 떨어진 당을 단번에 끌어올려줄 비장의 메뉴로 가득한 곳. 민박집 주인도 호텔 직원도, 그리고 택시 아저씨까지 입을 모아 추천하는 젤라또 가게인 만큼 맛은 의심하지 않아도 된다. 사실 디저트가 맛없기도 어렵지만 말이다. 스트라둔 대로에서 살짝 안쪽에 있는 작은 가게지만 언제나 사람들로 붐빈다.

🚶 필레 게이트에서 도보 5분. 루자 광장 방향 스트라둔에서 왼쪽 골목에 위치 📍 Nalješkovićeva ul. 1A
🕒 9:00~01:00 📞 099-282-0505

고급진 맛과 향기 ……⑧

아로마 aROMA

앞서 두 군데 젤라또 가게가 가성비 맛집이라면, 아로마는 퀄리티로 승부하는 젤라또계의 부티크숍이다(실제로도 간판에 Boutique라는 단어를 쓰고 있다). 입구에서부터 고급진 인테리어에 레몬바질처럼 허브를 베이스로 한 향기 가득한 젤라또가 많은 것이 특징이다. 가격도 평균의 젤라또 보다는 비싼 편이지만 스트라둔 대로변에 있어서 홀리듯 들어가게 된다.

🚶 필레 게이트에서 도보 1분, 스트라둔에 위치
📍 Zamanjina ul. 2 🕒 10:00~01:00
📞 091-611-9034
🏠 www.aroma-gelatoexperience.com

바가지 없이 쉬어갈 수 있는 곳 ……⑨

미크로 Micro

오래된 건물들 사이 공터에 자리한 자유로운 분위기의 카페 겸 펍. 대로변에서 조금 벗어난 골목에 있어서 관광객들에게는 잘 알려지지 않았지만, 사실 이곳은 로컬 카페로는 꽤 유명한 곳이다. 올드타운에서 가장 저렴하게 커피와 칵테일을 마실 수 있고, 무료 와이파이를 사용할 수 있으며, 무엇보다 아이스커피가 가능한 몇 안 되는 카페이기 때문. 아침부터 새벽까지, 오래 문을 여는 것도 장점이다. 카드를 받지 않는 것에 대한 불만이 있지만, 그건 이집만의 문제가 아니라 올드타운 대부분의 레스토랑과 카페가 그렇다.

🚶 대성당에서 예수회 계단으로 향하는 골목길에 위치 📍 Bunićeva poljana 1 🕒 9:00~02:00

익숙하고 친근한 맛 ······ ⑩

피제리아 맘마 마르게리타

Pizzeria Mamma Margherita

왜인지는 모르겠지만, 한국 사람들 입맛에 호불호 없이 맛있는 파스타와 피자가 있는 집. 올드타운 치고는 가격까지 착한 편이다. 매장 식사와 포장 모두 가능한데, 피자는 포장하고 파스타는 매장에서 맛볼 것을 권한다. 이탈리안 부부가 운영하는, 현지 느낌 물씬 나는 인테리어와 맛이 인상적이다. 리조또, 깔조네, 파스타 모두 간이 적당하고, 화덕에 구운 피자는 덜 짠 것도 특징이다.

필레 게이트에서 도보 5분, 스트라둔 중간쯤에서 오른쪽 골목에 위치

Ul. Između Polača 7

11:00~24:00

091-5643-916

크로아티아 요리의 자부심 ······ ⑪

코푼 Kopun

살기 위해 먹는 것이 아니라, 먹기 위해 산다고 말하는 크로아티아인들. 크로아티아 요리는 이탈리아, 오스트리아, 터키, 헝가리 등 다양한 국가의 역사적 영향이 결합되어 풍부하면서도 독특한 식문화를 만들어 왔다. 코푼은 그런 크로아티아 전통 요리의 명맥을 잇는다는 자부심이 느껴지는 레스토랑이다. 성 이그나티우스 교회의 정문과 마주보고 있으며, 실내와 실외 공간이 모두 넓고 쾌적하다. 전통 방식으로 만든 닭고기와 돼지고기 삼겹살 요리, 농어와 각종 해산물 요리 등이 주요 메뉴인데, 대체로 맛있고 양은 적다. 참고로, '코푼'은 크로아티아어로 수탉을 의미한다.

성 이그나티우스 교회 앞 보스코비치 광장에 위치

Poljana Ruđera Boškovića 7 11:00~23:30

020-323-969 www.restaurantkopun.com

레디메이드와 패스트푸드의 중간쯤 ······ ⑫

버거바 조조 Burger Bar Jojo

올드타운으로 진입하기 전, 버거바 조조를 봤다면 무조건 포장이라도 하고 볼 일이다. 필레 게이트를 넘어서는 순간 버거값이 수직 상승하는 매직을 보게 될 테니 말이다. 이를 아는 고객들이 이른 아침부터 줄을 서지만, 손 빠른 주인은 순식간에 밀린 주문을 해결한다. 채소 등의 속 재료는 미리 준비해두고, 주문이 들어오면 그릴에서 고기 종류만 구워서 버거와 샌드위치를 완성한다. 속도는 패스트푸드지만, 맛은 그 이상이다. 감자튀김과 콜라를 곁들이면 든든한 한 끼가 된다.

🚶 필레 게이트에서 올드타운 반대 방향으로 도보 2분
📍 U, Ul. U Pilama 1
🕓 8:00~22:00 📞 020-425-632

성벽 밖, 친근한 동네 맛집 ······ ⑬

푸드 앤 바 이탈리아나 Food & Bar Italiana

도시 북서쪽에서 필레 게이트 쪽으로 향하는 자그레바츠카 도로변에 있는 작은 레스토랑. 길가에 간판이 있어서 쉽게 찾을 수 있지만 일부러 찾아갈 정도는 아니다. 다만, 근처 숙소에 머물거나 빨래방을 이용할 때 쉬어가기 좋은 곳(레스토랑 바로 옆에 코인 빨래방이 있다). 마치 소도시 읍내 식당처럼, 왠지 친근하고 정다운 분위기에 합리적이고 푸짐한 음식이 특징이다. 크로아티아 음식과 이탈리아 음식 모두 메뉴에 있어서 선택의 폭도 넓다.

🚶 자그레바츠카 도로변에 위치. 필레 게이트에서 도보 15분
📍 Zagrebačka Ul. 64 🕓 8:00~23:00 📞 020-209-775

비교불가, 천상의 전망 ······ ⑭

파노라마 레스토랑 Restaurant Panorama

케이블카를 타고 스르지산 정상에 오르면 전망대가 나온다. 처음에는 눈앞의 바다와 올드타운 전망에 시선을 뺏기지만 곧 이어서 좌우를 살피다가 시선이 딱 멈추는 곳, 파노라마 레스토랑이다. 씨뷰, 마운틴뷰, 시티뷰… 뭐 하나 빠질 것 없이 갖춘 온갖 뷰의 끝판왕이지만, 이곳에서의 식사를 위해서는 몇 달 전 홈페이지 예약이 필수다. 특히 앞줄에 해당하는 first row와 모서리에 있는 edge12, 28번 등의 자리는 경쟁이 치열하다. 사진밖에 남는 것이 없다고 생각하는 여행자라면 서두를 것. 수준급의 음식맛과 젠틀한 서비스까지 더해져서 비싼 음식값도 비싸게 느껴지지 않는다. 스테이크나 두브로브니크 커틀릿 같은 식사 메뉴도 훌륭하지만, 버거나 샌드위치, 칵테일, 맥주 같은 가벼운 메뉴들도 다양하게 준비되어 있다. 돈은 이럴 때 쓰라고 있는 게 아닐까. 예약에 성공했다면 그 시간과 전망과 음식을 만끽하자.

🚶 스르지산 정상의 케이블카 승강장에서 도보 1분
📍 Srđ ul. 3
🕘 9:00~24:00
📞 020-312-664
🏠 www.nautikarestaurants.com/panorama-restaurant-bar

하나같이 탐나는 로컬 아이템들 ······ ①

테라 크로아티아 Terra Croatica

두브로브니크를 모티브로 한 다양한 아트웍 상품들과 오일, 꿀, 와인 등의 식재료를 판매한다. 저렴한 가격은 아니지만, 다른 곳에서 보기 어려운 제품들이 많다는 것이 장점. 모두가 크로아티아산 로컬 제품들로, 설탕에 절인 과일과 견과류, 초콜릿 등 하나같이 탐나는 아이템들이다. 비누나 목욕용 소금 등은 부피도 적어서 선물용으로 적당하다. 두브로브니크의 올드타운이 그려진 캔버스백도 추천 아이템 중 하나.

🚶 필레 게이트에서 도보 5분. 스트라둔에서 루자 광장 방향으로 걷다가 오른쪽 골목 안쪽에 위치
📍 Ul. od Puča 17
🕘 9:00~24:00 ✖ 일요일
📞 020-323-209
🏠 www.terracroaticadubrovnik.com

귀여움 한도 초과 ······ ②

아트 아틀리에 '리틀 하우스' Art Atelier 'Little House'

들어갈 때는 빈손인데, 나올 때는 뭔가를 들고 나올 수밖에 없는 곳. 진열대는 물론 벽면 가득 걸리고 붙어있는 아기자기하고 귀여운 액세서리에 비명이 나올 지경이다. 모두 핸드메이드 핸드페인팅 제품들이다. 어디서도 볼 수 없는 독창적인 디자인과 고급스러운 재질에 지갑이 저절로 열린다. 가격대는 조금 있지만, 소중한 사람이 있다면 이곳에서 선물을 마련해도 좋을 듯.

🚶 테라와 같은 건물에 위치 📍 Široka ul. 5 🕘 9:00~23:00

없는 거 빼고 다 있는 ······③

두브로브니크 숍-모레 트르고비나

Dubrovnik Shop - More Trgovina

흔한 기념품숍. 그러나 정말 다양하고 부담 없는 제품들로 가득한 곳이다. 크로아티아 축구팀 유니폼과 왕좌의 게임 티셔츠 등은 기본이고, 마그네틱, 모자, 열쇠고리, 스노우볼 등 상상할 수 있는 모든 종류의 기념품들이 있다. 올드타운 초입이라 붐비지만 가격 면에서는 안쪽 가게들보다 경쟁력이 있다. 참고로 올드타운 내에서는 같은 제품도 가게마다 가격이 다르니 몇 군데 돌아보며 비교해 보는 것은 필수다. 둘러볼 시간이 없다면 이곳에서 한꺼번에 선물을 해결해도 된다.

🚶 올드타운 초입, 필레 게이트에서 도보 1분
📍 Poljana Paska Miličevića 3
🕓 8:30~22:00 ⊗ 일요일 📞 095-5177-615

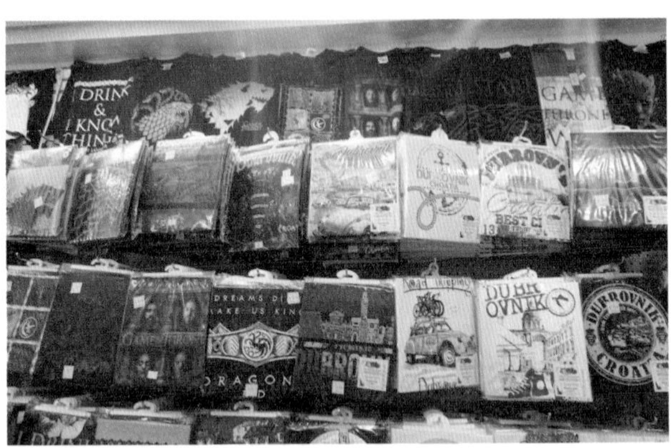

"핸드메이드 레이스에요~"

올드타운 남쪽, 부자 바로 향하는 od Margarite 거리의 모퉁이에 자리잡고 있는 레이스 좌판. 매장이 없으니 주소도 전화번호도 특정할 수 없지만 거의 매일 같은 자리에서 레이스 좌판을 펼치는 아주머니가 계시다. 사실 이곳 말고도 올드타운 내에 몇 군데 레이스 좌판이 있는데, 거의 대동소이한 디자인과 가격이다. 공통점은 모두 핸드메이드라는 것. 크로아티아를 포함한 동유럽 지역의 레이스는 품질이 좋기로 유명하다. 가격은 크기와 디자인에 따라 천차만별. 테이블보처럼 큰 사이즈도 있고, 티코트처럼 작은 사이즈도 있다. 레이스 가디건과 가방 등 종류도 다양하니 발걸음을 멈추고 기웃거려 보자.

두브로브니크에서 숙소 잡기

성수기의 두브로브니크는 그야말로 숙박 전쟁터다. 유럽 각 도시에서 몰려오는 휴양객들로 도시 전체가 몸살을 앓을 정도. 그러다 보니 숙소 예약은 최소 4개월 전부터는 시작해야 원하는 조건을 맞출 수 있다. 일정이 확정되면 가장 먼저 해야 할 일이 두브로브니크 숙소 잡기다.

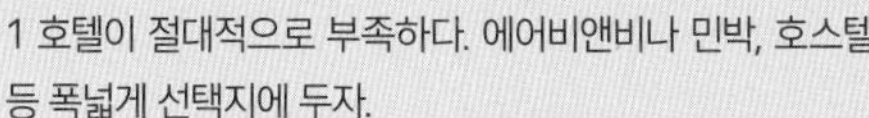

1 호텔이 절대적으로 부족하다. 에어비앤비나 민박, 호스텔 등 폭넓게 선택지에 두자.
2 올드타운에서 멀어질수록 숙소의 컨디션은 좋아지고 가격은 내려간다. 일정이 길다면 올드타운 내 2박, 올드타운 밖 2박 정도로 나누어 예약하는 것도 방법이다.
3 올드타운 밖 숙소를 정할 때는 버스정류장과의 거리를 체크해야 한다. 택시는 러시아워에 속수무책 요금이 올라가니, 버스를 주요 교통수단으로 이용할 일이 많다.
4 올드타운을 도보로 이동할 수 있는 필레 게이트, 플로체 게이트 근처를 가장 먼저 공략해 보고, 여의치 않으면 라파드 지구-그루즈 지구-바빈쿡 지구 순으로 서치하자.
5 렌터카 여행자라면 휴양타운으로 조성된 바빈쿡과 라파드 지구의 고급 호텔이나 리조트를 노려보는 것도 좋다. 단, 주차 요금이 하루치 숙박요금만큼 비싼 경우도 있으니 미리 요금을 확인할 것.

올드타운에 숙소를 예약하고 싶다면

성벽으로 둘러싸인 올드타운은 수천 명의 인구가 상주하는 곳으로, 건물 1, 2층의 상업시설을 제외한 위층은 대부분 아파트먼트라고 생각하면 된다. 그리고 성수기에는 이곳들 대부분이 숙소로 활용된다.

올드타운의 낮과 밤을 오롯이 즐긴다는 것은 금액으로 환산할 수 없는 특별한 경험이다. 단, 성수기에는 사악할 정도로 치솟는 요금을 감수해야 하고, 때로는 계단 지옥도 헤쳐 나가야 한다. 스트라둔을 중심으로 좌우 50m 반경은 계단이 없고 이동에도 편리한 최상위 지역, 그 외 성벽 가까이 갈수록 계단이 많아지는 차상위 지역이 된다.

숙소 예약 사이트

- www.apartmentsdubrovnikonline.com
- www.airbnb.co.kr
- www.agoda.com
- www.hicroatia.com

올드타운에서 가방 끌면 벌금 냅니다!

2023년 11월부터 두브로브니크 올드타운에서는 바퀴 달린 여행 가방을 끌고 다닐 수 없게 되었다. 두브로브니크는 유럽에서 가장 관광밀집도가 높은 도시로 유명한데, 오래된 돌바닥 위를 구르는 여행자들의 캐리어 바퀴 소리가 24시간 주민들을 고통스럽게 만들었고. 이에 시가 나서서 특단의 조치를 취한 것. 이를 어길 시 265유로, 우리 돈으로 약 40만원에 가까운 벌금을 내야 한다.
그럼 캐리어는 어떻게 옮기냐고? 올드타운 진입 전에 운반업체에 가방을 맡기면 숙소까지 옮겨준다. 물론 유료로. 필레 게이트 앞에 있는 관광안내소에서 안내를 받을 수 있다.
한편, 짐을 맡겨놓을 수 있는 업체도 있으니 캐리어는 맡기고, 가벼운 필수품만 배낭에 넣고 가볍게 이동하는 것도 방법이다.

짐 보관 서비스

€ 하루 €2.60~ www.usebounce.com/ko/city/dubrovnik
APP bounce

PART 4

진짜 슬로베니아를 만나는 시간

캐피탈
Capital
류블랴나

사랑스럽게 스며들다

류블랴나
LJUBLJANA

이중모음이 반복되는 도시 이름 '류블랴나'는 '사랑스럽다'라는 뜻의 슬로베니아어 '류블리 Ljublj'에서 유래했다고 한다. 사실 정확한 어원이 밝혀진 것은 아니지만 믿고 싶은 '설'임에 틀림없다. 슬로베니아의 수도이자 유럽의 그린 수도로 선정된 류블랴나는 이름처럼 사랑스럽고 아기자기하며 과거와 현재의 시간이 조화롭게 스며있는 여행지이니 말이다. 도시를 지키는 용 조각과 아름다운 성, 철학자와 문학 속 인물이 지키는 광장, 도심을 흐르는 낭만적인 강줄기와 힙하고 핫한 카페, 그리고 친절한 사람들까지. 여행자가 꿈꾸는 모든 공간과 스토리가 이 도시의 시간 안에 존재한다.

어떻게 가면 좋을까

류블랴나는 동서 유럽의 교차로에 위치하고 있는, 슬로베니아의 수도다. 비엔나와 베니스의 중간 지점에 위치하고 있으며, 거의 모든 주요 유럽 공항에서 비행기로 2시간 거리에 있어 쉽게 접근할 수 있는 목적지다. 또한 대부분의 여행자들이 슬로베니아 여행의 베이스캠프로 삼고 있는 만큼, 버스와 기차, 비행기까지 빈번한 횟수로 이 도시를 드나든다.

류블랴나 관광안내소
Adamič-Lundrovo nabrežje 2
8:00~19:00
01-306-1215
www.visitljubljana.com

비행기 Airplane

류블랴나 국제공항은 암스테르담, 아테네, 베오그라드, 브뤼셀, 두바이 등 전 세계 25개 도시와 직항으로 연결된다. 한국에서 출발한다면 이들 도시들을 경유해서 손쉽게 도착할 수 있다.

공항의 정식 이름은 '요제 푸치니크 공항'. 슬로베니아에 있는 유일한 국제공항으로, 도심에서 북쪽으로 약 18㎞ 떨어져 있다. 공항에서 시내까지는 4개 회사에서 운영하는 셔틀버스나 택시를 이용해 30분이면 도착할 수 있다. 택시 요금은 €40~50, 메트로 택시 앱을 이용하면 조금 더 저렴하다.

류블랴나 요제 푸치니크 공항 Letališče Jožeta Pučnika Ljubljana
Zgornji Brnik 130a, 4210 Brnik
04-206-1000 www.lju-airport.si

류블랴나에서는 우버, 볼트 아니고 메트로Metro 택시!

크로아티아를 포함한 유럽 대부분의 도시에서 우버와 볼트 택시가 대세인데 반해, 류블랴나에서는 이들 택시 앱이 무용지물이다. <Metro>라는 이 도시만의 택시 앱이 있기 때문. 이유는 모르겠으나 현실이 그렇다. 류블랴나에 도착하면 가장 먼저 메트로 앱을 깔고 볼 일이다!

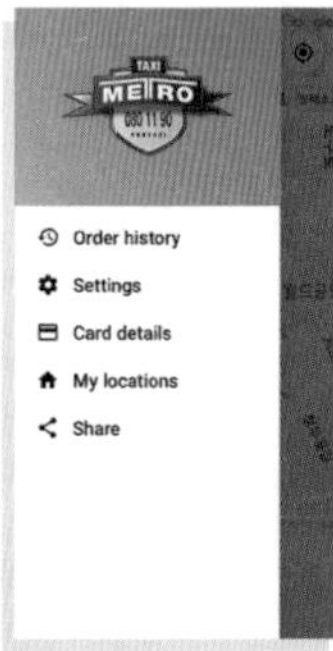

기차 Train

가까운 유럽의 도시들에서는 기차로 류블랴나에 도착하는 경우가 잦다. 자그레브 중앙역에서 출발한 기차가 류블랴나 중앙역까지 2시간 10분이면 도착하고, 도중에 두 나라의 목가적인 풍경을 바라보며 국경을 넘는 낭만도 있다. 우리나라에서는 보기 힘든 룸 스타일의 4인 좌석 칸이 있는 것도 독특하다. 홈페이지에서 슬로베니아 국내는 물론 국외에서 오가는 기차 노선들의 출도착 정보를 손쉽게 확인할 수 있고, 기차역 전광판에서도 실시간으로 업데이트된다.

류블랴나 중앙역은 시내에서 도보 10~15분이면 도착하는 거리에 있으며, 편의점과 카페, 짐 보관소, 화장실 등의 시설이 잘 갖춰져 있다.

류블랴나 중앙역 Ljubljana Train Station
Trg Osvobodilne fronte 7 6:00~22:00
01-291-3332 www.potniski.sz.si

버스 Bus

버스는 기차나 비행기보다 훨씬 이용 빈도가 높은 대중교통 수단이다. 장거리 버스터미널은 기차역 바로 옆에 있어서, 각종 편의시설을 기차역과 공유한다. 버스 티켓은 겟바이버스에서 예매할 수 있고, 아리바와 플릭스 버스 홈페이지에서도 유럽 각 도시에서 류블랴나로 향하는 버스를 예매할 수 있다. 특히 자그레브나 빈, 베네치아 같은 도시에서는 하루 1차례 이상의 차량이 오가고, 블레드나 보힌, 피란 같은 국내의 도시에서는 하루 4~5회 이상 정기편이 운행된다. 성수기에는 홈페이지를 통해 예매하는 것이 좋다.

버스터미널 Bus Station Ljubljana
www.ap-ljubljana.si

버스 예매 사이트
플릭스버스 www.flixbus.com
겟바이버스 www.getbybus.com
아리바 버스 www.arriva.si

어떻게 다니면 좋을까

류블랴나 시내, 그중에서도 관광지는 도보 여행에 딱 적당할 만큼의 크기다. 기차역과 버스터미널이 있는 북동쪽에서 류블랴나 성이 있는 남동쪽까지, 그리고 도시 서쪽에 넓게 자리잡은 티볼리 공원까지 감안하더라도 모두 도보 30~40분 내에 도달할 수 있는 거리다. 그리고 무엇보다 시내 중심에서는 차량 통행이 금지되므로 이래저래 뚜벅이 여행이 제격이다.

시내버스 LPP
Ljubljanski Potniški Promet

시내버스를 이용하기 위해서는 Urbana라는 이름의 교통카드를 구입하는 것이 좋다. 카드는 정류장 가판대나 신문판매소, 관광안내소 등에서 구입할 수 있다. 카드 가격은 €2이며, 1회 탑승 요금은 €1.30. 원하는 만큼 충전해서 사용할 수 있고, 사용 후 카드를 반납하면 카드 가격 2유로는 돌려받는다. 현금을 내고 버스를 이용할 수도 있지만 이 경우는 90분 이내 무료 환승이 적용되지 않는다.

숙소가 중심가에서 먼 경우나 1주일 이상 장기 여행자를 제외하고는 버스를 이용할 일이 거의 없지만 류블랴나 카드가 있다면 무료이니 도전해 보자.

류블랴나 카드

하루 이상 류블랴나에 머물 계획이라면 꽤 괜찮은 선택이다. 특히 모든 종류의 대중교통을 무료로 이용할 수 있고, 주요 관광지인 류블랴나 성으로 향하는 푸니쿨라 요금까지 포함되어 있어서 본전 생각 안 나는 구성이다. 관광안내소에서 구입할 수도 있지만, 홈페이지를 통해 구매한 후 이티켓을 스마트폰에 저장하고 다니는 것이 더 편리하다.

류블랴나 카드 구매 홈페이지
www.visitljubljana.com/sl/obiskovalci/znamenitosti-in-aktivnosti/turisticna-kartica

티켓	요금	무료 이용 가능한 교통수단과 관광명소
24시간 유효	€36	**교통수단** 관광 보트Ljubljana 탑승 류블랴나 성 푸니쿨라 탑승 도시열차URBAN 탑승 목재 바지선Barka Ljubljanica 탑승 4시간 자전거 무료 이용 **관광명소** 동물원, 건축디자인 박물관, 국립박물관, 시립박물관, 하우스 오브 일루전스, 내셔널 갤러리, 국립박물관-메텔코바, 플레츠니크 하우스, 자연사 박물관, 근대사 박물관, 철도 박물관, 국제 그래픽 아트센터, 현대 미술관, 메텔코바 현대미술관, 폴호프 그라데츠, 기술박물관, 우편통신 박물관, 방카리움 등
48시간 유효	€44	
72시간 유효	€49	

어반 트레인과 관광 보트
URBAN TRAIN & Ljubljana

자동차 운행이 금지되는 올드타운 내에서는 2칸짜리 미니 전기 버스가 운행된다. 스트리타르예바 거리의 시청 앞에서 출발한 어반 트레인 버스는 류블랴나 성, 식물원, 콩그레스 광장 등의 주요 관광지들을 1시간 15분 동안 순회한다. 겨울에는 오후 4시면 운행이 중단되지만, 여름에는 오후 8시까지 하루 10회 이상 반복 운행한다. 버스가 멈추는 정류장에서 카드를 보여주고 탑승하거나, 기사에게 요금을 지불하면 된다.

한편, 강 위에는 최대 32명이 탈 수 있는 관광 보트 류블랴나가 떠다니는데, 겨울에는 난방시설까지 갖추고 있어서 인기가 높은 일종의 유람선이다. 주 선착장은 부처스 브리지 아래에 있다.

시내에서 조금 먼 거리에 숙소를 잡았다면 올드타운까지 이동에 자전거를 이용해 보는 것도 좋다. 류블랴나 카드 소지자라면 서울의 따릉이와 같은 공공 자전거도 4시간 동안 무료 이용할 수 있다.

어반 트레인 버스
- 어른 하루 €10, 학생 €8 (*류블랴나 카드 소지자는 무료)
- 소요 시간 1시간 15분
- 출발 지점 스트리타르예바 거리 시청 앞

관광 보트 Ljubljana
- 어른 €14, 12세 미만 €7(*류블랴나 카드 소지자는 무료)
- 소요 시간 45분
- 출발 지점 마리나 수산시장

자전거
- 대여 장소 관광안내소
- 관광안내소 운영 시간 내
- 2시간 €6, 4시간 €8, 8시간 €14(*류블랴나 카드 소지자는 4시간까지 무료)

류블랴나 추천 코스

류블랴나 올드타운은 매우 집약되어 있다. 장거리 버스정류장과 기차역 등도 가까워서 이동에 드는 시간이 절약되는 도시다. 열심히 돌아다니면 하루 동안 도심의 볼거리를 모두 섭렵할 수 있고, 여유를 갖고 이동한다면 이틀 정도에 충분히 돌아볼 만한 크기다. 만약 이틀 동안 여행한다면, 콩그레스 광장 이전 코스를 1일차에, 이후 코스를 2일차에 돌아볼 것을 권한다.

예상 소요 시간 6~8시간

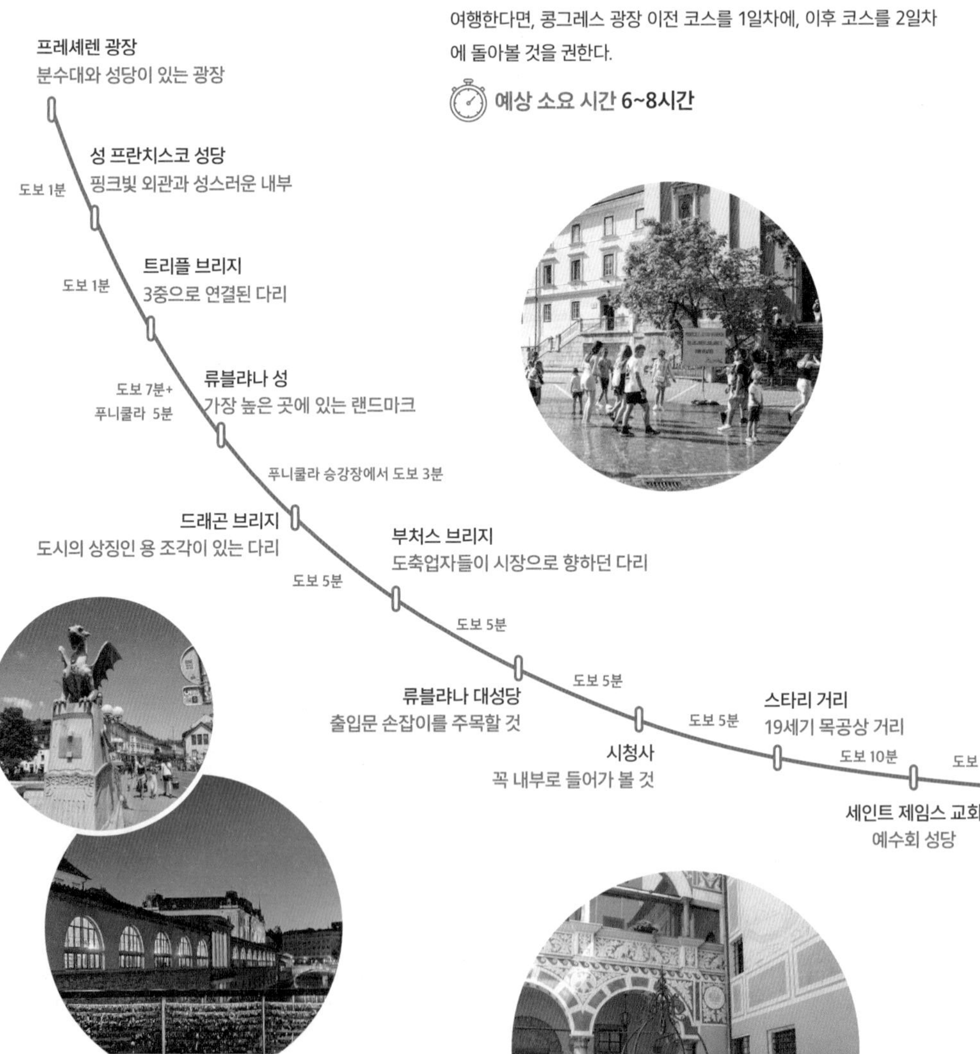

브레그
아름다운 강변 산책로

도보 10분

노비 광장
'노비'는 '새로운'이라는 뜻

도보 2분

코블러스 브리지
구두수선공의 다리

도보 10분

콩그레스 광장
공원 같은 광장

도보 12분

공화국 광장
만국기 휘날리는 광장

도보 8분

국립 슬로베니아 박물관
발칸 지역의 고고학적 전시품이 많은 곳

도보 10분

현대미술관
슬로베니아 현대미술의 현주소

도보 10분

국립미술관
티볼리 공원 옆 미술관

도보 5분

유니온 맥주
맥주러버라면 놓칠 수 없는 곳

도보 5분

티볼리 공원
150년 된 공원

류블랴나 올드타운 상세 지도

Antiq Palace Hotel
Gosposka ulica
Hotel Heritage
08 브레그
09 노비 광장과 분수
코블러스 브리지
The hotel
Zoisova cesta
04 포퍼민트
스타리 거리
03
슈퍼마켓
Mercator
비노 앤 리베 07
06 젤라테리아 로만티카
Town Square
Stari trg
Levstikov trg
Karlovška cesta
07 세인트 제임스 성당
Gornji trg
류블랴나 성 03
Osojna pot
Grajska planota
N
0
50m
Predor pod Gradom
Predor pod Gradom

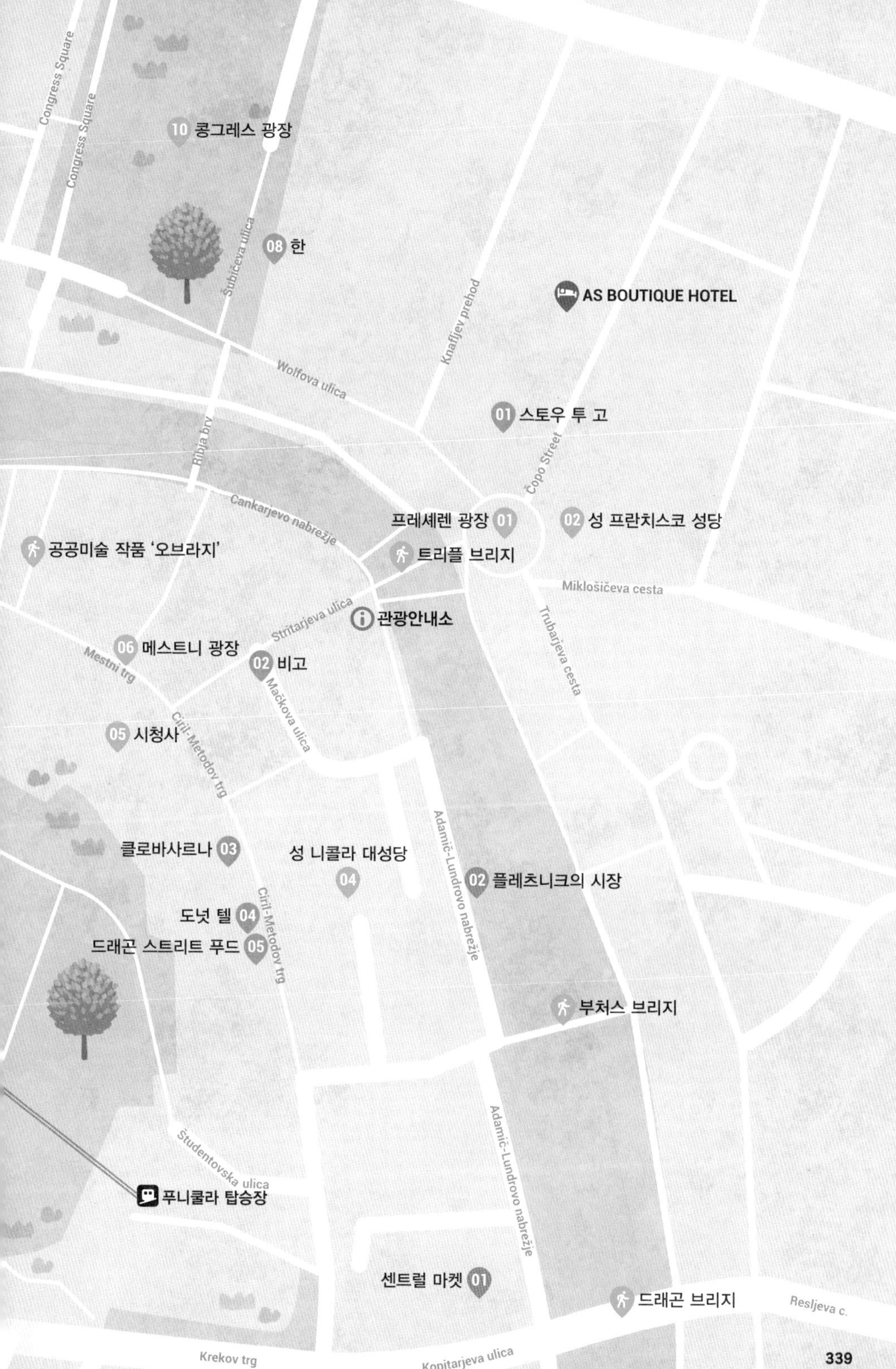
Congress Square
Congress Square
10 콩그레스 광장
Šubičeva ulica
08 한
Knafljev prehod
AS BOUTIQUE HOTEL
Wolfova ulica
01 스토우 투 고
Ribja brv
Čopo Street
Cankarjevo nabrežje
프레셰렌 광장 01
02 성 프란치스코 성당
공공미술 작품 '오브라지'
트리플 브리지
Miklošičeva cesta
Stritarjeva ulica
관광안내소
Trubarjeva cesta
06 메스트니 광장
Mestni trg
02 비고
Mačkova ulica
05 시청사
Ciril-Metodov trg
Adamič-Lundrovo nabrežje
클로바사르나 03
성 니콜라 대성당
04
02 플레츠니크의 시장
도넛 텔 04
Ciril-Metodov trg
드래곤 스트리트 푸드 05
부처스 브리지
Študentovska ulica
Adamič-Lundrovo nabrežje
푸니쿨라 탑승장
센트럴 마켓 01
드래곤 브리지
Resljeva c.
Krekov trg
Kopitarjeva ulica

류블랴나 광역 지도

류블랴나 요제 푸치니크 공항
Cesta v Rožno Dolino
Tržaška c.
Cesta 27. aprila
16 티볼리 공원
Prešernova cesta
13 류블랴나 현대미술관(MG)
P
15 유니온 맥주공장
국립 슬로베니아 박물관 12
14 슬로베니아 국립미술관
Celovška cesta
공화국 광장 11
Šubičeva ulica
Tomšičeva ulica
Cankarjeva cesta
Štefanova ulica
Bleiweisova cesta
Exe Lev
P
P
류블랴나 올드타운
Slovenska cesta
생활용품점 TEDi
류블랴나 관광안내소
허츠렌터카
City Hotel
09 노벨 부렉
류블랴나 성 03
류블랴나 버스터미널
푸니쿨라 탑승장
Resljeva c.
Trg Osvobodilne fronte
류블랴나 중앙역
B&B Hotel
N
0
100m
메탈코바 현대미술관 (MSUM)

여행이 시작되는 곳 ······ ①

프레셰렌(프란치스코) 광장 Prešernov Trg

우리가 알고 있는 대부분의 광장들은 정치적 또는 군사적 영웅들이 주인공이다. 그런데 이 광장의 이름이자 한가운데 동상으로 자리하고 있는 인물은 시인이자 문학가 프란체 프레셰렌France Prešeren(1800-1849)이다. 우리에게는 낯선 이름이지만 슬로베니아에서는 영웅에 가까운 민족시인으로, 유럽의 위대한 낭만주의 시인 중 한 명으로도 꼽힌다. 그가 슬로베니아어로 쓴 시와 소네트는 오스트리아의 지배를 받고 있던 당시 슬로베니아 사람들의 마음에 깊은 울림을 줬다고 한다. 광장 가운데 세워진 그의 동상은 시의 뮤즈가 시인의 머리 위로 월계수 샘을 들고 있는 모습으로, 1905년에 처음 공개되었다. 시인은 율리야라는 여인을 짝사랑했다고 하는데, 지금도 프레셰렌과 율리야는 광장을 사이에 두고 마주하고 있다. 광장 초입, 촙Cop 스트리트 건물 벽면에 있는 율리야의 부조 조각상을 찾다보면 어느새 이 동화 같은 도시에 첫발을 들였음을 느끼게 된다.
햇살 좋은 오후 시간에는 광장 바닥의 분수대에서 물이 뿜어져 나오니 아이처럼 물줄기를 즐겨도 좋고, 성당으로 향하는 계단에 앉아 이 모든 풍경을 마음에 새겨도 좋다.

분홍색 파사드 ······②

성 프란치스코 성당

Frančiškanska Cerkev Marijinega Oznanjenja / Church of St. Francis

프레셰렌 광장을 굽어보듯 자리한 성 프란치스코 성당, 1895년에 완공된 이 성당은 신 고딕 양식으로 지어졌으며, 분홍색 벽돌로 구성된 파사드(건물의 전면부)는 슬로베니아의 다른 건축물들과 구분되는 가장 두드러진 특징 중 하나다. 성당은 프란치스코회 수도사들에 의해 설립되었으며, 그 당시의 종교적 열정과 건축적 아름다움이 잘 반영되어 있다.

내부로 들어서면, 슬로베니아의 저명한 예술가 마테이 스테르넨Matej Sternen이 그린 프레스코 벽화가 방문객들을 맞이한다. 이 벽화들은 성경의 장면들과 성인의 생애를 생생하게 그려내고 있어, 신앙적 의미뿐만 아니라 예술적 가치도 매우 높다. 이곳에서 신자들은 기도를 올리고, 관광객들은 예술과 신앙이 융합된 공간을 체험할 수 있다.

Prešernov trg 4 10:30~18:00
012-429-300 www.marijino-oznanjenje.si

류블랴니차 Ljubljanica 강과 네 개의 다리

강이 있는 도시는 풍요롭다. 강을 따라 물자가 오가고, 시장이 형성되고, 사람들이 모인다. 그렇게 강은 도시의 문화와 역사에 깊이 관여하는 젖줄이 된다. 류블랴나 올드타운을 관통하는 류블랴니차 강도 그렇다. 고대 로마 시대부터 중요한 교통로로 사용되었으며, 오늘날에는 도시의 주요 명소와 문화 활동의 중심지로 기능하고 있다. 강 주변에는 아름다운 산책로와 다리들이 있어 관광객과 현지인들에게 사랑받는다. 강을 따라 걷다 보면, 도시의 매력을 듬뿍 담고 있는 네 개의 다리가 차례로 나타난다. 각각의 다리는 저마다의 이야기를 간직한 채, 류블랴나의 명소가 되었다.

1 전설을 품은 용의 다리, 드래곤 브리지 Zamajski Most /Dragon Bridge

드래곤 브리지는 류블랴나의 상징이자 가장 유명한 다리 중 하나이다. 다리 양끝에는 네 마리의 멋진 드래곤 조각상이 자리하고 있다. 1901년에 아르누보 스타일로 완성된 이 다리는 류블랴나의 전설적인 용을 기념해 지어졌다. 전설에 따르면, 그리스 신화의 영웅 제이슨이 이곳에서 용을 물리쳤다고 한다. 따라서 도시의 탄생 신화와도 맥이 닿아있는 드래곤 다리는 류블랴나의 역사와 전설을 느낄 수 있는 특별한 다리다.

2 사랑의 자물쇠 다리, 부처스 브리지 Mesarski Most / Butchers' Bridge

부처스 브리지는 류블랴나의 센트럴 마켓과 올드타운을 연결하는 보행자 전용 다리로, 2010년에 완공되었다. 부처스, 즉 '푸줏간 또는 정육점' 다리라는 이름은 과거 이 다리 근처에 푸줏간이 있었기 때문이다. 센트럴 마켓이 근처에 있어서 역사적으로 고기 시장과 도축장으로 유명했으며, 이곳에서 일하던 도축업자들이 다리를 자주 이용했기 때문에 자연스럽게 '도살자 다리'라는 이름이 붙게 되었다. 이름과 달리 현재 이 다리는 '사랑의 자물쇠'로 유명하다. 많은 커플들이 다리 난간에 자물쇠를 걸어 사랑을 약속하면서 로맨틱한 다리로 변신한 것. 다리 곳곳에는 신화적인 조각들이 놓여 있어 걷는 것만으로도 예술적인 경험을 선사한다.

3 세 개의 다리가 하나로, 트리플 브리지 Tromostovje / Triple Bridge

트리플 다리는 구시가지와 신시가지를 연결하는 도시의 대표적인 다리다. 원래는 1842년에 중앙 다리 하나만 있었지만, 1929년에 건축가 요제 플레츠니크가 양옆에 두 개의 보행자 전용 다리를 더했다. 덕분에 세 개의 다리가 하나로 만나는 독특한 모습의 다리로 완성되었다. 프레셰렌 광장에서 트리플 다리를 건너면 바로 관광안내소가 보인다.

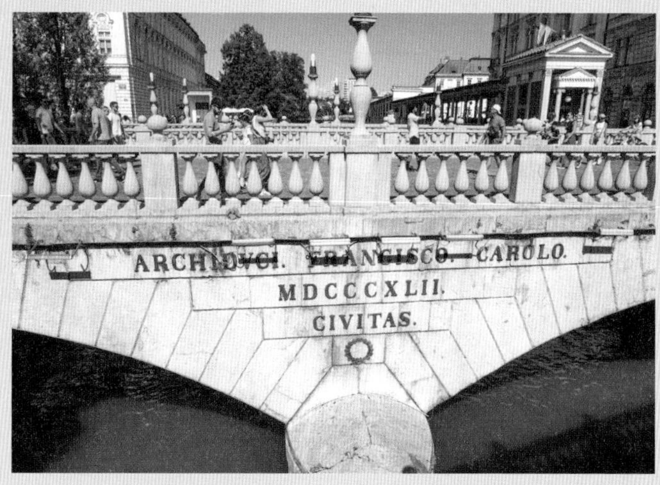

4 구두 수선공들의 고전적 다리, 코블러 브리지 Šuštarski Most / Cobbler's Bridge

코블러 브리지는 류블랴니차 강을 가로지르는 다리들 중 가장 고전적인 모습의 다리다. 예전에는 구두 수선공(코블러)들이 이곳에서 가게를 운영했다고 하는데, 트리플 다리를 만든 요제 플레츠니크가 1931년에 이 다리를 재건하면서 지금의 모습이 되었다. 다리 입구에 구스타프 말러의 동상이 있는데, 이는 오스트리아 출신의 말러가 19세기 후반에 슬로베니아에서 활동했기 때문이다. 구스타프 말러는 1881년부터 1882년까지 류블랴나 오페라 극장의 수석 지휘자로 일하면서 이 지역의 음악적 발전에 큰 영향을 미쳤다.

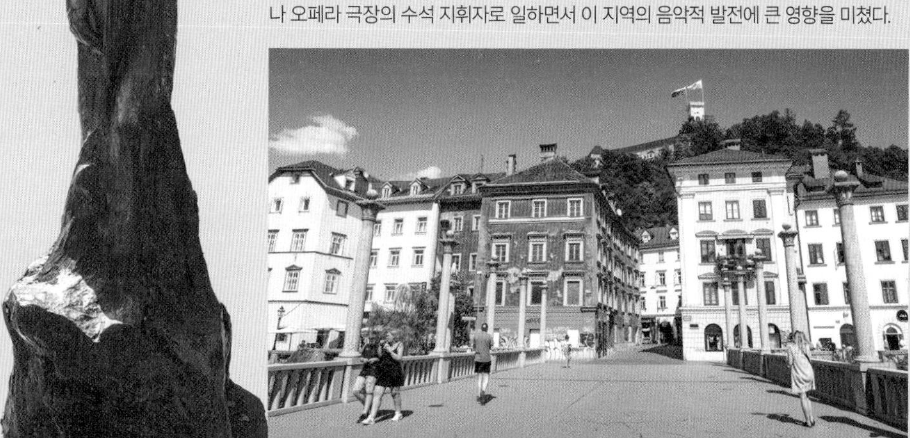

류블랴나의 대표 관광지 ……③

류블랴나 성

Ljubljanski Grad / Ljubljana Castle

언덕 위에 우뚝 선 류블랴나 성은 이 도시의 진정한 아이콘이다. 11세기에서 12세기 사이에 처음 세워진 이후 오랜 세월 동안 방어 요새, 귀족의 거주지, 심지어 감옥으로도 사용되었으며, 지금은 류블랴나의 심장부를 지키는 상징적인 랜드마크로 자리잡고 있다.

성에 오르는 방법도 다양하다. 도보로 경치를 즐기며 올라갈 수도 있고, 푸니쿨라를 타고 편안하게 정상에 도착할 수도 있다. 사방이 통유리인 현대적인 푸니쿨라를 타고 성에 도착하면 류블랴나 전경이 한눈에 펼쳐진다. 이곳에서 성의 전망대까지 다시 걸어 올라가는데, 탁 트인 전망대에서 도시와 주변 자연의 아름다움을 만끽할 수 있다. 류블랴나 성 내부는 다양한 역사적, 문화적 체험을 제공하는 공간들로 가득 차 있으니, 한 곳도 놓치지 말고 차례로 방문해 보자.

올드타운에서 출발해 성으로 이어지는 언덕길을 걸어서 15분 정도 올라가거나 Krekov trg에서 출발하는 푸니쿨라 이용 Grajska planota 1
1월~4월&10월~12월 9:00~19:00, 5월~9월 9:00~22:00
입장료 €15, 왕복 푸니쿨라+입장료 €19
01-306-4293 www.ljubljanskigrad.si

전망대

성의 가장 높은 부분에 위치한 전망대는 류블랴나와 그 주변의 파노라마 뷰를 제공한다. 맑은 날에는 알프스 산맥까지도 볼 수 있어, 사진 촬영을 위해 방문하는 이들이 많다.

슬로베니안 역사 박물관 Slovenian History Exhibition

슬로베니아의 역사와 류블랴나 성의 역할을 설명하는 전시가 열리는 공간이다. 이 전시는 슬로베니아의 중세부터 현대에 이르기까지의 역사를 잘 보여준다.

감옥 Penitentiary / Prison

한때 성은 감옥으로도 사용되었으며, 여행자들은 이곳에서 중세와 근대 초기에 사용된 감옥 시설을 둘러볼 수 있다. 당시의 생활환경과 수감자들의 이야기를 다룬 전시도 흥미롭다.

성당 Chapel of St. George

성 내부에는 성 게오르기우스에게 헌정된 작은 성당이 있다. 이 성당은 류블랴나 성의 가장 오래된 건축물 중 하나로, 아름다운 프레스코화와 고딕 장식이 특징이다.

미술관 및 전시 공간

성 내부의 여러 공간에서는 현대미술 전시와 다양한 문화 행사가 열리며, 전시 내용은 정기적으로 바뀐다. 이곳에서 슬로베니아 예술가들의 작품을 감상할 수 있다.

성의 홀 The Estates Hall

과거 귀족들이 모임을 가지던 장소로, 현재는 각종 행사가 열리는 공간이다. 결혼식, 콘서트, 연회 등 다양한 이벤트가 이곳에서 열린다.

이 밖에도 전통적인 슬로베니아 요리를 맛볼 수 있는 레스토랑과 성의 분위기를 즐기며 휴식을 취할 수 있는 카페도 있다. 류블랴나 성은 단순한 역사적 건축물을 넘어, 다양한 문화와 예술, 역사를 경험할 수 있는 다채로운 공간으로 진화해 가고 있다.

류블라나의 용 전설

도시 곳곳에서 유난히 용이 많이 보인다. 용 다리는 물론이고, 류블랴나 성 안에서도 용 구조물이 보인다. 왜일까?

류블라나의 용은 그리스 신화와 관련이 있는 전설에서 유래되었다. 이 전설에 따르면, 그리스 신화 속 영웅인 이아손Jason과 아르고Argo의 탐험대가 황금 양모를 찾아 항해하는 도중 현재의 류블랴나 지역에 도착했다고 한다. 이곳에서 이아손과 그의 동료들은 거대한 용(또는 드래곤)과 마주치게 되었고, 이아손이 이 용을 물리쳤다는 이야기가 전해진다.

이후 류블랴나는 용을 도시의 상징으로 받아들이게 되었다. 용은 도시의 힘, 용기, 그리고 보호를 상징하는 존재가 되었으며, 류블랴나의 여러 중요한 장소에 용 모양의 조각이나 이미지를 세워 이를 널리 알리고 있다.

청동문과 손잡이에 주목! ④

성 니콜라 대성당 Katedrala Sv. Nikolaj / Saint Nicholas's Cathedral

류블랴나 올드타운에 위치한 바로크 양식의 가톨릭 대성당. 18세기 초에 재건된 이 성당은 쌍탑과 돔, 그리고 입구의 청동문으로 유명하다. 1996년에 슬로베니아 대교구의 1250주년과 교황 요한 바오로 2세의 방문을 기념하기 위해 특별히 만들어진 청동문과 손잡이는 주교의 얼굴을 형상화한 정교한 조각으로 완성되었다. 주변 건물과 붙어 있어서 외부에서 보면 입구를 찾기 어려울 정도지만, 내부에는 정교하고 화려한 천장화와 마블 제단이 있어서 성당 전체가 거대한 박물관 느낌이다. 강변으로 향하는 성당 건물 뒤편으로 가면 식수가 나오는 작은 분수와 광장이 나온다.

🚶 트리플 다리와 부처스 다리의 중간, 돌리차르예나 거리에 위치, 관광안내소에서 도보 5분
📍 Dolničarjeva ulica 1 🕓 10:00~12:00, 15:00~18:00(시즌별 유동적)
€ €3 📞 012-342-690 🏠 www.stolnica.com

그린 캐피털 European Green Capital, 류블랴나

류블랴나는 2016년 유럽연합에 의해 '유럽의 그린 캐피털'로 선정되었다. 이 타이틀은 지속 가능한 도시 발전과 환경 보호에 기여한 도시에 주어지는데, 도심을 보행자 전용 구역으로 변신시키고, 자전거 도로와 대중교통을 확장하여 더 친환경적인 이동을 유도하는 등의 노력이 인정받은 것이다. 류블랴나 강 주변은 아름답게 재탄생했고, 도시 곳곳의 녹지가 더욱 풍성해졌다. 이런 노력 덕분에 류블랴나는 유럽에서 지속 가능한 발전의 아이콘으로 떠올랐다.

갤러리 같은 관공서 ⑤

시청사 Mestna Hiša / Town Hall

🚶 관광안내소에서 도보 3분

📍 Stritarjeva ulica 2

🕙 10:00~18:00

🏠 www.ljubljana.si

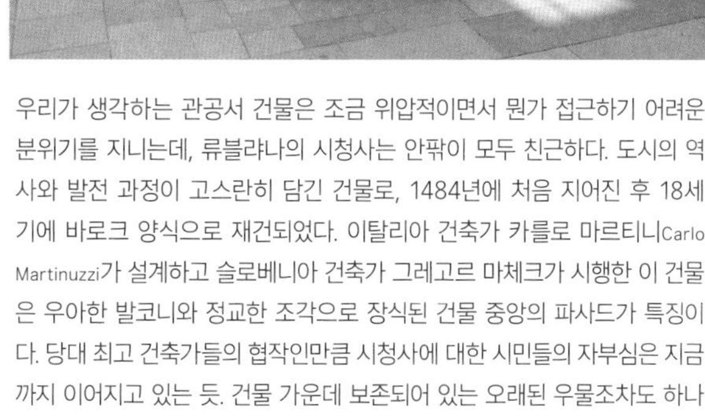

우리가 생각하는 관공서 건물은 조금 위압적이면서 뭔가 접근하기 어려운 분위기를 지니는데, 류블랴나의 시청사는 안팎이 모두 친근하다. 도시의 역사와 발전 과정이 고스란히 담긴 건물로, 1484년에 처음 지어진 후 18세기에 바로크 양식으로 재건되었다. 이탈리아 건축가 카를로 마르티니Carlo Martinuzzi가 설계하고 슬로베니아 건축가 그레고르 마체크가 시행한 이 건물은 우아한 발코니와 정교한 조각으로 장식된 건물 중앙의 파사드가 특징이다. 당대 최고 건축가들의 협작인만큼 시청사에 대한 시민들의 자부심은 지금까지 이어지고 있는 듯. 건물 가운데 보존되어 있는 오래된 우물조차도 하나의 조형물처럼 보인다.

현재도 류블랴나 시의 행정 업무가 이루어지는 이 건물은 일부 공간이 공공에게 개방되어 있으며, 로비와 안뜰에서는 종종 문화 행사와 전시회가 열린다. 대부분 별도의 입장료 없이 관람할 수 있으니 망설이지 말고 건물 내부로 들어가 보자. 건물 외벽에 높이 솟은 탑에는 시계가 설치되어 있어 시민들에게 시간을 알려주는 역할을 해왔다.

올드타운의 중심 ⑥

메스트니 광장 Mestni Trg

시청사 앞에 위치한 광장으로, 규모는 작지만 이래봬도 류블랴나 올드타운의 중심이다. 이 광장에서 가장 눈에 띄는 것은 바로크 양식 조각가 프란치스코 로바가 1751년에 만든 네펠리티 포세이돈 분수. 이 분수는 류블랴나, 사바, 크르카 세 강을 상징하는 세 명의 인물 조각으로 구성되어 있으며, 고대 로마의 대리석 조각에서 영감을 받아 제작되었다. 광장을 둘러싼 건물들은 바로크와 고딕 양식이 혼합된 건축물들로, 류블랴나의 오랜 역사를 보여준다. 광장의 서쪽은 쇼핑의 거리, 스타리stari trg와 연결된다.

골목마다 보석처럼 박혀있는 공공미술품들

거리를 걷다보면 유난히 공공미술 작품들이 눈에 띈다. 그중에서도 '오브라지Obrazi'라는 이름의 작품은 Ključavničarska ulica라는 거리 전체에 걸쳐 설치되어 눈길을 끈다. '오브라지'라는 이름은 슬로베니아어로 '얼굴들'을 의미하며, 다양한 얼굴을 묘사한 700개의 청동 조각으로 구성되어 있다. 이 작품은 류블랴나의 중세 도시 지역을 현대적으로 재해석한 상징적인 작품으로, 도시의 역사와 현대성을 동시에 반영한다. 당시 수로였던 골목의 역사성을 보여주듯, 손가락 형태의 수도꼭지에서는 여전히 식수가 나온다.

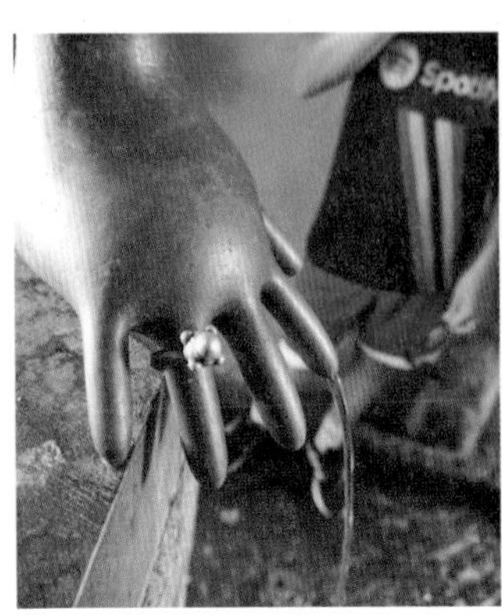

조용하고 성스러운 공간 ⑦

세인트 제임스 성당

Župnijska Cerkev sv. Jakoba / Church of st. James

1615년에 예수회에 의해 설립된 성당으로, 현지에서는 '성 야코바 성당'으로 더 알려져 있다. 1895년 지진으로 피해를 입었지만 요제 플레츠니크Jože Plečnik가 성당을 복구하고, 현재의 모습을 갖추게 되었다. 외관상 보이는 모습은 주로 바로크 양식이지만, 복원 과정에서 화려한 제단과 스테인드글라스 창문 등의 현대적인 요소가 추가되었다. 성당 앞에는 '트리글라브 기념비'가 세워져 있는데, 메스트니 광장의 분수를 만든 프란치스코 로바의 작품이다. 1차 세계 대전 이후, 슬로베니아 민족의 독립과 자유를 기리기 위해 세웠다고 한다. 성당 내부로 들어갈 수는 있으나 개방 시간이 일정하지 않아서 그냥 돌아서야 할 수도 있다. 문이 열려 있다면 여행 운이 좋은 걸로 여기자!

메스트니 광장에서 도보 7분 Levstikov trg 2
012-521-727 www.zupnija-lj-sv-jakob.rkc.si

아름다운 강변 산책로 ⑧

브레그 Breg

슈피차Špica 공원 근처에서 시작하여 코블러 다리까지 이어지는 매력적인 거리. 강 건너 올드타운의 모습과 강을 따라 오가는 유람선, 언덕 위 류블랴나 성까지 한눈에 들어오는 여유롭고 아름다운 강변 산책로다. 마치 한강을 사이에 둔 강변도로와 올림픽대로처럼, 류블랴니차 강을 사이에 두고 스타리 트르그 거리와 평행을 이룬다. 브레그 일대는 중세 시대부터 류블랴나의 상업 중심지로 기능해 왔는데, 17~18세기에 지어진 바로크와 고딕 양식의 건축물들이 늘어서 있어 이 도시의 건축적 유산을 잘 보여준다. 저마다 유서 깊은 오래된 건물들에는 카페, 레스토랑, 예술 갤러리가 밀집해 있고, 여름철에는 다양한 문화 행사와 오픈 마켓이 열린다. 브레그를 따라 걷다보면 여러 조각 작품들이 보이는데, 그 가운데 날개 달린 말 '페가즈Pegaz'와 류블랴나의 전설적인 시장 '이반 흐리바르'의 동상, 그리고 젊은 여성들의 조각상이 눈에 띈다. 모두 이 도시의 역사와 생동감을 상징하며 여행자들에게 깊은 인상을 남긴다.

3단 분수가 있는 새로운 광장 ······ ⑨

노비 광장과 분수 Novi Trg & Fountain

브레그를 따라 걷다보면 공터인 듯 광장인 듯 확 트인 공간이 나온다. 노비 광장, 이름 그대로 해석하자면 '새로운 광장'을 의미한다. 스타리 광장Stari trg(구 광장), 메스트니 광장Mestni trg(시내 광장)과 함께 류블랴나에서 가장 오래된 3대 광장이다. 광장 주변에는 슬로베니아 국립도서관 등 주요 건물이 있으며, 17세기와 18세기의 바로크, 고딕 양식 건축물들이 둘러싸고 있다. 노비 광장의 가운데에는 류블랴나 성과 어우러져 그림 같은 풍경을 선사하는 3단 분수가 시원스레 물줄기를 뿜어내고 있다.

🚶 브레그 산책로의 중간쯤 위치, 코블러 다리에서 도보 1분

역사적 현장, 현재는 시민들의 휴식처 ······ ⑩

콩그레스 광장 Kongresni Trg

이름은 광장이지만, 체감상 공원에 가깝다. 1821년에 열린 유럽의 주요 외교 회담인 '라위바흐 회의(나폴레옹 전쟁 이후 유럽의 정치 지형을 재편하는 데 중요한 역할을 한 회의로, 라위바흐는 류블랴나의 독일어 이름이다)'를 기념하기 위해 설립되었는데, 콩그레스 광장이라는 이름도 이 회의에서 유래했다.
광장 주변에는 슬로베니아 필하모닉 건물과 류블랴나 대학교 본부 건물이 자리잡고 있으며, 중앙에는 성모 마리아 동상이 세워져 있다. 광장의 대부분을 차지하는 잘 가꾸어진 잔디광장은 시민들과 관광객들이 즐겨 찾는 휴식처로, 다양한 사회적, 문화적 행사가 자주 열린다. 류블랴나 도심에 위치해 접근성이 뛰어나며, 광장 지하에는 넓고 현대적인 시설의 공공주차장이 있다.

🚶 브레그 거리에서 서쪽 방향으로 도보 5분

슬로베니아의 독립선언이 이루어진 곳 ······ ⑪

공화국 광장 Trg Republike

1950년대에 건설된 공화국 광장은 당시 슬로베니아의 사회주의적 이념을 반영하여 현대적인 건축 양식으로 조성되었다. 1991년 6월 25일, 이곳에서 슬로베니아의 독립선언이 발표되었으며, 이로 인해 공화국 광장은 슬로베니아의 독립과 주권을 상징하는 중요한 공간이 되었다.

광장에는 슬로베니아의 정치 중심지인 의회 건물이 위치해 있으며, 건물 전면에는 슬로베니아의 역사와 문화를 상징하는 조각들이 장식되어 있다. 공화국 광장은 류블랴나 시민들과 관광객들이 슬로베니아의 현대사와 정치적 변화를 이해하는 데 중요한 장소로, 다양한 국가적 행사와 집회가 열리는 활기찬 공간이다.

🚶 콩그레스 광장에서 도보 5분, 프레셰렌 광장에서 도보 15분

고고학 유물의 보물창고 ······ ⑫

국립 슬로베니아 박물관

Narodni Muzej Slovenije / National Museum of Slovenia

슬로베니아에서 가장 오래된 박물관으로, 1821년에 설립되었다. 고고학, 예술, 자연사 분야의 다양한 전시물을 소장하고 있으며, 세계에서 가장 오래된 악기인 네안데르탈인 뼈피리와 같은 귀중한 유물들로 유명하다. 19세기 말에 지어진 신고전주의 양식의 건물 전체가 전시장으로 사용되는데, 상설전, 기획전은 물론이고 교육 프로그램과 워크숍도 충실하게 운영되고 있다.

🚶 공화국 광장에서 도보 3분
📍 Muzejska ulica 1
🕓 10:00~18:00(목요일은 20:00) ⊗ 월요일
€ 어른 €8, 학생 €4, 매월 첫 번째 일요일은 무료
(*류블랴나 카드 소지자 무료)
📞 012-414-400
🏠 www.nms.si

두 개의 미술관 중 하나 ······ ⑬

류블랴나 현대미술관(MG)

Museum of Modern Art Ljubljana

류블랴나 현대미술관은 MG(Moderna Galerija Ljubljana)와 MSUM(Museum of Contemporary Art Metelkova)으로 알려진 두 개의 미술관으로 구성되어 있다. 둘 중 MG에 해당하는 이곳은 1948년에 설립되었으며, 류블랴나의 중심부에 위치해 있다.

20세기 초부터 현대까지의 슬로베니아 미술 작품들을 소장하고 있는데, 특히 모더니즘과 아방가르드를 표방한 작품들이 많다. 미술관의 외관은 소박하고 심플하지만 내부로 들어서면 정말 다양한 회화, 조각, 사진 등의 작품들이 벽면 가득 채우고 있어서 한 시간 정도는 훌쩍 지나갈 정도다.

참고로, MSUM에 해당하는 메탈코바 현대미술관은 이곳에서 1.5㎞ 정도 떨어진 메탈코바 문화지구에 위치하며, 하나의 입장권으로 3일 동안 두 군데 모두 이용할 수 있다.

프레셰렌 광장에서 티볼리 공원 방향으로 도보 7분
Cankarjeva cesta 15 10:00~18:00 월요일
€7, 학생 €3.5 매월 첫 번째 일요일은 무료
(*류블랴나 카드 소지자 무료)
012-416-800 www.mg-lj.si

외관부터 우아하고 품격있는 ······ ⑭

슬로베니아 국립미술관

Narodna Galerija / National Gallery of Slovenia

티볼리 공원 바로 옆, 도심이 시작되는 곳에 매우 단정한 모습의 네오 르네상스 스타일 건물이 자리하고 있다. 1918년에 설립된 국립미술관으로, 건물 자체가 역사적 건축물로 평가받고 있다.

중세부터 현대에 이르는 다양한 슬로베니아 미술 작품들을 전시하고 있는데, 주요 컬렉션에는 슬로베니아의 르네상스, 바로크, 낭만주의, 현대미술 작품들이 포함되어 있으며, 특히 슬로베니아의 유명 화가 이반 그로하르Ivan Grohar와 리카르트 야콥스Rihard Jakopič의 작품들이 전시되어 있다. 규모에 비해서 꽤 다양한 전시를 기획하고, 상설전과 기획전 모두 호평을 받고 있다.

프레셰렌 광장에서 티볼리 공원 방향으로 도보 7분
Prešernova cesta 24
10:00~18:00(목요일은 20:00) 월요일
€10(*류블랴나 카드 소지자 무료)
012-415-418 www.ng-slo.si

150년 된 양조장 ······ 

유니온 맥주공장

Union Brewery of Ljubljana

공원과 미술관으로 둘러싸인 이 멋진 도시에서 뭔가 색다른 체험을 하고 싶다면, 150년 된 양조장 투어는 어떨까. 드넓은 티볼리 공원의 동쪽 입구와 마주보고 있는 유니온 맥주공장은 1864년에 설립된 슬로베니아에서 가장 오래된 맥주 브랜드, 유니온 맥주를 생산하는 곳이다.

여행자들을 위해 유서 깊은 맥주 제조 과정을 체험할 수 있는 투어 프로그램을 제공하고 있으니 맥주 마니아라면 도전해 보자. 하루 4차례 진행되는 가이드 투어는 홈페이지를 통해 예약할 수 있고, 전통적인 펍에서의 맥주 시음이 포함되어 있다.

- 장거리 버스정류장에서 도보 15분. 티볼리 공원 동쪽 출입구 맞은편에 위치
- Celovška cesta 22
- 화~토요일 11:00~17:00 ⊗ 일, 월요일
- 가이드 투어 €15.50
- 041-303-050
- www.union-experience.si

티볼리 공원 Park Tivoli

여행자보다는 현지인들에게 더 사랑받는 공원. 류블랴나 사람들의 일상이 궁금하다면 티볼리 공원으로 가면 된다. 1813년에 조성된 이 공원은 도심 속에서 자연을 즐길 수 있는 대표적인 휴식처로, 약 5㎢(참고로, 여의도 면적은 2.9㎢)에 이르는 넓은 면적을 자랑한다. 17세기에 티볼리 캐슬이라는 이름의 작은 성이 있던 자리 주변으로 공원이 형성되었는데, 공원의 시작이었던 티볼리 캐슬은 현재 류블랴나 시립미술관으로 변신했다.

공원 내에는 아름다운 산책로와 분수, 다양한 조형물 등의 시설들이 곳곳에 배치되어 있다. 또 단순한 자연 공간을 넘어, 다양한 스포츠와 레크리에이션 활동을 즐길 수 있는 테니스코트, 수영장, 체육관 등의 시설이 잘 갖춰져 있다. 공원 서쪽에는 동물원도 자리하고 있다. 류블랴나에서 한달살기를 계획한다면 참새 방앗간이 될 확률이 높은 곳. 잠시 여행자에게도 도심의 번잡함을 벗어나 멍 때리기 최적의 장소다.

🚶 프레셰렌 광장에서 도보 10분. 국립미술관에서 보행자용 지하도로를 건너면 공원 입구가 나온다

슬로베니아의 가우디, 요제 플레츠니크

스페인에 가우디가 있다면, 슬로베니아에는 요제 플레츠니크가 있다! 요제 플레츠니크 Jože Plečnik(1872-1957)는 슬로베니아의 대표적인 건축가로, 류블랴나, 프라하, 비엔나에서의 작업으로 유명하다. 그가 설계한 건축물들은 20세기 초반 모더니즘 건축에 지대한 영향을 미쳤으며, 특히 류블랴나의 도시 경관을 혁신적으로 변화시켰다. 플레츠니크의 건축은 기능적인 면과 더불어 독특한 미학적 특성을 갖추고 있다. 단순한 구조물을 넘어서 예술 작품으로서 대대손손 가치를 인정받고 있는 것.

류블랴니차 강변의 트리플 다리와 코블러 다리, 플레츠니크의 시장, 콩그레스 광장, 슬로베니아 국립대학 도서관, 그리고 티볼리 공원의 야외 갤러리 등이 대표적인 작품이다.

자타공인, 최고의 스페셜티 커피 ······ ①

스토우 투 고 Stow 2 Go

프레셰렌 광장의 한 켠에 작지만 눈에 띄는 커피집이 있다. 매장 안에서는 주문과 픽업만 가능할 뿐, 입구에 덩그러니 놓인 의자 없는 스탠딩 테이블 하나가 시설의 전부다. 그런데도 사람들은 끊임없이 이 매장 앞에 줄을 서고, 테이블 주변에 서서 커피를 마신다. 모두가 커피 맛에 진심인 사람들이다. 바리스타는 커피에 대한 지식이 풍부하고, 매일 공급되는 원두도 조금씩 다르다. 에티오피아와 코스타리카 등 스페셜티 커피의 원산지를 선택할 수 있는 것도 장점. 진한 카페인 한 잔으로 여행의 피로를 날려버리기에 딱 좋다.

🚶 프레셰렌 광장에 위치 📍 Prešernov trg 2 🕓 7:00~18:00

명불허전 젤라또 ······ ②

비고 Vigò

류블랴나에서 가장 붐비는 트리플 브리지를 지나 관광안내소 근처에 다다르면 사람들의 손에 하나씩 들려있는 아이스크림이 보인다. 끌리듯 찾아간 곳은 마치 명품숍처럼 생긴 젤라또 가게. 젤라또라는 게 맛없기가 어려운 아이템이지만, 가격과 맛, 분위기 모두 좋은 젤라또 가게를 찾기는 쉽지 않다. 그런 면에서 비고는 다양한 맛의 젤라또는 물론이고, 치즈케이크와 커피까지 고르게 맛있고, 가격 또한 합리적이다. 사진이 함께 있는 간결한 메뉴판도 장점. 2층에도 좌석이 있다. 독특한 맛에 도전하고 싶다면 장미와 라벤더 맛을 추천!

🚶 관광안내소에서 시청 방향으로 도보 30초
📍 Mačkova ulica 2
🕓 9:30~23:30
📞 070-222-211

슬로베니아 전통 소시지와 스프 ······③

클로바사르나 Klobasarna

류블랴나 성으로 향하는 푸니쿨라 승강장과 시청사의 중간쯤, 시릴 메토도브 거리에 자리한 유명 맛집. 상호인 클로바사르나는 슬로베니아 전통 소시지 클로바사에서 가져온 이름이다. 클로바사는 돼지고기를 주재료로 사용하는 훈제소시지인데, 슬로베니아에서는 특히 파프리카와 마늘을 많이 넣어서 깊은 맛을 낸다. 우리가 아는 그 수제 소시지 맛에 딴딴하고 쫀쫀한 식감을 더했다. 가게는 크지 않고, 매장 내 테이블은 2~3개가 전부. 대부분 포장해서 야외 테이블에서 즐긴다. 먹기 좋게 잘라진 클로바사와 단단한 식사빵, 그리고 겨자소스가 함께 나온다. 보리스프나 양배추 스프와 함께 먹으면 꽤나 든든한 식사가 되고, 맥주를 곁들이기에도 좋다.

관광안내소에서 푸니쿨라 승강장 방향으로 도보 3분
Ciril-Metodov trg 15
11:00~21:00
051-605-017
www.klobasarna.si

시원한 음료를 원한다면 ······④

도넛 텔 Donut Tell

유럽의 도시를 여행하다 보면 우리나라의 얼음 인심이 얼마나 후한지 새삼 깨닫게 된다. 한여름의 뙤약볕 아래에서도 얼음 조각 들어간 음료 찾기가 어찌나 어려운지. 도넛 텔에서는 마음껏 시원한 음료를 마실 수 있다. 가게 밖에 걸려있는 핑크빛 도넛 간판에 이끌려 들어간 내부도 온통 핑크빛. 스태프들의 미소마저 사랑스럽다. 바삭한 도넛과 십여 종의 버블티, 아이스커피에 말차라떼까지 달콤하고 시원한 디저트 천지다. 물론 차가운 음료만 있는 건 아니다. 모든 음료를 뜨겁거나 차갑게, 취향대로 주문할 수 있다.

관광안내소에서 푸니쿨라 승강장 방향으로 도보 3분, 클로바사르나 근처에 있다
Ciril-Metodov trg 12
10:00~20:00 ⊗ 월요일
donuttell.com

굴뚝빵을 아시나요? ······ ⑤

드래곤 스트리트 푸드 Dragon Street Food

드래곤 스트리트 푸드는 여러모로 류블랴나의 정신과 맞닿아 있다. 용을 주제로 한 상호도 그렇고, 류블랴나의 전통 디저트 굴뚝빵(현지어로 커르토슈칼라치Kürtőskalács라고 부른다)이 주 메뉴인 것도 그렇다. 굴뚝빵은 빵 반죽을 굴뚝 모양 나무 또는 금속 막대에 감아 구운 후, 설탕과 시나몬 같은 재료를 묻혀 바삭하고 달콤한 맛을 낸다. 취향에 따라 초콜릿, 견과류, 크림 등 다양한 토핑이나 필링을 추가해서 풍부한 맛을 즐긴다. 슬로베니아 뿐 아니라 체코, 헝가리, 루마니아 등지에서도 즐겨 먹는 길거리 간식으로, 토핑과 크기에 따라 5~8유로 정도에 달콤한 당 충전이 가능하다.

관광안내소에서 푸니쿨라 승강장 방향으로 도보 3분, 도넛 텔 근처에 있다
Ciril-Metodov trg 11
11:00~20:00 030-318-988
www.dragonstreetfood.com

둘째라면 서러울 맛의 젤라또 가게 ······ ⑥

젤라테리아 로만티카 Gelataria Romantika

관광안내소 근처에 있는 '비고 vigo'와 함께 류블랴나 젤라또의 양대 산맥이라 불리는 곳. 마치 부뚜막처럼 생긴 진열대에 여러 개의 뚜껑이 닫혀 있는데, 젤라또를 주문하면 각각의 뚜껑을 열고 깊숙이 저장된 아이스크림을 떠서 담아 준다. 대부분 젤라또를 손에 들고 떠나지만, 무채색의 심플하고 세련된 매장에서 천천히 즐겨보는 것도 좋다. 추천하는 맛은 쏠티드 캬라멜과 피스타치오! 호불호 없이 깔끔한 맛이다.

메스트니 광장에서 세인트 제임스 교회 방향으로 도보 5분 Stari trg 15
11:00~23:30 070-411-229
www.gelateriaromantika.com

푸짐한 해산물 플레이트 ······⑦

비노 앤 리베 Vino & Ribe

스타리 광장 길을 따라 강의 남쪽을 향해 걷다보면 물고기와 와인병으로 로고를 만든 재밌는 간판이 눈에 띈다. 슬로베니아어로 비노 앤 리베는 '와인과 물고기'라는 뜻. 합리적인 가격의 슬로베니아 와인과 스타트로 나오는 피시 플레이트가 이 집의 시그니처 메뉴다. 음식은 모두 큼직한 접시에 담겨 나오고, 접시 크기만큼 양도 넉넉하다. 메뉴는 구이와 튀김으로 나뉘는데, 똑같은 재료라도 조리법에 따라 맛이 달라진다. 스프와 샐러드마저도 주재료는 물고기와 해산물이다. 매장은 작지만 야외 테이블을 활용할 수 있어서 개방감이 있다.

- 메스트니 광장에서 세인트 제임스 교회 방향으로 도보 5분
- Stari trg 28
- 12:00~22:00
- 082-055-283
- m.facebook.com/vinoinribe

느끼한 맛을 날려줄 아시아의 맛 ······⑧

한 Asian Restaurant Han

류블랴나 내에만 3군데 지점이 있는 아시안 레스토랑, 더 정확하게는 차이니즈 레스토랑이다. 3군데 지점 중 가장 접근성이 좋은 곳이 바로 이곳 센터점인데, 콩그레스 광장의 북쪽 면과 길 하나를 사이에 두고 마주하고 있다. 야외 테이블에 앉으면 콩그레스 광장의 넓은 공원뷰를 만끽할 수 있다. 다양한 메뉴와 푸짐한 양으로 승부하는데, 특히 볶음밥의 경우는 2인분에 가까운 1인분이 나온다. 음식 맛은 우리가 아는 중국음식 그 자체. 하지만 이탈리아 음식과 발칸 음식에 질릴 때쯤 맛보면 세상 맛있는 별미다. 시내에 머문다면 볼트나 홈페이지를 통해 배달 주문도 가능하다.

- 콩그레스 광장 북쪽 면에서 도보 1분
- Kongresni trg 3
- 11:00~22:00 ⊗ 일요일
- 014-251-111
- www.restavracija-han.si

든든하고 맛있는 부렉 성지 ······ ⑨

노벨 부렉 Nobel Burek

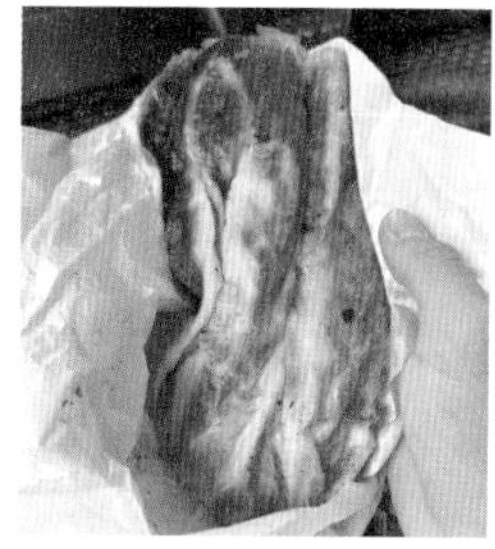

'부렉'은 발칸 반도와 튀르키예에서 주로 먹는 전통적인 페이스트리를 말한다. 크로아티아와 슬로베니아에서는 주로 시금치와 치즈를 넣은 부렉이 인기가 많은데, 노벨 부렉은 이 두 종류 부렉에 있어서 최고라 할 만하다. 취향에 따라 소고기, 양고기, 감자 등 다양한 속 재료를 선택할 수 있다. 장거리 버스정류장과 기차역에서 가까운 데다 24시간 문을 여는 장점 때문에 여행자들에게는 최고의 길거리 음식점으로 통한다. 주문과 동시에 음식이 나오지만, 그래도 대부분 줄이 늘어서 있을 정도. 부렉 하나의 가격은 3~5유로, 맛은 물론이고 양까지 푸짐해서 한끼 식사로도 손색없다. 참고로 테이크아웃만 가능하고, 부렉 외에 케밥도 맛있다.

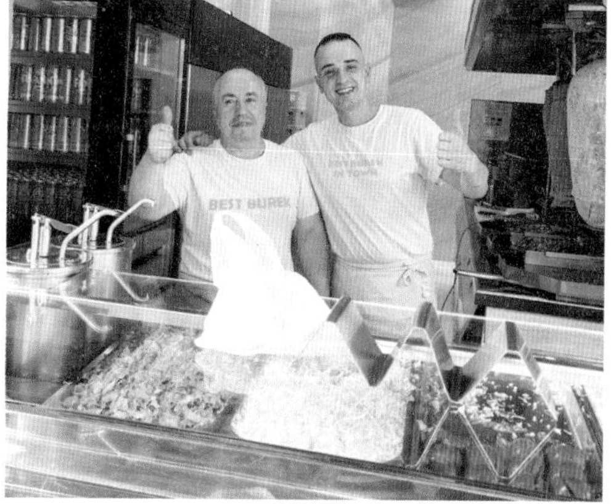

🚶 류블랴나 기차역에서 올드타운 방향으로 도보 5분
📍 Miklošičeva cesta 30
🕒 24시간
📞 012-323-392

형형색색 생동감 넘치는 상설시장 ······ ①

센트럴 마켓 Central Market

올드타운 한가운데서 매일 오전 펼쳐지는 상설시장. 오래전부터 현지인들에게는 일상처럼 펼쳐지던 시장이었고, 지금은 여행자들에게 더 인기 있는 시장이 되었다. 매일 형형색색의 꽃과 채소, 그리고 과일 좌판이 펼쳐지는데, 모두 근교에서 재배한 농산품들이다. 치즈와 와인, 쿠키, 빵 등은 여행자도 구입하기 좋은 아이템들. 매일 아침부터 오후 4시까지 시장이 열리지만 일요일이 휴무인 점은 아쉽다. 시장을 둘러싼 푸드트럭들에서는 각종 길거리 음식들이 즉석 조리되어 나오는데, 저렴한 가격은 아니니 너무 욕심내지는 말자.

🚶 드래곤 다리에서 푸니쿨라 승강장 방향으로 도보 1분
📍 Adamič-Lundrovo nabrežje 6
🕒 7:00~16:00
⊗ 일요일
📞 013-001-200

플레츠니크가 설계한 아케이드 ······ ②

플레츠니크의 시장 Mercado Cubierto de Plečnik

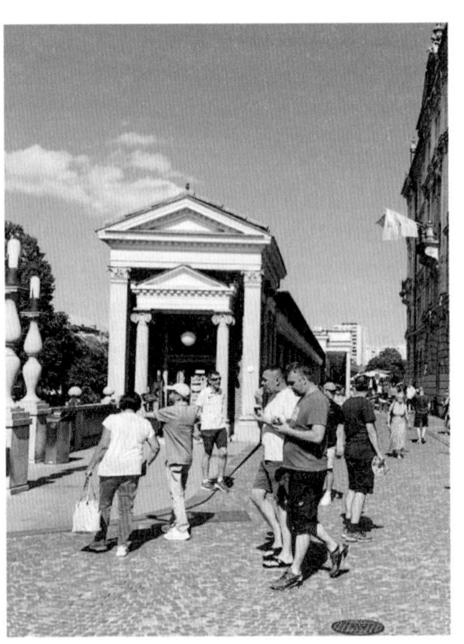

드래곤 다리에서 트리플 다리까지 이어지는 긴 아케이드. 류블랴나의 대표 건축가 플레츠니크가 설계한 쇼핑 아케이드로, 그의 이름을 따 플레츠니크의 시장Mercado이라 불린다. 1931년부터 1939년 사이에 건설된 이 시장은 플레츠니크가 류블랴나 도시의 여러 부분을 재설계하고 개조하는 프로젝트의 일환으로 만들어졌다.

플레츠니크의 건축 스타일은 신고전주의와 모더니즘이 결합된 독창적인 형태인데, 이 시장 역시 그 독특한 디자인을 보여준다. 기둥이 늘어선 외관은 고전적인 그리스 및 로마의 건축을 연상시키며, 전체적으로는 도시와 강의 조화로운 흐름을 고려했다. 현재 아케이드의 1층에서는 주로 생선, 해산물, 고기와 같은 신선식품을 판매하고, 2층에서는 과일, 채소, 빵, 치즈 등의 가공식품을 판매한다.

🚶 류블랴니차 강의 서쪽, 드래곤 다리에서 트리플 다리 사이에 위치

📍 Adamič-Lundrovo nabrežje 27-1

북적북적 쇼핑과 먹거리 거리 ······ ③

스타리 거리 Stari Trg

스타리 트르그는 '옛 광장'이라는 뜻으로, 류블랴나에서 가장 오래된 중심지 중 하나다. 지명은 '트르그(광장)'지만, 실상은 길게 이어지는 쇼핑 '거리'인데, 강 건너 브레그와 나란히 이어지는 보행로다. 사실 스타리 트르그라는 지명을 몰라도 이 도시를 방문한 사람들은 누구라도 이 거리를 걷게 된다. 이 길을 따라 가장 많은 레스토랑과 카페가 밀집해 있기 때문. 중세 건축 양식이 잘 보존된 건물들과 좁은 골목길마다 자리한 기념품 가게들도 여행자의 발길을 이끈다.

🚶 시청사에서 세인트 제임스 교회까지 길게 형성

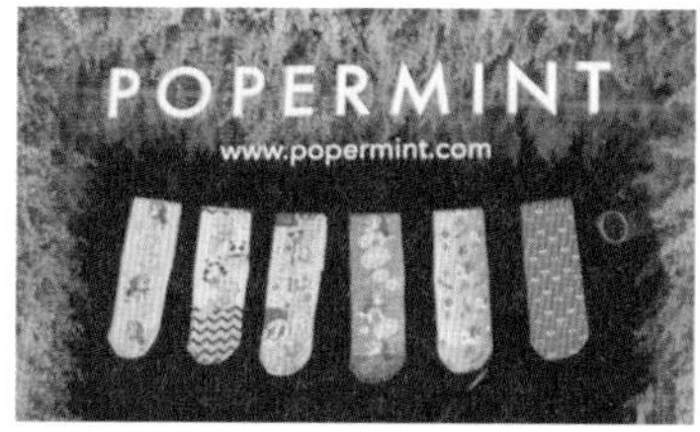

액세서리 없는 삶은 상상할 수 없어! ······ ④

포퍼민트 Popermint

액세서리 없는 삶은 상상할 수 없다고 말하는 액세서리 디자이너의 소품숍. 디자인에서 제작까지 직접 만들어내는 상품도 있지만, 다양한 브랜드의 제품들을 큐레이션 하는 데 더 중점을 두고 있다. 가방, 물병, 넥타이, 신발, 헤어핀, 양말, 타월, 안경, 우산 등등 정말 다양한 제품들이 시즌별, 브랜드별로 잘 진열되어 있다. 이국적인 아이템의 선물이나 액세서리를 찾는다면 이곳이 정답일 수도!

🚶 세인트 제임스 성당에서 강변 쪽으로 도보 3분 📍 Levstikov trg 4a
🕓 10:00~19:00, 토요일 10:00~18:00 ⊗ 일요일
📞 016-006-290 🏠 www.popermint.com

레이크 블레드 & 율리안 알프스
Lake Bled & the Jilian Alps
류블랴나

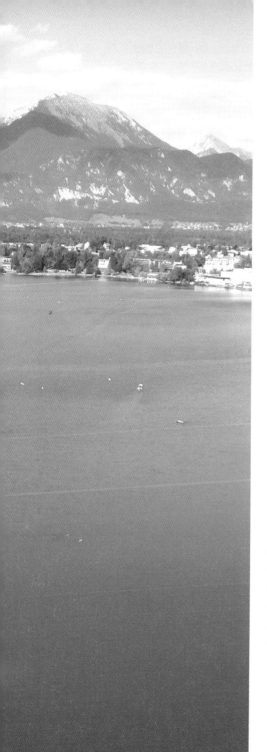

블레드

BLED

시선을 사로잡는 사진 한 장이 미지의 여행지로 발길을 이끄는 때가 있다. 블레드가 그런 곳이다. 햇살에 반짝이는 옥빛 호수 위에 섬 하나, 그 섬 위에 우뚝 솟은 종탑. 슬로베니아를 대표하는 이미지를 꼽으라면 아마도 압도적 원 픽이 될 곳, '알프스의 눈동자'라 불리는 블레드 호수다. 이곳에는 호수 외에도 두 가지 블레드가 더 있는데, 블레드 '섬'과 블레드 '성'이다. 블레드라는 이름이 붙은 것은 어느 하나도 놓치지 말고 돌아보자.

어떻게 가면 좋을까

슬로베니아 최고의 관광지인 만큼, 블레드로 가는 대중교통과 도로는 매우 잘 발달되어 있다. 버스, 기차, 렌터카를 이용할 수 있지만, 기차역은 시내까지 거리도 멀고 운행 횟수도 제한되어 이용 빈도가 높지 않다. 대부분 여행자들은 류블랴나에서 출발해서 시내 중심에 도착하는 장거리 버스를 이용하거나 렌터카로 블레드 호수를 찾는다.

VISITOR CENTER

블레드 관광안내소
Cesta svobode 10, 4260 Bled
월~토요일 8:00~19:00, 일요일 9:00~17:00
045-741-122 www.bled.si

트리글라브 국립공원 관광안내소
Ljubljanska cesta 27, 4260 Bled
8:00~18:00 045-780-205 www.tnp.si

버스 Bus

류블랴나 중앙 버스터미널에서 출발한 버스는 1시간 15분~1시간 30분 정도면 블레드 호수 근처 버스정류장에 도착한다. 이곳에서부터는 블레드 시에서 운영하는 무료 셔틀버스를 이용해 주변을 돌아볼 수 있어서 접근성이 좋다.

블레드 버스정류장은 호수의 북동쪽에 있으며, 호수까지 도보로 3분 거리인 Cesta svobode와 Grajska cesta의 교차점에 있다. 블레드 유니언Bled Union 버스정류장은 호수까지 도보로 5분 거리에 있는 블레드 초입에 있다. 둘 중 하나의 정류장에서 하차하면 된다.

버스 요금은 시즌과 시간대에 따라 €7~10, 하루에도 여러 차례 운행되고 성수기에는 횟수가 더 늘어난다. 그럼에도 불구하고, 성수기의 특정 시간대에는 매우 붐벼서 대기를 하거나 자리를 잡기 어려운 경우도 있다.

플릭스 버스FlixBus에서 운행하는 장거리 버스를 이용하면, 잘츠부르크, 뮌헨, 부다페스트, 프라하, 밀라노, 자그레브 등 유럽의 주요 도시에서도 블레드 호수까지 이동할 수 있다.

버스 예매 및 출도착 확인 사이트

🏠 www.ap-ljubljana.si 🏠 www.arriva.si

플릭스 버스 예매 사이트

🏠 www.flixbus.si/avtobus/bled

렌터카 Rent a Car

류블랴나에서 A2/E61 도로를 따라 북서쪽으로 50km 정도 쭉 올라가는 경로다. 주변 경치를 감상하며 천천히 달려가다 보면 45분~1시간 정도면 호숫가에 도착한다. 이 구간은 고속도로 통행료가 부과되는 유료 구간이 포함되지만, 운전자도 모르는 사이에 톨게이트를 통과하게 되니 따로 신경쓸 필요가 없다(톨비는 렌터카 반납 시 사후 정산된다). 렌터카를 이용하면 근처의 보힌 호수까지 여유롭게 돌아볼 수 있어서 가성비 좋은 구간이다.

단, 성수기의 블레드 호수 지역은 거의 전 지역이 주차 전쟁을 치른다. 시내 도착 전에 미리 네비게이션에서 몇 군데 대형 주차장을 검색해 두는 것이 좋다.

블레드-보힌 광역 지도

사비차 폭포
보겔 스키 리조트
보힌 호수
리브체프 라즈
보힌스카 비스트리차
빈트가르 협곡 05
블레드 호수
블레드
907
905
633
209
N
0 1km

블레드 상세 지도

05 빈트가르 협곡
Hotel Triglav
P
Grajska cesta
Hotel Astoria
블레드 장거리 버스정류장
Ljubljanski cesta
슈퍼마켓 SPAR
블레드 성 03
블레드 호수 공원
04 블레드의 심장
트리글라브 국립공원 관광안내소
데빌스 카페 앤 바 02
아이 러브 블레드 01
블레드 관광안내소
Ljubljanska cesta
블레드 쇼핑몰
Rikli Balance Hotel
209
성모승천 교회
01 블레드 호수
02
블레드 섬
종탑과 시계
01 포티츠니차
Cesta svobode
Apartments Razingar
Vila Bled
플레트나 승선장
Straza hill above Lake Bled
Apartments-Rooms Kocijancic
N
0 100m

무료로 이용하세요! 'Bled Bus'

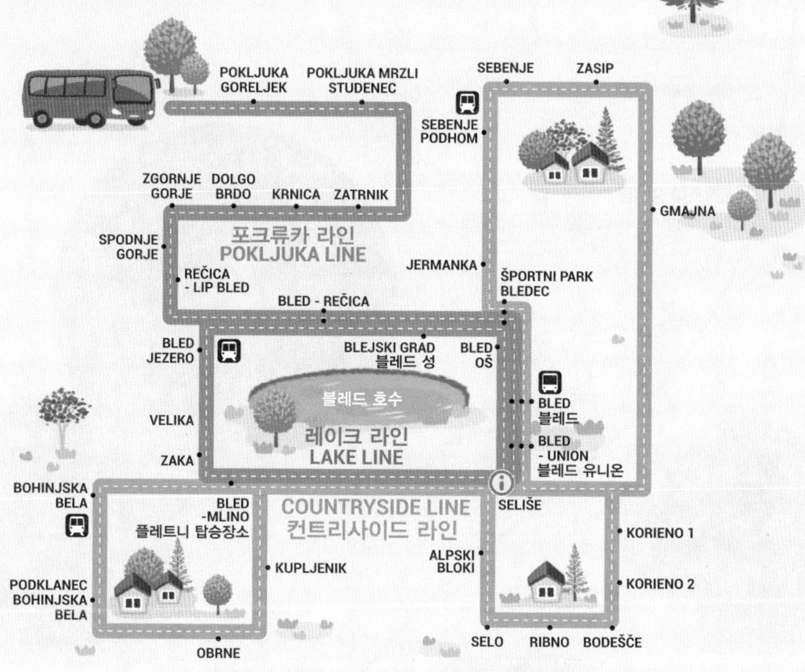

블레드 버스는 블레드와 그 주변 지역을 편리하게 여행할 수 있도록 여름 시즌 동안 운영되는 무료 셔틀버스다. 주로 7월 1일부터 8월 31일까지 매일 운행되며, 3개의 노선이 있다. 자세한 노선도는 관광안내소에서 구하거나, 정류장마다 붙어있는 일러스트 지도를 참고하면 된다. 참고로, 블레드 유니온BLED UNION 정류장은 세 노선 모두를 이용할 수 있는 정류장이니 기억해 두면 편리하다.

레이크 라인 Lake Line 블레드 호수를 순환하며 하루에 7회 운행된다. 호숫가의 주요 관광 명소와 연결되며, 블레드 성으로 가는 가장 좋은 방법이다.

포크류카 라인 Pokljuka Line 트리글라브 국립공원으로 가는 노선으로, 하이킹을 즐기는 여행객들이 주로 이용한다.

컨트리사이드 라인 Countryside Line 블레드 주변의 작은 마을과 자연을 탐방할 수 있는 노선. 빈트가르 협곡을 갈 때 유용하다.

블레드 추천 코스

블레드 지역의 호수, 섬, 성을 다 둘러보려면 꽉 찬 하루가 필요하다. 먼저 플레트나를 타고 가장 가까운 시선으로 호수를 건너고, 섬에 도착해서는 조금 더 높은 시선에서 호수를 조망하고, 마지막으로 블레드 성에 올라 호수 전체를 내려다보는 것. 이렇게 3단계 눈높이로 블레드 호수를 즐기다 보면 긴 여름 해도 짧게 느껴진다.

예상 소요 시간 **6~8시간**

블레드 관광안내소
블레드 여행 시작!

호숫가 산책로를 따라 도보 20~30분

플레트나 승선장
호수를 건너는 가장 낭만적인 교통수단

플레트나 10~15분

블레드 섬
계단, 성당과 종탑,
그리고 포티카 모두 체험하기

플레트나 10~15분

플레트나 승선장
뱃사공과의 시간 약속 엄수!

왔던 길로 도보 20~30분 또는
반대 방향으로 도보 40~50분

블레드의 심장
하트 모양 조형물. 인증샷 명소

도보 20~30분 또는
블레드 셔틀 파크 라인 10분

블레드 성
블레드 호수가
한 눈에 들어오는 뷰 포인트

비현실적으로 아름다운 ······ ①

블레드 호수 Blejsko Jezero / Bled Lake

블레드 호수의 깊은 청록은 알프스 설산에서 시작되었다. 빙하 녹은 물이 강의 침식을 거쳐 호수에 이르렀다. 호수의 깊이는 최대 30m에 달해 고요하면서 심오한 분위기를 연출한다. 호수에는 잉어, 메기, 호수송어 등 19종의 물고기가 서식하고 있으며, 표면에는 청둥오리와 백조, 다양한 식물이 서식하고 있다.

풍경은 비현실적으로 아름답다. 약 6km에 이르는 산책로에서 봐도 아름답고, 언덕 위 성에서 내려다 봐도 아름답고, 배를 타고 거슬러 가며 보아도 아름답다. 보는 것만으로 성이 차지 않는 사람들은 호수에 몸을 던져 수영과 패들보트, 카약 등 저마다의 방법으로 호수를 즐긴다.

슬로베니아가 유고슬로비아였던 시절, 요시프 브로즈 티토Josip Broz Tito 대통령 역시 이 아름다운 호숫가에 별장을 짓고, 주요 인사들과 함께 호수를 찾았다. 지금 그 별장은 '빌라 블레드Vila Bled'라는 이름의 호텔이 되었다.

호수 동쪽에는 온천이 있는데, 덕분에 한 겨울에도 호수 온도가 20°C 이하로 떨어지지 않는다. 오늘날 온천수는 Grand Hotel Toplice, Park Hotel, 그리고 Rikli Balance Hotel의 3개 호텔 수영장에서 사용되고 있다. 호수가 얼어붙는 겨울 시즌에는 이들 호텔에서 온천욕을 즐기는 것도 운치 있다.

호수 위의 화룡정점 ······ ②

블레드 섬 Blejski Otok / Bled Island

블레드 호수 한가운데 떠있는 블레드 섬은 내륙 국가인 슬로베니아에 존재하는 유일한 자연 섬으로, 서울 한강에 떠 있는 밤섬과 비슷한 크기다. 이곳을 방문한 사람들은 전통 나룻배인 플레트나를 타고 섬에 도착해 교회의 종을 울리며 소원을 비는 특별한 경험을 할 수 있다.

섬에서 가장 먼저 만나는 것은 17세기에 만들어진 99개의 돌계단. 계단의 끝에 성모승천 교회가 자리하고 있다.

종탑과 시계

Bell Tower and Pendulum Clock

성모승천 교회 옆에 있는 종탑은 블레드 섬에서 가장 인상적인 구조물 중 하나로, 종탑과 추시계를 함께 가지고 있다. 섬 전체에서 가장 높은 건축물로 섬을 상징하는 랜드마크이기도 하다.

종탑에 오르는 입구는 교회 입구 옆에 있으며, 52m 꼭대기까지 나선형의 좁은 계단을 통해 올라갈 수 있다. 꼭대기에 이르면 추시계의 원리를 설명한 모형과 실제 시계가 작동되는 기계 설비를 동시에 볼 수 있어서 흥미롭다. 철망을 통해 봐야하는 게 아쉽지만, 꼭대기에서는 블레드 섬의 전경뿐만 아니라, 멀리 보이는 블레드 성과 호수를 둘러싼 산들이 만들어내는 그림 같은 풍경을 볼 수 있다.

성모승천 교회 Cerkev Marijinega Vnebovzetja / Church of the Assumption

소원을 들어주는 종으로 유명한 성모승천 교회. 교회 내부에 있는 종을 세 번 울리고 소원을 빌면 그 소원이 이루어진다는 전설이 있다. 종 울리기의 전설은 1534년부터 시작되었다. 한 미망인이 남편을 추모하기 위해 종을 만들었지만, 호수로 운반 중 폭풍으로 인해 종이 물에 빠져 실의에 빠졌다고 한다. (현지인들은 지금도 블레드 호수 바닥에는 '침묵의 종'이 잠겨 있다고 믿는다) 이 소식을 들은 교황이 새로운 종을 보내주었고, 그 종이 바로 현재 교회의 종탑에 걸리게 되었다. 이후 미망인의 소원이 이루어진 것처럼 모두에게도 소원을 들어주는 종으로 유명해지게 된 것. 교회 내부 제단 앞에 매달린 두꺼운 줄을 잡아당기면 육중하면서도 경건한 소리로 종이 울린다. 꽤 무거워서 두 명이 매달려서 당겨야 할 정도지만, 이조차도 행복한 경험이다.

그런데, 원래 이 섬에는 고대 슬라브족이 숭배하던 이교도 신전이 있었다고 한다. 이 신전은 사랑과 다산의 여신을 모시는 장소였으나, 9세기경 기독교가 퍼지면서 신전이 있던 자리에 성모 마리아에게 헌정한 성모승천 교회가 세워졌다. 현재와 같은 바로크 양식의 교회는 17세기 중반에 완성되었다. 교회 내부 벽에는 예수 그리스도와 성모 마리아의 삶을 묘사한 프레스코화가 있다. 입장료가 조금 부담스럽지만, 소원을 빌고 외부에 있는 종탑에도 오를 수 있다는 걸로 위안을 삼자.

돌계단에서 도보 3분
4260 Bled
8:00~22:00
어른 €12, 어린이 €5
045-729-380
www.zupnija-bled.si

세상에서 제일 튼튼한 슬로베니아의 신랑

슬로베니아에서는 신랑이 결혼식 날 신부를 안고 블레드 섬의 99개 돌계단을 끝까지 올라가야 하는 전통이 있다. 신랑이 한 번도 쉬지 않고 계단을 모두 오르면 두 사람의 결혼 생활이 행복하고 성공적일 것이라는 믿음이 있기 때문이다. 계단을 오르는 동안 하객들은 신랑을 응원하고, 마침내 계단 끝에 오른 신랑 신부를 격하게 축복한다. 결혼식의 마지막 의식은 성모승천 교회에서 종을 치고 소원을 비는 것. 세상에서 제일 튼튼한 슬로베니아 신랑의 고군분투로, 마침내 세상에서 제일 행복한 신혼부부가 탄생하게 된다.

곤돌라를 닮은 슬로베니아 전통 배, 플레트나Pletna

Mlino Port for Pletna Boat

관광안내소에서 산책로를 따라 호수 남쪽으로 도보 20분
Cesta svobode 45
어른 €18, 어린이 €9 041-948-168
www.pletna.si

베네치아에 곤돌라가 있다면, 블레드에는 플레트나가 있다. 플레트나는 16세기부터 블레드 호수에서 사용된 전통 나룻배로, 호수의 아름다운 경치를 감상하며 섬으로 향하는 가장 인기 있는 교통수단이다. 목재를 이용해 전통 방식으로 제작하며, 바닥이 평평해 호수 위를 안정적으로 운행할 수 있다. 배의 앞부분에는 탑승객들을 보호하기 위한 작은 지붕이 있으며, 뱃사공은 두 개의 노를 저어 배를 움직인다.

플레트나를 운행하는 뱃사공은 대대로 이어져 내려오는 전통적인 가문에서 그 기술을 전수받는다. 즉, 특정 집안의 후손만이 이 직업을 가질 수 있다는 의미. 플레트나 뱃사공은 전통을 이어간다는 의미에서 이 지역에서 매우 존경받는 직업이다.

플레트나는 정해진 출발 시간이 없으며, 승객이 일정 수에 도달하면 출발한다. 대체로 20명 정도까지 탈 수 있지만, 몇 명을 태울지는 전적으로 뱃사공의 마음이다. 섬까지는 약 10~20분 정도가 걸리고, 도착 후 뱃사공은 승객들에게 몇 분 후까지 모이라고 알려준다. 대체로 30~50분 정도 섬에서 머물고 약속한 시간에 다시 배를 타고 돌아온다. 승선 장소는 여러 군데가 있는데, 시즌별로 열고 닫는 곳이 조금씩 다르다. 가장 일반적인 승선장은 호수 남쪽의 포트 믈리노Mlino Port에 있고, 성수기에는 호수 동쪽의 파크 호텔Park Hotel 앞에서도 배를 탈 수 있다.

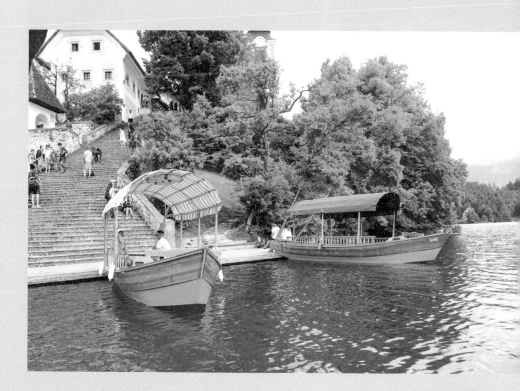

천년의 성벽 ······ ③

블레드 성

Blejski Grad / Bled Castle

1011년에 완성된, 슬로베니아에서 가장 오래된 성. 독일 왕 하인리히 2세가 이 지역의 주교에게 기증한 성이다. 여러 차례 개축을 거쳐 오늘날의 형태를 갖추었지만, 애초에 거주를 위한 성이 아닌 군사용 요새여서 화려하기보다는 '튼튼하다'에 방점이 찍힌다. 성의 전체적인 구조도 방어를 위한 두 개의 벽과 여러 개의 타워가 설치되어 있다.
우리가 블레드 성에 가야 하는 이유는 성 내부보다는 외부에 있다. 해발 약 130m 높이의 절벽 위에 지어진 천년의 성벽은 블레드 호수와 섬을 내려다보는 최고의 전망 포인트이기 때문. 이곳에서는 호수 전체를 내려다보는, 항공샷에 버금가는 인생샷이 가능하다. 성은 두 개의 주요 레벨로 나누어져 있으며, 상단에는 고딕 양식의 성당과 성탑이, 하단에는 르네상스 스타일의 테라스, 박물관, 와인 저장고, 그리고 다양한 전시 공간이 있다.

7~8월에는 무료 셔틀버스 Park Line을 타고 블레드 성 주차장에서 하차.
또는 Grajska cesta라는 이름의 등산로를 따라 호수에서 성 입구까지 도보 20분

Grajska cesta 61, 4260 Bled

11~3월 8:00~18:00, 4~10월 8:00~20:00

어른 €18, 학생 €11.5, 어린이 €7

045-729-782 www.blejski-grad.si

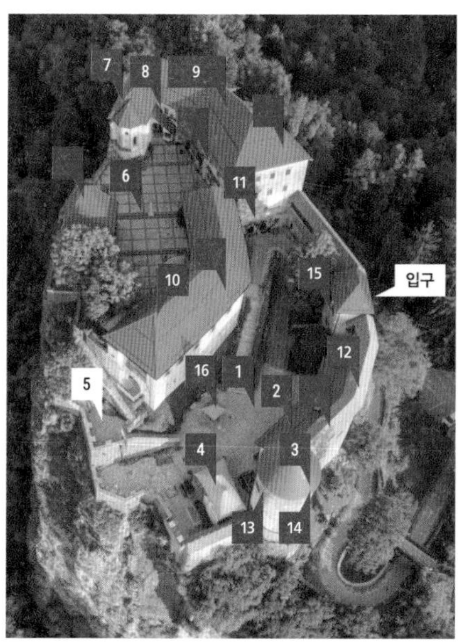

1 아래 안뜰

2 인쇄소 인쇄소에는 기념 증서를 인쇄할 수 있는 구텐베르크 목판 인쇄기 복제품이 있는데, 직원의 도움을 받아 직접 인쇄할 수도 있다.

3 갤러리 스톨프(STOLP) 블레드 성의 둥근 탑 내부에 있는 갤러리. 월별 기획전이 열리고, 사진작가, 화가, 설치미술가들의 작품이 정기적으로 전시된다.

4 블레드 캐슬 카페

5 중앙 안뜰

6 위쪽 안뜰

7 예배당
위쪽 안뜰에 있는 고딕 양식의 예배당은 성의 주요 명소 중 하나로, 내부의 아름다운 프레스코화가 특징이다. 북쪽 벽의 프레스코화는 블레드 영지의 소유권을 브릭센의 알부인 주교에게 양도한 독일 황제와 하인리히 2세를 묘사하고 있다.

8 기념품 가게

9 박물관
성 내부에는 블레드와 슬로베니아의 역사를 다룬 박물관이 있어 방문객들이 중세부터 현대에 이르기까지의 자연, 일상생활, 공예, 영적 문화 등 다양한 주제의 유물을 감상할 수 있다.

10 블레드 캐슬 레스토랑

11 와인 저장고
옛날 방식의 와인 저장법을 체험할 수 있는 곳. 슬로베니아 전통 방식으로 와인을 병에 담아볼 수 있는 체험도 있다.

12 성벽

13 아놀드 리클리의 방
유명한 스위스 자연요법사 아놀드 리클리의 삶과 업적을 소개하는 상설 전시장. 그가 이곳에서 치료를 시작한 이후 유럽 전역의 부유한 환자들이 아놀드 리클리가 제안한 치료를 받기 위해 블레드로 몰려들었고, 이를 통해 블레드는 웰빙 여행지로 발전하게 되었다.

14 꿀벌 하우스

15 예식장

16 우물

인증샷 명소 ······ ④

블레드의 심장

Blejsko Srce / The Heart of Bled

블레드 호수 동쪽 산책로에 세워진 하트 모양의 조형물. 블레드 성과 섬, 호수를 한꺼번에 담을 수 있는 최고의 포토 스폿이다. 하트 모양의 붉은 테두리는 호수의 청록빛과 어우러져 한껏 낭만적인 분위기를 연출한다. 근처에 잘 조성된 공원이 있고, 곳곳에 벤치가 놓여있어서 '호수멍'을 하기에도 좋다.

🚶 관광안내소에서 도보 3분

와인잔을 닮은 협곡 ······ ⑤

빈트가르 협곡

Soteska Vintgar / Vintgar Gorge

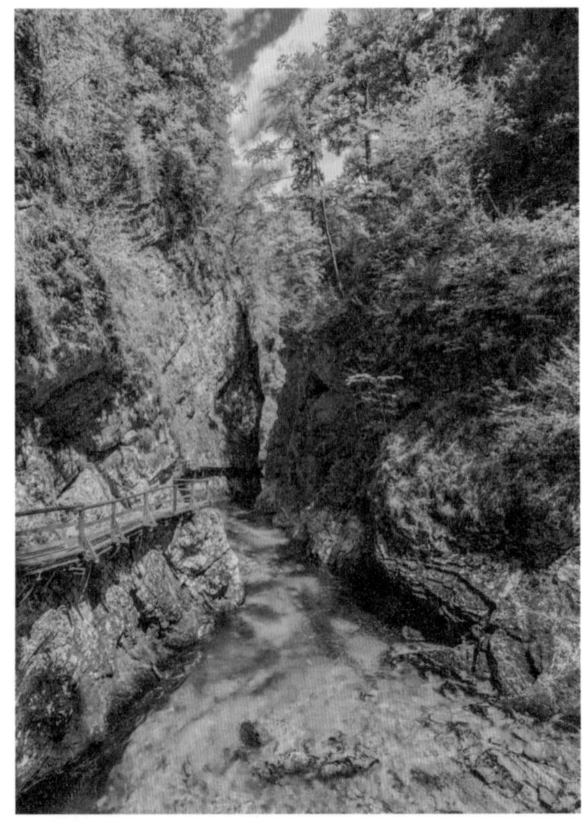

블레드에서 약 4km 북쪽에 위치한 길이 1.6km의 협곡. 이 일대는 빙하의 침식 작용에 의해 형성되었으며, 협곡 절벽의 높이는 50~100m에 이른다. 빈트가르 협곡은 1891년에 발견되어 1893년에 관광지로 개방되었는데, 발견 당시에는 험준한 협곡이었으나 현재는 트레일과 산책로가 잘 정비되어 있어 누구나 쉽게 방문할 수 있다. 트레일의 끝에는 협곡의 하이라이트로 꼽히는 슘Šum 폭포가 있다. 폭포를 보고 되돌아오는 데 보통의 걸음으로 왕복 1시간 30분~2시간 정도 걸린다.

빈트가르Vintgar라는 이름은 독일어 'Weingarten(포도원)'에서 유래했다고 하는데, 협곡의 단면이 와인잔과 비슷해서 붙은 이름이라고 한다. 겨울철에는 개방되지 않고, 장마철에도 일시 폐쇄되므로 방문에 앞서 개방 여부를 확인하는 것이 좋다.

🚶 7~8월에는 블레드 호수에서 무료 셔틀버스 Countryside Line을 타고 빈트가르 협곡 주차장에서 하차. 또는 자동차로 10분

📍 Turistično društvo Gorje, Podhom 80, 4247 Zgornje Gorje

🕓 8:00~17:00 € €10

📞 051-621-511 🏠 www.vintgar.si

포티카를 맛볼 수 있는 카페 ······ ①

포티츠니차 Potičnica

블레드 섬에서 거의 유일한 레스토랑 겸 카페. 이곳에서는 반드시 맛봐야 할 메뉴가 있다. 바로 슬로베니아의 국민 빵이라 불리는 포티차 Potica. 포티차는 얇게 밀어 만든 반죽에 다양한 속 재료를 넣고 말아 구운 빵 또는 케이크로, 주로 호두, 헤이즐넛, 꿀, 시나몬, 초콜릿 등의 속 재료를 사용한다.

"포티차 없이는 휴일도 없다"고 말하는 슬로베니아 사람들. 그러니 여행자들도 포티차를 맛보지 않고 슬로베니아를 여행했다고 할 수 없다. 이 카페에서 제대로 만든 여러 종류의 포티차를 맛보자. 창밖으로 보이는 호수의 풍경은 덤이다. 카페가 있는 건물에는 기념품숍과 작은 역사 박물관이 함께 있으니 돌아갈 플레트나를 기다리는 동안 천천히 둘러보는 것도 좋다.

블레드 섬 돌계단 끝에 위치 Otok 1, 4260 Bled 10:00~19:00 (*계절에 따라 유동적) www.blejskiotok.si/poticnica

전망 좋은 카페 ······ ②

데빌스 카페 앤 바 Devil's Cafe & Bar

아침 일찍부터 밤늦게까지 문을 여는 곳. 호수와 블레드 성이 함께 보이는 명당에 자리하고 있어서 야외 테이블 좌석이 비어 있을 새가 없다. 호수를 바라보며 즐기는 피자와 맥주는 여행의 피로를 가셔주는 최고의 조합. 커피와 블레드 크림케이크도 추천 메뉴다. 저녁 시간에는 조금 더 흥청거리는 술집 분위기가 되지만, 밤낮 없이 전망과 함께 간단한 식사나 음료를 즐기기에 적당한 곳이다.

관광안내소에서 도보 2분 Cesta svobode 15, 4260 Bled
8:00~01:00 045-742-110

볼 것 많고 살 것 많은 기념품숍 ······ ①

아이 러브 블레드 I love BLED

정말 다양한 종류의 기념품을 판매하는 곳. 호수 산책로 근처에 자리하고 있어서 오가며 들르는 사람들도 많고, 아이쇼핑을 즐기는 관광객도 많다. 대체로 가벼운 마음으로 들어왔다가 주렁주렁 쇼핑백을 들고 나가게 된다. 제품의 구색과 품질, 디자인 모두 좋아서 웬만한 기념품은 이곳에서 해결해도 후회 없을 듯. 블레드와 슬로베니아를 로고로 새긴 마그네틱이나 텀블러 등도 추천할 만하고, 블레드 호수를 그린 수채화 작품들도 외면하기 힘든 퀄리티다.

관광안내소에서 도보 1분, 파크 호텔 바로 옆
Cesta svobode 15, 4260 Bled 10:00~20:00 040-789-361

레이크 블레드 & 율리안 알프스
Lake Bled & the Jilian Alps
류블랴나

율리안 알프스의 선물

보힌

BOHINJ

보힌은 '보힌 호수'를 품고 있는 알프스 산맥 동쪽 자락의 지명이다. 보힌 호수와 보겔산, 그리고 사비차 폭포 등이 있는 이 일대는 '율리안 알프스'라 불린다. 율리안 알프스는 알프스 서쪽 자락보다 상대적으로 덜 개발되어 원형에 가까운 매력을 지닌 곳. 산과 호수, 계곡 역시 때 묻지 않은 신비를 간직하고 있다. 슬로베니아의 시골마을과 순수한 자연을 체험하고 싶다면, 율리안 알프스 자락에 고즈넉이 자리한 보힌이 가장 좋은 선택지다.

어떻게 가면 좋을까

블레드 호수에서 동쪽으로 약 26㎞ 달려가면 보힌 호수가 나온다. 호수로 향하는 도중에 보힌스카 비스트리차Bohinjska Bistrica라는 이름의 마을이 나오는데, 이곳이 보힌 호숫가 마을 중 가장 규모가 크다. 이곳에서 20분 정도 더 차를 달려 리브체프 라즈Ribčev Laz라는 곳에 도착하면 보힌 호수에 도착한 것이다.

VISITOR CENTER

보힌 관광안내소
Ribčev Laz 48, 4265 Bohinjsko jezero
월~토요일 8:00~20:00, 일요일 8:00~18:00
045-746-010
www.tdbohinj.si

렌터카 Rent a Car

보힌으로 향하는 가장 좋은 방법은 렌터카를 이용하는 것이다. 류블랴나에서 1시간 20분 남짓 슬로베니아 시골 마을의 정취를 만끽하며 드라이브 할 수 있기 때문. E61 도로를 이용해 북서쪽으로 향한 후, 209번 도로로 진입하여 호수까지 갈 수 있다. 관광안내소 앞마당 격인 넓은 주차장에 차를 세우고, 안내소 뒤편으로 5분 정도 걸어가면 호수가 나온다.

기차 Train

류블랴나에서 출발하는 기차를 타고 보힌스카 비스트리차Bohinjska Bistrica 역까지 1시간 30분 가량 이동한 후, 보힌 호수까지는 현지 버스나 택시를 이용해 약 10~15분 정도 추가 이동해야 한다. 성수기에는 역에서 보힌 호수까지 셔틀을 운영하기도 하니, 현장에서 교통편에 대해 문의해 보는 것이 좋다.

슬로베니아 레일웨이즈 www.potniski.sz.si

버스 Bus

류블랴나 중앙 버스터미널에서 보힌 호수로 가는 직행버스가 있다. 약 2시간 정도 소요되며, 시간표는 계절에 따라 유동적이다. 보힌스카 비스트리차와 리브체프 라즈 두 군데 정류장 중 선택해서 하차할 수 있는데, 리브체프 라즈 정류장이 호수와 더 가깝다. 티켓은 현장에서 구매하거나 버스 회사 온라인 사이트에서 예약할 수 있는데, 아래 두 사이트에서는 티켓을 구매한 후 QR코드나 전자 티켓으로 승차할 수 있다. 류블랴나에서 보힌 호수까지 요금은 계절과 시간에 따라 편도 €8~12 정도.

류블랴나 버스터미널 🏠 www.ap-ljubljana.si
노마고 버스 🏠 www.nomago.si

블레드 호수와 보힌 호수 사이의 이동은?

류블랴나에서 출발하는 노마고 버스를 포함, 대부분의 장거리 버스는 블레드 호수를 경유해서 보힌 호수에 도착한다. 두 호수 사이를 오가는 데 소요되는 시간은 정차 시간을 포함해서 약 40분 정도. 해가 긴 여름철에는 하루에 두 호수를 모두 돌아보는 부지런한 여행자들도 많다. 근처의 보겔산으로 향할 때도 이 완행(?)버스를 이용하면 된다.

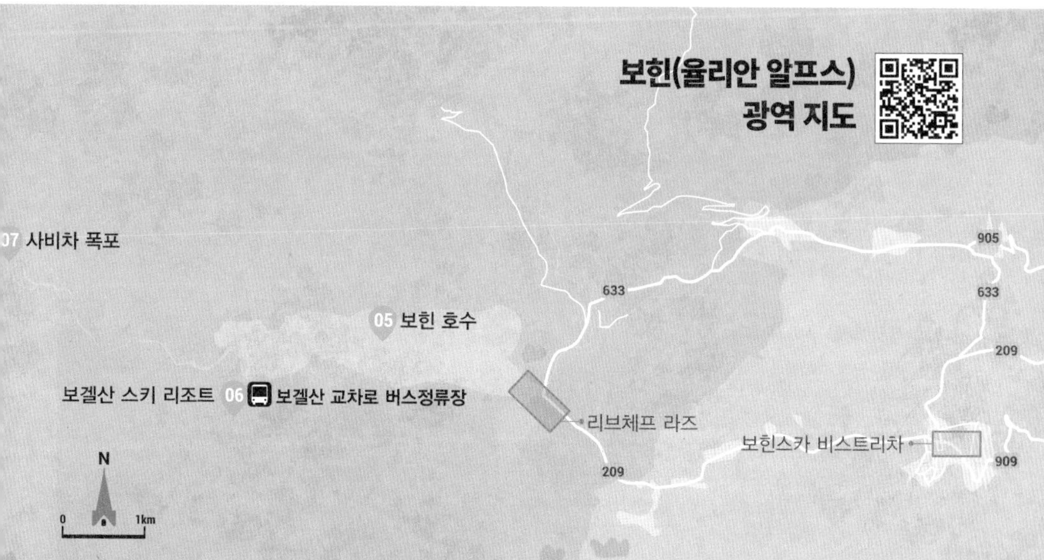

보힌스카 비스트리차

Bohinjska Bistrica

보힌스카 비스트리차는 보힌 호수로 향하는 베이스캠프 같은 곳이다. 30분만 걸어 다니면 방금 전에 만난 사람을 또 만나고, 멋쩍고 반가워서 서로 눈인사 나누게 되는 작은 마을. 30분 안에 마을의 구석구석을 다 돌아볼 수 있는, 마치 영화세트장 같은 마을이다. 시간이 된다면 하루 정도 머물며 제대로 쉼표를 찍고 가도 좋을 곳.

VISITOR CENTER

작은 마을의 정겨운 관광안내소

이 마을의 어떤 숙소를 예약하든, 일단 이 관광안내소를 거쳐야 한다. 대부분 렌털 하우스의 열쇠를 이곳에 맡겨두기 때문이다. 마치 시골마을의 사랑방처럼, 열쇠 보관과 관광안내는 물론이고 자전거 대여, 교통과 투어 예약, 기념품 구입 등등 무엇이든 이곳에서 물어볼 일이다.

LD Tourism & Tourist Vacation Home Rental

Mencingerjeva ulica 10, 4264 Bohinjska Bistrica

9:00~12:00, 14:00~18:00 045-747-600 www.ld-turizem.si

보힌에서 숙소 구하기

보힌은 성수기에 숙소 구하기 어려운 지역 중 하나다. 밀려드는 관광객 수에 비해 숙소의 숫자가 부족하기 때문. 대부분의 여행자들은 보힌 호수 입구 리브체프 라즈에 있는 관광호텔을 이용하거나, 호수에서 자동차로 30분 정도 거리에 있는 보힌스카 비스트리차의 아파트먼트를 이용한다. 문제는 두 지역 모두 슬로베니아의 어느 지역보다 가성비 떨어지는 높은 숙박비를 자랑한다는 것. 개인적으로는 보힌스카 비스트리차 마을의 에어비앤비를 추천하는데, 그나마 가격 경쟁력과 생활 편의시설을 갖춘 마을이기 때문이다.

작은 마을의 랜드마크 ······ ①

성 니콜라스 성당

Župnijska Cerkev sv. Miklavža / St. Nicholas

보힌스카 비스트리차 기차역에서 내리면, 초록빛 들판 한 가운데 우뚝 솟은 성당 첨탑이 보인다. 성당의 뒷배경은 무려 알프스 산맥으로 추정되는 설산이다. 세인트 니콜라스 성당은 1788년에 지어진 성 베드로 성당으로, 이 일대에서 가장 큰 예배당이다. 특별한 볼거리를 찾기보다는 마을을 한 바퀴 돈다는 생각으로 방문해 볼 것을 권한다. 동화 속 성당처럼 정갈하고 경건한 모습이 마음을 끈다. 특히 성당을 둘러싼 공원묘지는 이 마을 사람들의 과거와 현재의 시간이 중첩되는 특별한 공간으로, 여행자들의 마음에도 묘한 울림을 준다.

관광안내소에서 도보 3분, 기차역에서 도보 10분
Ajdovska cesta 22, 4264 Bohinjska Bistrica 045-747-000

좀 뜬금없지만 이 동네 명소 ······ ②

아쿠아파크 & 웰니스 보힌

Aquapark & Wellness Bohinj

소박한 실내외 수영장과 자쿠지, 소금테라피, 그리고 워터슬라이드가 있는 아쿠아파크. 한국의 워터파크들에 비해 규모는 매우 작지만 크게 붐비지 않아 여유 있게 물놀이와 사우나를 즐길 수 있다. 주 고객은 현지인들이지만 보힌 호수 하이킹을 끝낸 여행자들에게도 소중한 휴식을 제공한다. 나란히 있는 보힌 에코 호텔 레스토랑에서 식사를 즐기고, 호텔 지하의 볼링장까지 이용하면 마치 현지인이 된 것 같은 색다른 즐거움을 느낄 수 있다. 에코 호텔에서 숙박하고 아쿠아파크에서 온천까지 즐기면 금상첨화.

기차역에서 도보 5분
Triglavska cesta 17, 4264 Bohinjska Bistrica
월~금요일 12:00~20:00, 토~일요일 9:00~21:00
3시간 이용권 €17(어린이 €12.50), 종일권 €19.90(어린이 €15)
082-004-080 www.vodni-park-bohinj.si

리브체프 라즈
Ribčev Laz

호수에서 가장 가까운 마을, 그러나 거주를 위한 마을이 아니라, 관광안내소, 호텔, 레스토랑 같은 관광 편의시설들이 집약된 곳이다. 호수 초입에 하이킹, 사이클링, 카누 등의 활동을 돕는 알파인 스포츠 대여점이 있으니 활동적인 여행자라면 액티비티에 도전해 보자.

보힌의 자랑, 네 명의 영웅 동상

관광안내소 길 건너편에 작지만 잘 조성된 공원이 있다. 초록의 'Bohinj'이라는 조형물도 멋있고, 때때로 열리는 야외 전시도 눈여겨볼 만하다. 공원에서 가장 높은 자리에는 네 명의 남자들이 모여있는 동상이 있는데, 이들은 트리글라브산의 첫 번째 정복자들이다. 네 명의 영웅은 모두 보힌 지역 출신으로, 1778년 슬로베니아 알프스 최고봉인 트리글라브산을 함께 정복했다. 그들이 손가락으로 가리키는 곳이 바로 트리글라브산이다.

보힌 호수의 수호신 ③

황금뿔 동상 Golden Horn Statue

보힌 호수 초입에 호수를 지키듯 서있는 동물의 동상이 있다. 사슴 같기도 하고 염소 같기도 한 동물의 머리 위에는 황금뿔이 있어서, 황금뿔 동상이라 불린다.
황금뿔 동상은 알프스 지역에 사는 신화적 존재 즐라토르그 Zlatorog와 연관된 상징적인 조형물이다. 전설에 따르면 황금뿔을 가진 하얀 염소 즐라토르그는 트리글라브산 근처를 지키는 신성한 수호자였으며, 그의 뿔에는 신비한 치유력이 있어서 스스로 상처를 치유하고 다시 살아날 수 있었다고 한다.
옛날옛적 한 사냥꾼이 즐라토르그를 향해 화살을 쏘았다. 즐라토르그는 피를 흘리며 도망쳤고, 그 피가 떨어진 곳에서 신비로운 꽃이 자라났다고 한다. 그러나 치유의 뿔을 가진 즐라토르그는 이 꽃을 먹고 다시 살아나 사냥꾼을 호수 아래로 몰아넣었다. 이후 즐라토르그는 영원히 사라졌다고 전한다.
보힌 호숫가에 있는 황금뿔 동상은 이 전설 속의 즐라토르그를 기리며 세워졌다. 이 동상은 관광객들에게 보힌 호수와 슬로베니아 알프스 지역의 신비로운 매력을 상징적으로 전달하며, 이에 호응하듯 많은 사람들이 동상 앞에서 사진을 찍는다.

그림 같은 호숫가에 그림 같이 홀로 선 ④

성 요한 세례자 교회

Cerkev Sv. Janeza Krstnika / Church of St. John the Baptist

성 요한 세례자 교회는 호숫가에 자리한 거의 유일한 건물로, 고딕과 로마네스크 양식이 조화를 이루는 중세 건축물이다. 보힌 호수의 아름다움을 완성하는 화룡정점과 같은 존재.
사실 이 교회는 13세~14세기 초에 지어져 최소 700년 세월을 견딘 건축물이다. 외관은 단순해 보이지만, 내부에는 중세의 종교 미술을 보여주는 아름다운 프레스코 벽화들이 남아 있다. 가장 오래된 벽화는 13세기 작품으로, 슬로베니아의 중요 문화유산으로 평가받고 있다. 교회 앞의 오래된 석조 다리는 호수를 조망하는 최고의 뷰 포인트다.

- 관광안내소에서 도보 5분
- Ribčev Laz 56, 4265 Bohinjsko jezero
- 여름 9:00~17:00
- 입장 €3.50, 입장+종탑 €6
- 045-747-590
- www.janez-krstnik-bohinj.si

대자연이 숨겨둔 보석 같은 곳 ······ ⑤

보힌 호수 Bohinjsko Jezero / Lake Bohinj

보힌 호수는 율리안 알프스 산맥에 자리한, 슬로베니아에서 가장 큰 호수다. 빙하가 만든 신비한 물빛과 주변을 감싼 울창한 숲, 그리고 웅장한 산맥의 조화가 여행자들의 마음을 사로잡는다. 블레드 호수에 비해 유명세는 덜하지만, 두 호수를 모두 돌아본 여행자들은 '블레드 위에 보힌'이라고 말한다. 특히 헤엄치는 오리의 발짓과 물고기의 움직임까지 훤히 보이는 맑고 푸른 물빛은 이곳이 대체불가의 호수임을 증명한다.

보힌 호수는 약 4.2㎞의 길이와 1㎞의 너비를 자랑하며, 최대 깊이는 45m에 달한다. 여름철에는 많은 사람들이 호수에서 수영과 카약을 즐기고, 보힌 호수를 둘러싼 트리글라브 국립공원에서는 하이킹과 트레킹을 즐긴다. 다양한 경로가 있어서 초보자부터 숙련된 등산객까지 모두가 저마다의 시간을 즐기기에 부족함이 없다. 자전거를 빌려 주변을 돌아봐도 좋고, 시간이 부족한 여행자라면 호수 주변의 산책로를 걷는 것만으로도 힐링이 된다.

도시의 소음을 벗어나 평온과 경이로움을 느끼고 싶은 여행자에게 보힌 호수는 대자연이 숨겨둔 보석 같은 곳이다.

보트를 타고 호수 한 바퀴

황금뿔 동상 근처에 있는 보트 승강장에서 파노라믹 보트를 타고 호수를 돌아볼 수 있다. 극성수기를 제외하고는 별도의 예약 없이도 이용할 수 있으니, 호수 위의 풍경이 궁금하다면 도전해 볼 것.

Ladja Bohinj - Ribčev Laz

Ribčev Laz 57, 4265 Stara Fužina

€9~ 041-353-064

bohinj.regiondo.com

동쪽의 알프스 ⑥

보겔산 스키 리조트

Vogel Ski Resort

율리안 알프스에 위치한 보겔산은 마치 천상의 영역과 맞닿아 있는 듯 장엄한 산이다. 이 산은 사계절 내내 자연을 사랑하는 이들에게 안식처이자 모험의 무대가 되어준다. 한여름의 푸른 초목은 하이커들의 발길을 이끌고, 겨울철엔 설원의 광활함이 스키어들을 반긴다.

보겔산의 고도는 약 1,922m에 달하며, 그곳에서 바라보는 트리글라브산과 율리안 알프스는 세상의 경계를 넘어선 듯한 평온을 선사한다. 단, 고도가 높아서 맑은 날보다는 흐린 날이 많다는 것이 맹점.

보겔산의 자연을 누리는 가장 손쉬운 방법은 케이블카를 이용하는 것이다. 류블랴나에서 보힌으로 향하는 버스의 종착지가 보겔산 교차로Vogel križišče 버스 정류장인데, 이곳에서부터 케이블카 승강장까지는 도보로 이동할 수 있다. 보겔산 케이블카는 570m의 고도에서 시작해 1,535m의 고지에 닿으며, 한번에 최대 10명까지 탑승할 수 있다.

스키 리조트 정상에는 최고의 전망을 자랑하는 파노라마 카페 '비하르니크Viharnik'가 있고, 이외에도 리조트 전체에 총 5개의 레스토랑과 스낵바가 운영되고 있지만 계절에 따라 문을 닫는 곳도 있다. 홈페이지를 통해 매일 기상 상황과 케이블카 운행 여부 등을 실시간 알려주고 있으니, 출발 전에 미리 확인하도록 하자.

케이블카 승강장

보힌 호수 관광안내소에서 보겔 교차로Vogel križišče 버스정류장까지 4.3㎞, 자동차로 약 7분 소요. 버스정류장에서 도보 10분

Ukanc 6, 4265 Bohinjsko jezero 8:00~18:00

케이블카 왕복 €32(여름), €29.50(겨울) 045-729-712 www.vogel.si

장엄한 폭포수 ⑦

사비차 폭포 Savica Waterfall

보힌 호수 서쪽에 자리한 사비차 폭포는 동유럽 국가들을 관통하는 사바 강의 수원으로, 이 물이 보힌 호수로 흘러들어간다. 사비차 폭포가 유명한 이유는 두 갈래로 나뉘어 떨어지는 독특한 구조 때문이다. 마치 알파벳 A자처럼, 큰 물줄기는 78m, 작은 물줄기는 25m 높이에서 장엄한 폭포수를 떨군다.

이 멋진 장면을 보기 위해 약 553개의 돌계단을 올라야 하는데, 청량한 공기 마시며 잘 정비된 등산로를 따라 걷다보면 오히려 피로가 사라지는 느낌이다. 단, 여름철이나 비가 내린 후에는 경사길이 꽤 미끄러우니 주의해야 하고, 겨울에는 폐쇄되기도 하므로 방문 전에 오픈 여부를 확인해야 한다.

보힌 호수 관광안내소에서 호수 둘레길을 따라 8.4㎞, 자동차로 약 15분 소요

4265 Bohinjsko jezero €4 031-679-935 tdbohinj.si/slap-savica

맛있는 동네 사랑방 ······①

피체리야 트리피치

Picerija Tripič

트리피치라는 이름의 호텔에서 운영하는 레스토랑. 길가로 난 데크 테이블에 앉아 나지막한 동네 풍경을 바라보는 것도 좋고, 모든 것이 평화로운 마을에서 동네 사람들과 무심한 듯 인사를 나눠보는 것도 좋다. 곁들이는 스페셜티 커피와 슬로베니아 전통 크림케이크 한 입이면 세상 부러울 것 없어진다. 피자, 샐러드, 수프, 송어 요리 그리고 각종 베이커리도 판매하는데, 하나같이 맛있어서 또 찾게 되는 곳이다.

🚶 보힌스카 비스트리차 관광안내소에서 도보 5분
📍 Triglavska cesta 13, 4264 Bohinjska Bistrica
🕓 12:00~22:00 📞 048-280-120 🏠 www.hotel-tripic.si

호숫가 오두막 매점 ······②

카바 바 프리 쿠키유 Kava Bar Pri Cukiju

'카바 바'는 슬로베니아어로 '커피 가게'를 의미한다. 실제로는 커피보다는 아이스크림이 더 많이 팔리는 호숫가 오두막 매점이다. 호수와 숲을 동시에 즐기며 쪼그리고 앉아 맛보는 아이스크림의 맛은 맛이 없을 수 없는 맛. 블레드 명물 크림케이크와 간단한 베이커리도 판매한다.

🚶 관광안내소에서 도보 3분
📍 Ribčev Laz 54, 4265 Bohinjsko jezero
🕓 10:00~21:00
📞 041-898-715

암벽 등반 레스토랑 ······ ③

포드 스칼코 Pod Skalco

황금뿔 동상에서 약 100미터 정도만 산책로를 따라 걷다보면, 커다란 암벽에 매달려 등반하는 사람들과 야외 무대에 올라 뛰어노는 아이들, 그리고 야외 테이블에 앉아 호수를 조망하는 사람들의 모습이 하나의 장면처럼 펼쳐진다. 포드 스칼코라는 이름의 이 장소는 넓은 부지 안에 암벽등반장과 라이브 공연장 등을 갖추고, 호수 조망권까지 완벽하게 갖춘 비스트로 레스토랑. 야외 테이블에 앉아 특별한 시간을 보내려는 사람들에게 인기있는 장소다. 보힌 호수에서 잡은 송어 요리가 이 집의 시그니처 메뉴지만, 파스타와 케이크 등 익숙한 메뉴와 디저트도 모두 좋은 평가를 받고 있다. 호수 산책 도중에 들러 커피 한 잔만 마셔도 추억이 되는 곳이다.

🚶 황금뿔 동상에서 도보 7분
📍 Ribčev Laz 58, 4265 Bohinjsko jezero
📞 041-375-563
🏠 www.pod-skalco-bohinj.com

뜻밖의 햄버거 맛집 ······ ④

카라크테르 바 Karakter Bar

보힌 호수 입구에 있는 개방형 오두막으로, 넉넉한 자연에 둘러싸여 있다. 같은 건물에 레스토랑과 숙박 업소를 함께 운영하고 있어서 언제나 사람들로 붐빈다. 레스토랑의 테이블은 외부에만 있지만 흘러나오는 음악과 호숫가 풍경 등이 어우러져 왠지 낭만적인 곳이다.

메뉴는 버거, 샐러드, 음료로 구성되어 있고, 버거 중에서는 치킨버거와 클래식 치즈버거의 인기가 압도적이다. 함께 곁들이는 감자튀김도 기름지지 않고, 샐러드의 채소는 하나같이 신선하다.

🚶 관광안내소에서 길 건너 도보 1분
📍 Ribčev Laz 51, 4265 Bohinjsko jezero 🕒 12:00~23:00

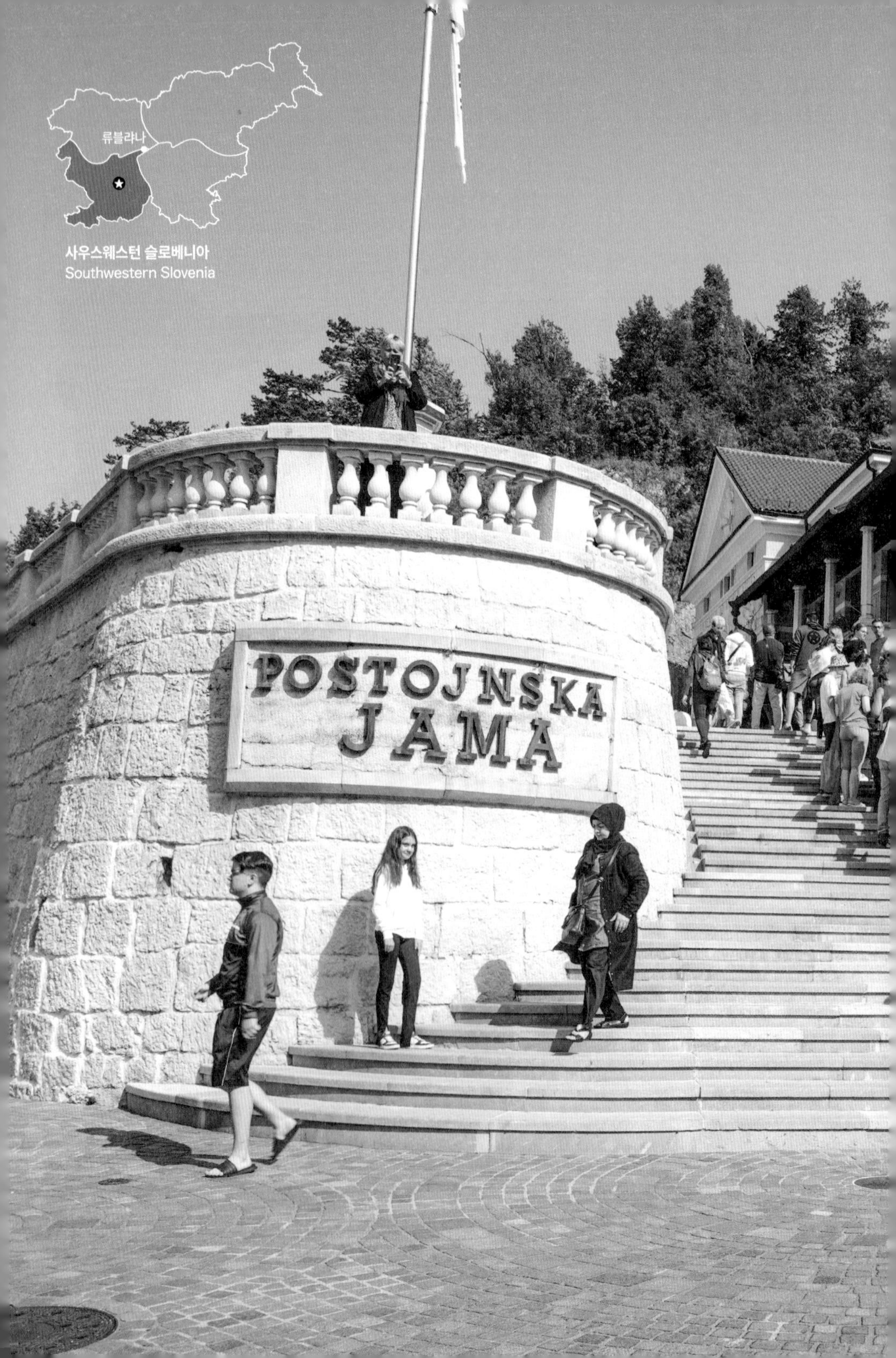
류블랴나
사우스웨스턴 슬로베니아
Southwestern Slovenia
POSTOJNSKA
JAMA

두 개의 경이로움을 품은

포스토이나 동굴 공원

PARK POSTOJNSKA JAMA

포스토이나는 석회암이 만든 카르스트 지형의 도시로, 이곳에는 거대한 크기의 포스토이나 동굴이 자리하고 있다. 약 2억 년 동안 자연이 만든 지하세계의 모습은 어떤 표현으로도 담아낼 수 없는 신비와 경외의 대상이다. 한편, 동굴에서 약 10㎞ 떨어진 곳에는 중세 시대에 인간의 손으로 절벽을 깎아 만든 경이로운 프레드야마 성이 있다. 포스토이나 동굴 공원은 자연과 인간 중 누구의 작품이 더 놀라운 지 지켜보는 흥미로운 여행지다.

어떻게 가면 좋을까

포스토이나 동굴 공원은 류블랴나에서 약 49㎞ 떨어져 있으며, 버스와 기차, 자동차 등 모든 교통수단을 통해 쉽게 접근할 수 있다.

기차 Train

류블랴나 기차역에서 포스토이나 기차역까지 약 1시간이 걸린다. 기차는 비교적 자주 운행되며, Slovenian Railways(SŽ)의 웹사이트(www.potniski.sz.si/en)에서 시간표를 확인할 수 있다. 포스토이나 기차역에서 약 1.5㎞ 정도 떨어진 동굴 공원까지는 20분 정도 걷거나, 동굴 공원에서 운영하는 셔틀버스(왕복 €1)를 이용하면 된다. 류블랴나에서 포스토이나까지 기차 요금은 약 €5이며, 시즌이나 시간대에 따라 조금씩 달라진다.

버스 Bus

류블랴나 버스터미널에서 포스토이나까지 가는 직행버스가 있다. 약 1시간 15분 정도 걸리며, 버스 시간표는 Ljubljana Bus Station 웹사이트(www.ap-ljubljana.si/en)에서 확인할 수 있다. 버스는 포스토이나 동굴 공원에서 10분 정도 떨어진 곳에 정차하므로, 이곳에서부터는 도보로 이동할 수 있다. 버스 요금은 약 €4이며, 기차와 마찬가지로 시즌이나 시간대에 따라 조금씩 다르다.

렌터카 Rent a Car

여건이 된다면 렌터카를 이용해서 가는 방법이 가장 수월하다. 류블랴나에서 쭉 뻗은 A1 고속도로를 타고 약 45분 정도면 도착할 수 있고, 당일치기 여행도 가능하다. 포스토이나 동굴 공원 초입에 넓은 주차장과 화장실이 마련되어 있다.

자연의 보물을 잔뜩 숨기고 있는 ······ ①

포스토이나 동굴 Postojnska Jama / Postojna Cave

포스토이나 동굴은 길이 24km에 달하는 석회암 동굴이다. 약 2억 년 전 형성되어 지금까지 자라나고 있는 석순과 종유석들이 장엄하고 신비롭게 이어져 지하 세계의 장관을 이룬다.

1818년, 오스트리아 황제의 방문을 대비해 동굴 내부를 정비하던 동굴지기 루카 체치Luka Čeč가 우연히 발견한 이 동굴은 점차 그 아름다움이 알려져 세계적인 관광지가 되었다. 현재까지 전체 동굴의 약 20%만 일반에게 공개했을 뿐인데 말이다. 동굴 내부는 1872년에 세계 최초로 도입된 복선 지하 기차를 타고 이동한다. 초입에서부터 약 3.5km 구간까지는 기차를 타고 이동하면서 카르스트 지형의 경이로운 모습들을 가까이에서 볼 수 있다. 기차는 시속 10km 내외로 달리지만, 실제 체감하는 속도는 그보다 빨라서 꽤 스릴이 있다. 이후 약 1.5km 구간은 도보로 이동하며 동굴의 여기저기를 돌아볼 수 있는데, 이 모든 과정에는 숙련

거대한 자연의 테마파크

포스토이나 동굴 공원에서 가장 큰 볼거리는 포스토이나 동굴과 프레드야마 성이지만, 그 외에도 동굴 생물 수족관인 비바리움과 현대적인 시설의 호텔까지 있어서 잘 갖춰진 테마파크 같은 모습이다. 넓은 주차장에서부터 동굴 입구까지 약 5분 거리의 산책로에는 아름다운 정원이 조성되어 있고, 레스토랑과 기념품숍 등 편의시설도 잘 갖춰져 있다.

된 가이드가 동행한다. 또 17개 언어로 제공되는 오디오 가이드가 있어서 헤드폰을 낀 채 한국어 설명을 들을 수 있다.
동굴의 스케일은 상상을 초월하는 것이어서, '스파게티룸(가늘고 긴 종류석들이 마치 스파게티처럼 늘어져 있다)', '브릴리언트(아이크림처럼 늘어진 석순들이 빛을 내며 장관을 이룬다)', '러시아 다리(1차 세계대전 때 러시아 군인들이 놓은 다리)' 등의 이름으로 공간마다 작명되어 있고, 이름 그대로 '콘서트홀'에서는 매년 겨울 수천 명의 관중이 모여 오케스트라 공연을 즐기기도 한다. 이렇게 동굴을 다 돌아보고 나오는 데까지는 약 1시간 30분이 걸린다.
동굴 내부의 온도는 연중 약 10℃. 1시간 이상 머물다 보면 체감 온도는 그 이하로 떨어지니 한여름에도 꼭 여분의 옷을 준비해야 한다. 또 축축하게 젖어있는 동굴 바닥은 꽤 미끄러우므로 슬리퍼보다는 운동화를 추천한다.

동굴 공원 입장료(어른 기준)

<table>
<tr><th></th><th>싱글 티켓</th><th colspan="3">통합 티켓</th></tr>
<tr><td>프레드야마 성</td><td>€19</td><td rowspan="2">성+동굴
€42</td><td></td><td rowspan="3">성+동굴
+
비바리움
€47.50</td></tr>
<tr><td>포스토이나 동굴</td><td>€29.90</td><td rowspan="2">동굴
+
비바리움
€35.50</td></tr>
<tr><td>비바리움</td><td>€12</td><td></td></tr>
</table>

포스토이나 기차역에서 도보 40분
Jamska cesta 30
겨울 10:00~16:00,
여름 9:00~19:00(*월별로도 오픈 시간이 달라지므로, 방문 전 홈페이지를 통해 확인할 것)
어른 €29.90, 학생 €23.90,
어린이 €17.90
057-000-100
www.postojnska-jama.eu

©Postojnska Jama

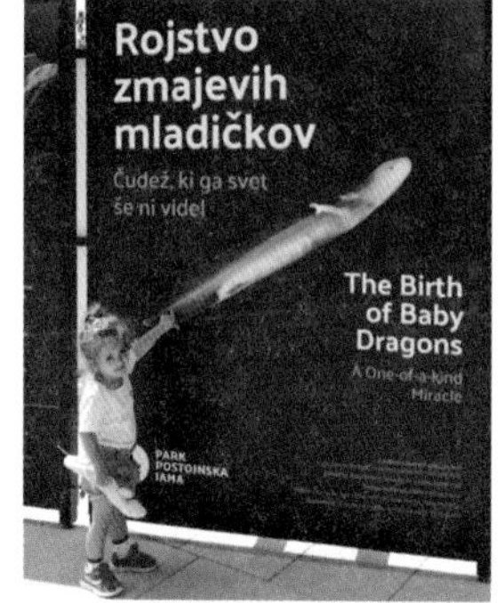

포스토이나 동굴의 살아있는 아기 용, 프로테우스 앙귀누스(올름)

창백하다 못해 투명에 가까운 피부, 긴 꼬리와 몸에 눈이 없고, 네 개의 짧은 팔다리와 열 개의 작은 손가락을 가진 동물. 이 생물은 무엇일까?
17세기 카르스트 지역의 주민들은 포스토이나 동굴에 신비한 용이 살고 있다고 믿었기 때문에 이 이상한 생물이 전설로 전해지는 '아기 용'이라고 결론지었다. 그리고 이 이야기는 호기심 많은 마을 사람들뿐만 아니라 과학자들 사이에서도 관심을 불러일으켰다. 18세기에 생물학자들은 이 특이한 생물의 살아있는 표본을 최초로 획득했으며, 1768년에 '아기 용'에게 과학적 설명과 라틴어 이름인 '프로테우스 앙귀누스Proteus anguinus'라는 학명을 붙여주었다. 심지어 찰스 다윈도 그의 작품 <종의 기원>에서 이 놀라운 생물에 대한 기록을 그림과 함께 남겼다.

프로테우스의 주요 서식지는 포스토이나 동굴을 포함한 발칸 반도의 한정된 동굴 몇 군데다. 피부색이나 손발 등이 인간의 모습을 닮았다고 해서 '인간물고기'라 표현되었으며 현지인들은 정식 학명보다는 '올름Olm'이라는 이름을 더 친근하게 여긴다. 올름은 외부 아가미와 원시적인 형태의 폐로 호흡한다. 눈은 퇴화했지만 피부에 수용체가 있어 모든 것을 '볼 수 있다'고 한다. 또한 피부는 빛에 매우 민감해서 동굴의 어둠만이 최적화된 그들의 세상이다. 특이한 것은 10년 동안 먹지 않고도 생존하며 최대 100년까지 살 수 있다고 한다.
살아있는 프로테우스(올름)를 만나고 싶다면 동굴 수족관, 비바리움으로 가면 된다. 비바리움에는 프로테우스 외에도 150종 이상의 생물들이 보호, 전시되고 있다. 단, 프로테우스를 만나더라도 절대 수족관 밖에서 빛을 비추어서는 안 된다. 빛을 보는 순간 프로테우스는 영영 시력을 잃을 수도 있으니 말이다!

The Proteus anguinus

©Postojnska Jama

8세기를 견딘 중세의 기적 ······ ②

프레드야마 성 Predjamski Grad / Predjama Castle

절벽과 자연 동굴을 이용해 지어진 세계 최대의 동굴 성. 약 800년 전에 처음 지어진 중세의 성으로, 123m 높이의 수직 절벽에 자리해 외관부터 감탄을 자아낸다. 이 성의 가장 큰 특징은 비밀 통로를 통해 외부와 연결되었다는 점이다. 성이 포위되더라도 이 통로를 이용해 식량을 조달할 수 있어 오랫동안 버틸 수 있었다고 한다. 이곳에서는 중세 시대 성주의 생활상과 방어 시스템을 엿볼 수 있는데, 워낙 튼튼하고 독특해서 적들에게는 도무지 뚫을 수 없는 요새였다고.

이렇게 난공불락의 성이지만, 이 성을 거쳐 간 여러 성주 가운데 에라젬 루게르 Erazem Lueger라는 성주와 관련된 일화는 안타까움을 자아낸다. 그는 오스트리아 황제의 추적을 피해 이 성에 숨어지냈는데, 부하의 배신으로 화장실에서 적의 대포 공격을 받아 최후를 맞았다고 한다. 성의 유일한 허점은 수직 허공으로 돌출된

🚶 포스토이나 동굴 주차장에서 셔틀버스 또는 렌터카로 약 20분
📍 Predjama 1, 6230 Predjama
🕒 겨울 10:00~16:00, 여름 9:00~19:00(*월별로도 오픈 시간이 달라지므로, 방문 전 홈페이지를 통해 확인할 것)
€ 어른 €19, 학생 €15.50, 어린이 €11.50
📞 057-000-100
🏠 www.postojnska-jama.eu

화장실이었는데, 이 사실과 성주의 거사(?) 타이밍이 적들에게 알려진 것이다. 오늘날 프레드야마 성은 중세의 생활과 건축미를 체험하려는 여행자들로 붐빈다. 성 내부에는 무기고, 고문실, 예배당 등이 바위 틈 사이에 기가 막히게 보존되어 있는데, 녹록치 않았을 성 내의 생활이 생생하게 그려진다. 한국어를 선택할 수 있는 헤드폰을 착용하면 각 구역의 자세한 설명을 들을 수 있다.

포스토이나 동굴에서 프레드야마 성까지는 꽤 구불구불한 산길을 따라 9㎞, 자동차로 약 20분 가량 달려야 한다. 렌터카를 운전하기보다는 하루 5차례 운행하는 포스토이나 동굴 공원 내 셔틀버스(왕복 €1)를 이용하면 손쉽게 도착할 수 있다.

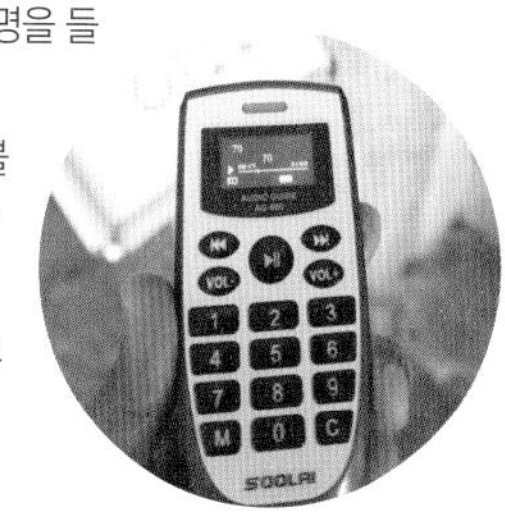

류블랴나
사우스웨스턴 슬로베니아
Southwestern Slovenia
MUSEUM
PI-4070

소금 결정체처럼 눈부신 도시

피란

PIRAN

이스트리아 반도 북서쪽에 위치한 피란은 내륙 국가 슬로베니아에서 바다를 볼 수 있는 거의 유일한 해안 도시다. 위로는 이탈리아의 도시들이, 아래로는 크로아티아의 도시들이 아드리아해를 공유하고 있다. 그런데, 이스트리아 반도 끝에 보석처럼 박혀 있는 이 도시의 정체성은 바로 소금으로 만들어졌다. 전 세계에서 가장 좋은 소금 중 하나로 꼽히는 '피란 소금' 덕분에, 일찍부터 무역이 발달하고 수준 높은 문화를 꽃피울 수 있었던 것. 한국 여행자들에게는 드라마 <디어 마이 프렌즈>의 배경 도시로도 친근하다.

어떻게 가면 좋을까

슬로베니아 국내에서는 물론이고, 인접하고 있는 크로아티아와 이탈리아에서도 손쉽게 방문할 수 있는 도시다. 여행자들은 주로 버스와 렌터카를 이용하지만 여름철에는 페리 승객까지 더해져 이 작은 도시가 북새통을 이룬다.

VISITOR CENTER

피란 관광안내소
Tartinijev trg 2
9:00~17:00
056-734-440
www.portoroz.si

버스 Bus

류블랴나에서 피란까지는 버스로 약 2시간~2시간 30분이 소요된다. 버스는 류블랴나 중앙 버스터미널에서 출발하며, 하루에 여러 차례 운행된다. 일부 버스는 포스토이나Postojna, 코페르Koper, 이졸라Izola를 경유하므로, 경유 여부에 따라 소요 시간이 달라질 수 있다. 티켓은 터미널 현장에서 구매하거나 온라인으로 예약할 수 있는데, 버스 회사와 시즌에 따라 €12~13에 티켓을 예매할 수 있다.

슬로베니아 버스 예매 사이트
www.ap-ljubljana.si

렌터카 Rent a Car

류블랴나에서 피란까지 자동차로 약 1시간 30분이 소요된다. 슬로베니아의 고속도로는 이용하기 매우 편리하며, 도로 상태도 양호하다. 단, 피란 도심은 차량 진입이 제한되므로, 도심 외곽의 주차장을 이용한 후 도보로 이동해야 한다. 구글 지도에서 'Parking'을 검색하면, 근처의 주차장들이 검색된다.

주차장에서 도심의 타르티니 광장까지는 오전 5시부터 오후 11시까지 약 5~10분 간격으로 운행되는 무료 셔틀버스를 이용하면 손쉽게 이동할 수 있다. 정류장마다 시간표와 노선도가 게시되어 있고, 운행 거리가 짧아서 헷갈릴 염려는 없다.

기차 Train

피란에는 직접 연결되는 기차역이 없으므로, 인근 도시인 코페르Koper까지 기차로 이동한 후 버스로 환승해야 한다. 류블랴나에서 코페르까지는 기차로 약 2시간 30분이 소요되며, 코페르에서 피란까지는 버스로 약 30분이 걸린다.

비행기 Airplane

피란과 가장 가까운 공항은 이탈리아 트리에스테Trieste 공항이다. 트리에스테 공항에서 피란까지는 자동차로 약 1시간이 소요되며, 공항에서 렌터카를 이용하거나 셔틀 서비스를 예약할 수 있다.

페리 Ferry

5~10월까지의 성수기에는 이탈리아 베네치아Venice에서 피란까지 페리가 운항된다. 성수기의 주말에는 더 많은 페리가 운항되지만, 겨울 비수기에는 아예 운항을 하지 않는다. 베네치아에서 피란까지는 약 2시간 30분이 소요되며, 요금은 최소 €76부터 시간과 좌석 등급에 따라 2~3배까지 올라간다.

페리 예매 사이트
www.aferry.com

어떻게 다니면 좋을까

도심 내에 차량 진입이 불가하기 때문에, 걷는 것 외에는 방법이 없다. 장거리 버스터미널에서 도심 광장까지는 채 500m가 안되는 거리이고, 페리터미널은 광장과 맞닿아 있다. 렌터카를 주차한 후에는 경사진 골목길을 따라 조금 걸어야 하지만, 그조차도 길 끝에 기다리는 광장과 아드리아해 때문에 발걸음 가벼운 골목길이다. 도심을 다 둘러보는 데는 1~2시간이 채 안 걸리는 규모지만, 구석구석 돌아보고 맛보다 보면 하루 이상 머물고 싶어진다.

Prešernovo nabrežje
푼타 등대
03 성모 마리아 건강 성당
Prešernovo nabrežje
02 성 조지 대성당
프리토린 프리 칸티나 04
Trubarjeva ulica
Hostel Piran
종탑
5월 1일 광장
솔리네
프리델라바
솔리
파벨 03
Prvomajski trg
메르시 젤라또
01
프레세렌 해안산책로 04
메스트나 카바르나 02 01
Ulica IX. ko
Kosovelova ulica
타르티니
광장
카사
타르
관광안내소
01
Partizanska ulica
Hotel Piran
Stjenkova ulica
Art Hotel Tartini
세르게이
마셰라
해양박물관
05
드라간 사칸
피란 페리터미널
Cankarjevo nabrežje
Župančičeva ulica
B&B Miracolo di Mare
Dantejeva ulica
피란 버스터미널
Bus station Piran
N
0
50m

피란 상세 지도

피란 추천 코스

피란의 도심은 매우 작아서 반나절이면 골목길까지 익숙해질 정도다. 대신 오래된 도시의 골목을 누비는 재미는 꽤 쏠쏠해서, 이 보물창고를 들여다보기 시작하면 체류 시간이 무한대로 길어질 수 있다. 반나절의 여행이라면, 타르티니 광장에서 시작해서 골목길과 바닷길을 따라 한 바퀴 돈 다음, 피란 성벽에서 여행을 마무리하는 것이 가장 무난한 루트다.

예상 소요 시간 **2~4시간**

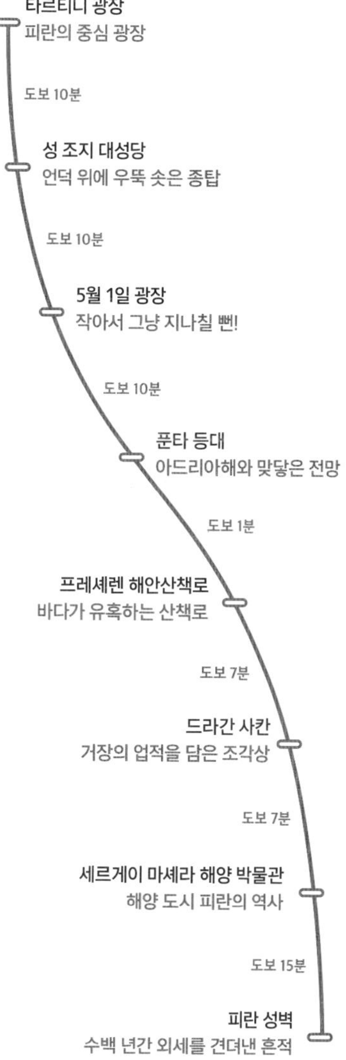

이토록 사랑스러운 광장이라니! ······ ①

타르티니 광장

Tartinijev Trg / Piazza Tartini

중세 분위기를 고스란히 간직한 피란의 중심에는 타르티니 광장이 있다. 바다를 향해 열린 타원형의 광장은 크지 않아 정답고, 대리석 바닥은 햇살을 비추어 눈이 부실 지경이다.

광장의 이름은 피란 출신의 세계적인 음악가 주세페 타르티니Giuseppe Tartini의 이름에서 비롯되었다. 광장의 중심에 우뚝 서 있는 동상이 바로 그 주인공. 타르티니는 바이올리니스트와 작곡가로 명성을 떨쳤는데, 대표작으로 꼽히는 'Sonata in G minor'는 클래식 음악사에 빛나는 작품으로, 그 뛰어난 기교 때문에 '악마의 트릴'이라는 애칭을 갖고 있다. 광장을 둘러싼 건축물들은 베네치아 공화국 시대의 건물들로 중세와 르네상스 시대의 양식이 혼재되어 있고, 작은 분수대와 관광안내소 등이 여행자들을 기다리고 있다.

카사 타르티니 Casa Tartini

동상과 함께 광장을 지키고 있는 대표 건물. 전형적인 베네치아 양식의 건축물로, 타르티니가 1692년에 태어나 가족과 함께 산 생가로 알려져 있다. 현재는 건물 일부가 박물관으로 운영되고 있는데, 타르티니의 개인 소지품과 악보, 악기, 초상화 등이 전시되고 있다. 단, 오픈 시간이 요일별로 변동이 많은 편이고, 유동적이긴 하지만 유료 관람이어서 이래저래 내부를 들여다보기는 쉽지 않다.

- Via Kajuh 12
- 수, 금요일 15:00~18:00, 토요일 10:00~18:00, 일요일 10:00~13:00
- 월, 화, 목요일 041-671-297

또 다른 광장, 5월 1일 광장 Trg 1. maja

타르티니 광장에서 약 200m 떨어진 곳에 독특한 이름의 작은 광장이 있다. 피란에서 가장 오래된 광장으로, 중세 시대부터 피란의 중심지 역할을 해 온 곳. 구 광장이라는 의미의 '스타리 트르그Stari trg' 또는 '피아차 베키아Piazza Vecchia'라 불렀으나, 20세기 초반에 노동절의 상징성을 기리기 위해 '5월 1일 광장'으로 이름을 바꿨다.

광장 중앙에는 18세기에 건설된 석조 우물이 있는데, 이는 주변 건물의 홈통을 통해 빗물을 모아 정화한 후 주민들이 사용할 수 있도록 설계되었다. 우물 위에는 '정의'와 '법'을 상징하는 두 개의 조각상이 세워져 있다.

최고의 전망대 ······ ②

성 조지 대성당과 종탑

Cerkev Svetega Jurija / Church of St. George

🚶 타르티니 광장에서 동상 뒤쪽 언덕길을 따라 5~10분

📍 Adamičeva ulica

🕓 10:00~16:00 ⊗ 화요일

€ 종탑 입장료 €3

📞 056-733-440

🏠 www.zupnija-piran.si

슬로베니아식 표현으로는 성 유리아 성당, 영어식 표현으로는 성 조지 성당에 해당하는 피란의 대성당. 성 조지는 가톨릭과 정교회에서 널리 공경 받는 성인으로, 선원들과 어부들의 수호성인이다. 반도 끝에 위치한 피란 주민들은 언덕 위 성당에 올라 바다와 관련된 위협으로부터 가족들을 지켜달라고 성 조지에게 기도하는 삶을 살았을 것이다. 성당 내부의 그림들도 성 조지가 바다에서 용을 무찌르는 내용을 담고 있다. 12세기에 처음 세워졌으나 현재의 모습은 16세기에 재건된 것으로, 바로크와 베네치아 양식이 혼재되어 있다.

성당 옆에 자리한 종탑은 베네치아의 산 마르코 대성당 종탑을 본따 지어진 것으로, 당시 베네치아 공화국에 속해 있던 피란의 상징적인 건축물 중 하나다. 높이 47.2m의 이 종탑은 피란 어디서든 쉽게 눈에 띄며, 146개의 나무 계단을 통해 꼭대기 전망대까지 올라갈 수 있다. 전망대에서는 타르티니 광장은 물론이고 바다와 어우러진 아름다운 피란의 전경을 감상할 수 있다. 대성당은 무료 입장이 가능하지만, 종탑에 오르려면 입장료를 지불해야 한다.

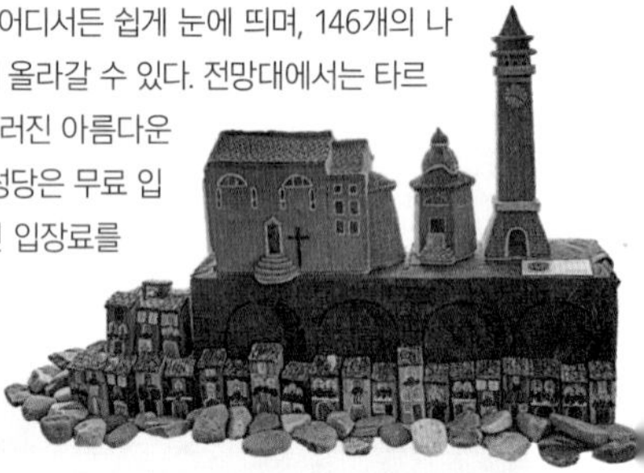

소박하고 아름다운 ······③

성모 마리아 건강 성당과 푼타 등대

Our Lady of Health Church & Punta Lighthouse

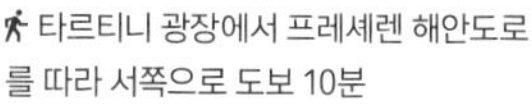

타르티니 광장에서 프레셰렌 해안도로를 따라 서쪽으로 도보 10분

Prešernovo nabrežje

프레셰렌 해안도로의 끝자락, 푼타 곶에 다다르면 바로크 양식의 작은 성당과 둥근 돔 형태의 등대가 나타난다. 성당은 선원들의 또 다른 수호신으로 알려진 성 클레멘트St. Clement를 기리기 위해 13세기에 처음 지어졌다. 이런 이유로 당시에는 성 클레멘트 성당으로 불렸으나, 17세기 흑사병 유행 이후 성모 건강 성당으로 이름이 바뀌었다. 요새 위에 지어진 푼타 등대는 바다로부터 큰 파도와 적들을 막아내는 물리적 수호신의 역할을 했으며, 성당은 질병으로부터 시민들을 지켜주는 정신적 수호신이 되었다.

등대 뒤편으로 가면 꼭대기로 향하는 작은 쪽문이 나오는데, 약간의 기부금을 내면 내부로 들어갈 수 있다. 원통형의 오래된 철 계단을 따라 잠시 오르면, 꼭대기에 매달린 종과 거짓말처럼 펼쳐지는 눈부신 아드리아해를 만날 수 있다.

피란의 파도와 바람 맞으며 ······ ④

프레셰렌 해안산책로 Prešernovo Nabrežje

타르티니 광장에서 성 조지 대성당이 있는 언덕을 등지고 서면, 눈앞에 푸른 바다가 펼쳐진다. 바로 그 바다를 끼고 반도의 끝까지 이어지는 해안산책로의 이름이 프레셰르노보 나브레츠예. 산책로의 한쪽은 햇살에 부서지는 눈부신 바다와 풍덩풍덩 바다로 빠져드는 사람들의 풍경이, 또 다른 한쪽은 파라솔 아래 앉아 바다를 전망할 수 있는 카페와 레스토랑들이 시선을 사로잡는다. 그 사이를 유유히 걷다보면 슬로베니아의 서쪽 끝, 푼타 곶이 나타난다.

발칸 광고계의 전설, 드라간 사칸Dragan Sakan

프레셰렌 해안도로가 시작되는 입구에는 독특한 모양의 기념조각이 자리하고 있다. 이름하여 드라간 사칸 기념비. 우리에게는 매우 낯선 이름이지만, 세르비아 출신의 드라간 사칸Dragan Sakan(1950~2010년)은 발칸 지역의 광고 산업에서 뛰어난 선구자로 알려져 있다. 그는 피란을 매우 사랑하여, 이 도시의 해안가를 자주 방문하곤 했다. 그의 피란에 대한 애정과 기여를 기리기 위해 피란 시민들은 그를 추모하는 기념비를 세웠다. 그가 집필한 책 모양의 조각과 사칸의 이름이 새겨진 명판으로 구성되어 있으며, 피란을 방문하는 이들에게 그의 업적과 피란에 대한 사랑을 상기시켜주고 있다.

바다와 육지 사이의 기록 ⑤

세르게이 마셰라 해양 박물관

Sergej Mašera Maritime Museum

2차 세계대전 당시 활약한 슬로베니아의 해군장교 세르게이 마셰라의 이름을 딴 해양 박물관. 박물관이 위치한 건물은 19세기 중반에 건축된 가브리엘리 궁전 Gabrielli Palace으로, 피란 항구에 접하고 있다.
피란은 과거 베네치아 공화국의 지배를 받았던 중요한 해상 도시였다. 이를 증명하는 자료들이 1층부터 3층까지 시대별로, 지역별로 잘 정리되어 관람을 돕는다. 해양 역사와 수중 유물에 관심이 있는 사람이라면 충분한 시간을 두고 관람하는 것이 좋다.

타르티니 광장에서 버스터미널 방향으로 도보 3분
Cankarjevo nabrežje 3 9:00~17:00 월요일
€5 056-710-040 www.pomorskimuzej.si

요새 혹은 뷰 포인트 ⑥

피란의 성벽

Obzidje Piran / Walls of Piran

바다와 접하고 있는 도시들은 외세의 침략을 운명처럼 여긴다. 그리고 막아내기 위해 성벽을 쌓았다. 7세기에 시작하여 거의 800년에 걸쳐 완성된 피란의 성벽도 이런 지정학적 역사의 산물이다. 베네치아 공화국 시대에는 주변 지역 간의 경쟁과 침략에 대비하는 전략적 요새였고, 15세기에는 오스만 제국의 침입에 맞서는 주요 방어 시설이었다. 오늘날은 잘 보존된 일부 성벽들이 이 도시의 아름다움을 조망하는 소중한 관광자원이 되었다. 길게 이어진 성벽 사이사이에 난 여러 개의 출입구를 통해 성벽에 오를 수 있는데, 가능하다면 인생샷을 건질 절호의 일몰 시간을 추천한다.

타르티니 광장 북동쪽에 위치한 Ulica IX. korpusa 거리를 따라 도보 약 10~15분
Ulica IX. Korpusa 8:00~20:00 어른 €3, 학생 €2
056-710-390 www.wallsofpiran.com

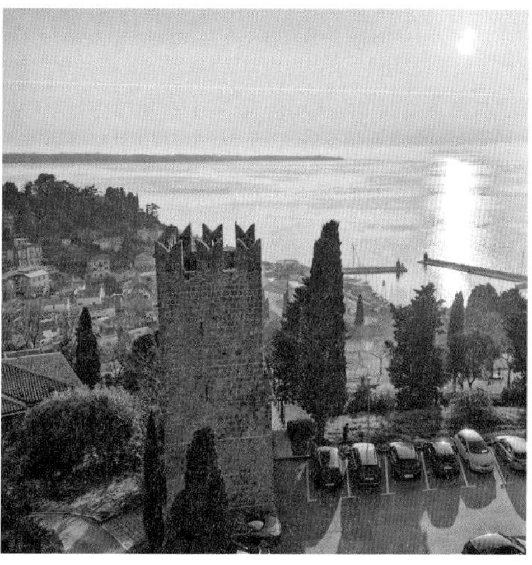

피란 소금 아이스크림 강추! ······①

메르시 젤라또 Mersii Gelato

좁은 골목길 작은 가게 앞에 줄이 늘어서 있다면 메르시 젤라또 앞일 확률이 높다. 풍부한 맛의 비건 아이스크림으로 유명한 곳. 망고, 초콜릿, 민트 등의 익숙한 맛도 있지만, 아보카도+라임, 라즈베리+히비스커스, 피스타치오+소금처럼 재료들의 조합으로 만들어낸 색다른 맛이 이 집만의 특징이다. 특히 피란 소금을 사용한 솔티드 캬라멜은 놓치지 말 것! 재료의 퀄리티나 맛에 비해 합리적인 가격, 바쁘고 작은 가게지만 언제나 친절한 직원들의 태도 때문에 나날이 줄이 길어진다.

📍 Kosovelova ulica 2 📞 069-942-788

달콤한 캬라멜과 올리브 오일의 미친 조화 ······②

메스트나 카바르나 Mestna Kavarna

타르티니 광장 모퉁이. 하루 종일 햇살 드는 명당에 자리하고 있어서 언제 가도 따뜻하고 정겹다. 야외 테이블에 앉아 광장의 풍경에 잠시 멍때려도 좋고, 줄리어스 마이늘의 다양한 커피 옵션과 신선한 과일 주스로 여행의 피로를 날려버리기도 좋다. 함께 곁들이는 케이크 슈토르타Štorta는 이 집에서 꼭 맛봐야 하는 메뉴로, 달콤한 캬라멜 케이크 위에 올리브 오일이 든 유리용기가 꽂혀 있다. 특이한 비주얼이지만 맛의 조화만큼은 미쳤다는 표현이 절로 나올 정도. 피란에서 만든 올리브 오일을 사용하고, 수익금은 자선단체에 기부된다고 하니, 놓치지 말고 맛보자!

🚶 타르티니 광장에 위치
📍 Tartinijev trg 3
🕘 9:00~23:00
📞 040-892-757

포크 놓고 바다로 뛰어드는 데 단 1초 ······③

파벨 Restavracija Pavel

신선한 해산물 요리로 유명한 맛집. 해안산책로에 접하고 있어서 바다가 보이는 멋진 전망도 이 집의 자랑이다. 코앞에서 바다 수영을 즐기는 사람들과 눈이 부실 정도로 일렁이는 바다가 눈호강을 약속한다. 시그니처 메뉴인 해산물 플래터는 여러 명이 함께 먹기에 좋고, 양도 넉넉하다. 슬로베니아 산 트러플을 곁들인 트러플 파스타도 추천 메뉴. 하지만 가능하면 이 집에서는 해산물 요리를 맛볼 것을 권한다. 인기에 힘입어 가까운 곳에 2호점(Kosovelova ulica 1)도 영업 중이다.

Prešernovo nabrežje 4
11:00~23:00
056-747-101
www.pavelpiran.com

해산물 요리의 강자 ······④

프리토린 프리 칸티나 Fritolin pri Cantina

'프리토린Fritolin'은 '튀김 요리를 파는 작은 가게'를 지칭하는 슬로베니아어다. 즉, 이 레스토랑의 이름이자 정체성은 '튀김 요리를 파는 칸티나의 분식집' 정도가 되겠다. 현지인들은 줄여서 '칸티나'라고 부른다. 오징어와 생선, 문어 등 해산물 메뉴 모두가 탁월하게 맛있어서 약간의 대기줄은 감수해야 한다. 슬로베니아에서는 드문, 셀프서비스로 주문하고 찾아가는 시스템도 흥미롭다. 단, 현금 결제만 가능하니 지갑을 채운 뒤 주문하자. 실내 좌석은 없고 모두가 야외 좌석인데, 옹기종기 놓여있는 야외 테이블에서 바라보는 5월 1일 광장 주변의 풍경들도 낭만적이다.

타르티니 광장에서 약 200m, 5월 1일 광장에서 도보 1분
Prvomajski trg 10
10:00~24:00
056-733-275

소금의 변신은 무죄 ······①

솔리네 프리델라바 솔리

Soline Pridelava Soli

세초블리에 염전 회사에서 직영하는 소금 용품 판매점. 직접 생산한 소금으로 만든 초콜릿, 캔디, 천연화장품, 비누 등 다양한 제품을 판매한다. 허브 소금, 꽃소금, 후추소금 등 소금 자체 제품도 다채롭다. 소분된 피란 소금은 €5~10 정도에 구입할 수 있고, 소금과 비누, 소금과 화장품 등으로 구성된 선물세트는 €15~20 정도에 구입할 수 있다.

- 타르티니 광장에 위치
- Ulica IX. korpusa 2
- 9:00~19:00
- 056-733-110
- www.soline.si

마일드 솔트의 정수, 피란의 소금

피란에 가면 소금을 맛봐야 한다. 피란 근교의 세초블리에 염전 Sečovlje Salina에서 만들어지는 피란 소금은 유럽은 물론 세계적으로도 그 순도와 함량을 인정받은 소금 결정체로 유명하다. 이 염전은 700년 이상의 역사를 가지고 있으며, 화학적 첨가물 없이 아드리아해의 태양과 바람을 이용한 자연 증발 방식으로 소금을 만든다. 염전 바닥에 특수한 천연 점토층과 미생물층을 사용하여 불순물이 섞이는 것을 방지하고, 순도 높은 소금을 생산하는 것. 하나하나 수작업으로 정제되어 칼슘, 마그네슘, 칼륨 등의 미네랄이 풍부하고, 맛 또한 부드럽고 섬세하다.

관광안내소 내에 피란 소금에 대한 설명과 실물이 비치되어 있고, 이 도시의 대부분 레스토랑들에서도 피란 소금을 사용한다. 기념품점에서도 흔히 볼 수 있으니 선물용으로 쟁여가도 좋다!!

Verdi

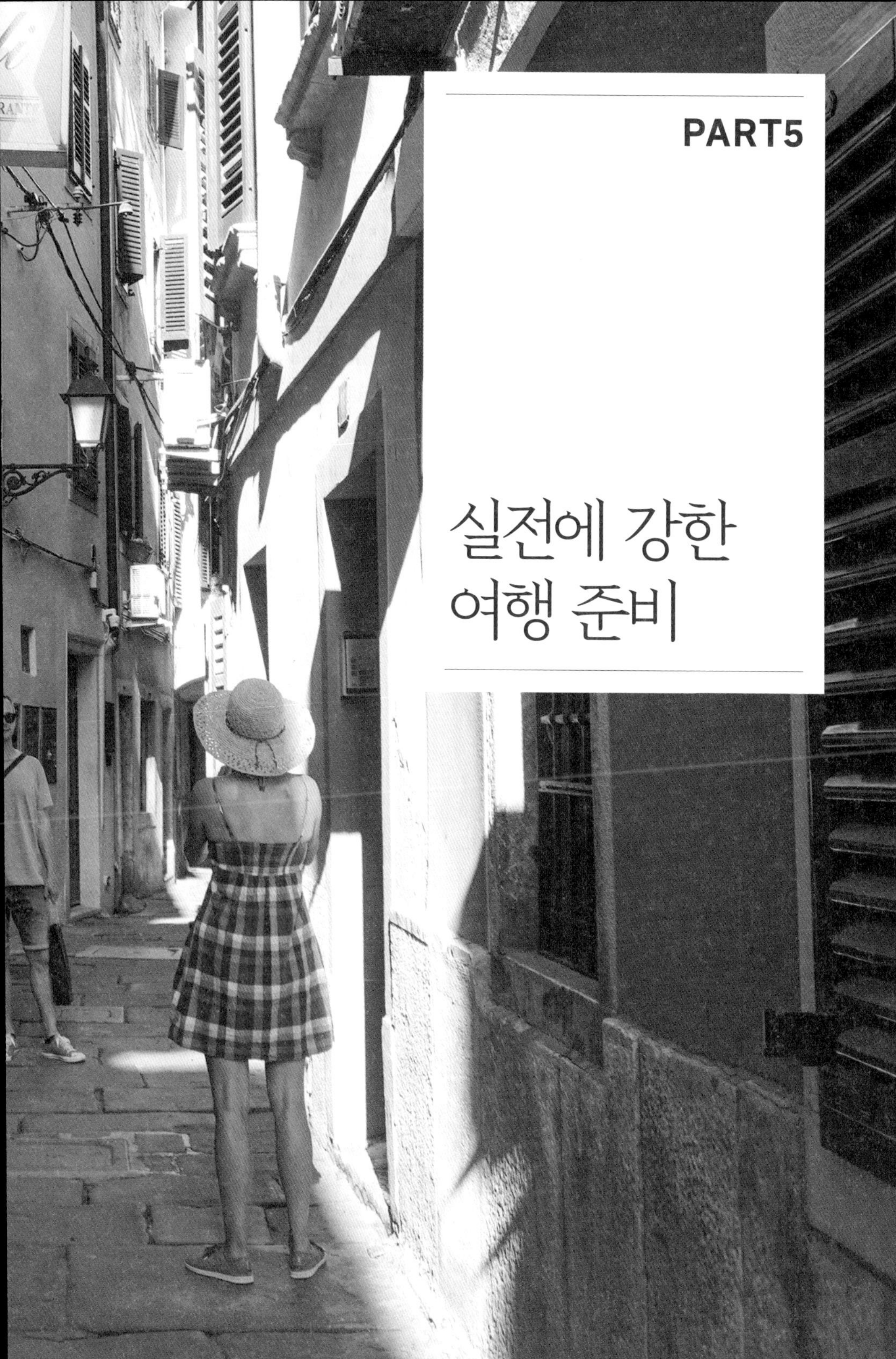

PART5

실전에 강한 여행 준비

QUICK VIEW

한눈에 보는 크로아티아 슬로베니아 여행 준비

01 여권 발급

- 전국 시·도·구청 여권과에서 신청 가능
- 본인만 직접 신청 가능(미성년자의 경우 부모 신청 가능)
- 여권용 사진 1매, 신분증, 여권 발급 신청서 1부 준비
- 발급 소요 기간 2주, 발급 비용 53,000원 (10년 복수 기준)

발급 관련 사이트

외교부 여권 안내 www.passport.go.kr

*2025년 중반부터는 항공권 구매에 앞서서 ETIAS(유럽 여행 정보 인증제도)의 인증을 받아야 한다. (429p 참조)

02 항공권 구매

- 한국-크로아티아는 여행 시기, 체류 기간, 구매 시점에 따라 가격 변동
- 항공사 홈페이지, 온·오프라인 여행사, 항공권 가격 비교 사이트를 통해 구매 가능
- 땡처리 티켓을 이용하면 저렴하나 스케줄 선택의 폭이 좁음

항공권 가격 비교 사이트

스카이스캐너 www.skyscanner.com
와이페이모어 www.whypaymore.co.kr
네이버 항공권 flight.naver.com

03 호텔 예약

- 온·오프라인 여행사, 호텔 전문 예약 사이트, 호텔 가격 비교 사이트를 통해 예약 가능
- 현지인의 집을 빌리는 에어비앤비, 침대만 빌리는 호스텔, 항공권과 호텔이 패키지로 묶인 에어텔 상품 등 다양하게 고려
- 관광지와의 접근성, 방 크기, 룸 컨디션, 조식 등 자신에게 맞는 조건 고려하기
- 예약 시에는 이용 고객의 후기를 꼼꼼히 참고할 것

호텔 예약 사이트

에어비앤비 www.airbnb.com
호텔스닷컴 www.hotels.com
아고다 www.agoda.com

04 증명서 발급

- 영문 운전면허증(국내 운전면허증 뒤 영문으로 정보를 표기한 면허증)이 있는 경우 그대로 사용 가능
- 영문 운전면허증은 운전면허 시험장 또는 경찰서 교통민원실에서 당일 발급 가능
- 신분증, 증명사진 2매 준비, 발급 비용은 국문+영문 운전면허증 10,000원, 국문+영문+모바일 운전면허증 15,000원
- 영문 면허증이 없는 경우 국제운전면허증 발급 필요
- 학생은 국제학생증 발급(입장료, 교통비 등 할인 혜택)
- 국제학생증 ISIC는 KLM 항공권, 플릭스버스 할인

발급 관련 사이트

안전운전 통합민원 www.safedriving.or.kr
국제학생증 ISIC www.isic.co.kr
국제학생증 ISEC www.isecard.co.kr

05
여행자보험 가입

- 여행자보험은 여행 중 도난, 분실, 질병, 상해 사고 등을 보상해주는 1회성 보험
- 온라인 사이트에서 가입하거나 공항에서 현장 가입 가능
- 출국일 이후 현지에서는 여행자보험 가입이 불가능함
- 일정액 이상 환전하면 은행에서 가입해주는 서비스 보험도 있음
- 보상 조건과 한도액, 사고 발생 시 구비 서류 등 확인

06
현지 투어 예약

- 류블랴나에서 포스토이나 동굴로 가거나, 자그레브에서 플리트비체로 가는 등 현지에서 개인적으로 하기 어려운 활동은 투어 이용이 유리
- 당일 투어, 반일 투어 등 이용 시 사전 예약 필수
- 코스, 비용, 포함/불포함 사항, 가이드, 후기 등 꼼꼼히 비교하기

예약 관련 사이트

마이리얼트립 www.myrealtrip.com
클룩 www.klook.com
케이케이데이 www.kkday.com
에어비앤비 www.airbnb.com

07
예산 설계 및 환전

- 크로아티아는 현금 사용을 선호하지만, 슬로베니아는 한국처럼 신용카드 사용이 자유로운 편
- 신용카드 사용 시 환전 수수료가 부담스럽다면, 환전 수수료 없는 충전식 선불 체크카드(트래블월렛, 트래블로그) 등 사용 추천
- 신용카드 또는 체크카드 비율을 높이고 현금은 소액만 소지하면 편리함
- 하루 예산과 전체 예산을 고려하여 신용카드와 현금 사용 비율 결정하기
- 각 은행의 영업점이나 공항 환전소에서 유로 환전 가능
- 은행 모바일 앱을 통해 미리 신청 후 수령도 가능
- 수수료가 저렴한 은행의 체크카드로 현지 ATM에서 인출도 가능

08
짐 꾸리기

- 구매한 항공권의 무료 수하물 규정 확인 필수
- 기내 반입용 수하물은 18인치 이하만 가능(무게는 항공사별로 다름)
- 100㎖ 이상의 액체류는 기내 반입 불가(100㎖ 이하는 30×20㎝ 사이즈의 지퍼백에 수납하기)
- 라이터, 배터리 제품은 화재 위험성 때문에 위탁 수하물로 부칠 수 없음
- 식품, 특히 육가공품은 대부분의 국가에서 반입 금지 품목이니 주의 필요

STEP 1

여행 정보 수집하기

여행은 떠나기 전부터 시작된다. 크로아티아와 슬로베니아에 대해 찾아보고 알아보는 그 순간부터 말이다. 두 나라에 대해 조금 더 깊이 알고 싶은 마음이 들었을 때, 아래에 소개하는 사이트의 홈페이지를 드나들며 나만의 정보를 채워가도록 하자. 언제나 여행은, 아는 만큼 보이는 것이니까.

크로아티아 여행의 보물창고

크로아티아 관광청
www.croatia.hr

크로아티아 날씨 정보

크로아티아 기상청(DHMZ)
www.meteo.hr/index_en.php

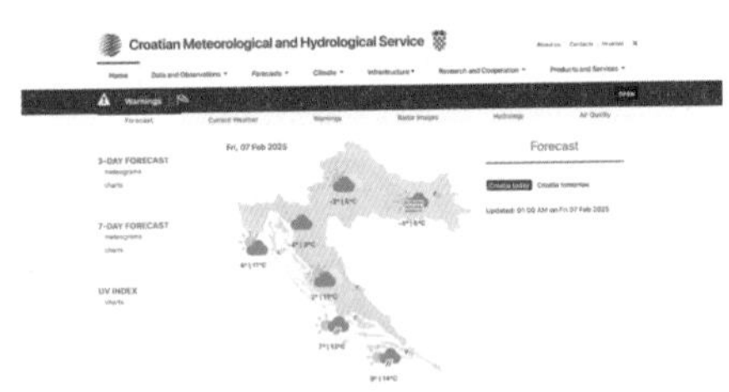

슬로베니아 여행의 보물창고

슬로베니아 관광청
www.slovenia.info/en

슬로베니아 날씨 정보

슬로베니아 환경청(ARSO)
www.meteo.arso.gov.si/met/en

유럽 철도의 베스트셀러 •••

유레일 철도 (Eurail)
www.eurail.com

크로아티아 숙박 전문 사이트 •••

하이 크로아티아
www.hicroatia.com

유럽 버스의 강자 •••

플릭스버스 (FlixBus)
www.flixbus.hr

크로아티아 국적기 •••

크로아티아 항공
www.croatiaairlines.com

한번에 해결하는 버스 검색 •••

겟바이버스
www.getbybus.com/hr

소소한 궁금증 해결장소 •••

네이버 유랑 카페
cafe.naver.com/firenze

숙소 예약하기

호텔 예약 애플리케이션의 등장으로 예전에 비해 숙소 예약이 수월해졌다. 가격 정보가 실시간으로 공유되고, 위치 역시 앱으로 접근이 가능해지면서 가이드북의 숙소 정보가 유명무실해졌다고 해도 과언이 아니다. 고급 호텔과 중급 이상의 모텔 정보는 숙박 앱을 활용해서 일정 기간 가격과 조건을 비교한 후 예약하는 것이 가장 좋은 방법이다.

숙소 예약 시 참고할 만한 사이트

에어비앤비 www.airbnb.co.kr
호텔스닷컴 www.hotels.com
아고다 www.agoda.com
익스피디아 www.expedia.co.kr
하이 크로아티아 www.hicroatia.com

실패하지 않는 숙소 예약 요령

크로아티아와 슬로베니아는 호텔보다 에어비앤비가 대세

혼자 하는 여행이라면 도미토리가 있는 배낭여행자 숙소나 호텔 싱글룸을 예약하는 것이 맞다. 그러나 둘 이상이면 이야기는 달라진다. 크로아티아의 경우 성수기에 몰려드는 관광객 수에 비해 수용할 수 있는 숙박시설의 수가 턱없이 부족하다 보니 국가 차원에서 공유숙소를 권장하는 분위기다. 호텔보다 더 많은 선택지와 훌륭한 호스트들이 여행자들을 기다린다.

뚜벅이 여행자라면 시내 중심, 렌터카 여행자라면 외곽까지 폭넓게

모든 숙박비에는 입지에 대한 비용이 포함되어 있다. 교통과 관광에 유리한 시내 중심에 있으면, 시설이 조금 낙후되더라도 비싸고 예약도 힘들기 마련이다. 만약 렌터카 여행 중이라면 굳이 시내 중심의 숙소를 예약할 필요가 없다. 특히 두브로브니크나 자그레브 같은 대도시에서는 시내 호텔이라도 주차비를 따로 내야 하므로, 굳이 비싼 비용을 치를 이유가 없다. 조금만 벗어나도 훨씬 시설 좋고 저렴한 숙소를 구할 수 있다.

숙박 예약 애플리케이션을 실시간 접속할 것

호텔스닷컴, 아고다, 익스피디아, 호텔패스, 부킹닷컴 등의 여러 호텔 예약 앱 가운데 본인의 취향에 맞는 사이트를 정해, 단골이 되는 것이 중요하다. 대부분의 사이트들은 박수가 쌓이면 마일리지나 등급 등을 정해 보상해 주고 있으므로 이곳저곳 기웃거리는 것보다는 한 군데에서 마일리지를 쌓는 것이 좋다.

애플리케이션에서 주요하게 봐야 할 것은 사진과 후기

현실적으로 숙소를 결정하는 데에 가장 중요한 것은 요금이다. 그러나 무턱대고 저렴한 곳이 좋을 리는 없고, 가격 대비 시설이나 입지가 좋은 가성비 높은 호텔을 찾는 것이 중요하다. 애플리케이션에 제시된 사진들을 눈여겨보면 최소한 청결도는 확인할 수 있다. 건물의 노후 정도, 벽의 마감재, 침구의 컬러나 상태 등을 잘 체크하면, 결과적으로 실패율을 낮출 수 있다. 후기 역시 소중한 정보다.

현지에서는 인포메이션 센터를 잘 활용할 것

1주일 이상 장기 여행의 경우, 모든 숙박을 미리 예약할 필요는 없다. 오히려 현지의 인포메이션 센터나 실시간 앱을 활용하면 그날그날 나오는 특가 요금으로 예약할 수 있기 때문이다. 또한 숙소를 찾아가느라 동선이 꼬이는 일도 줄일 수 있다. 현재 위치에서 가장 가까운 곳을 현지에서 정하는 것도 여행의 요령이다. 단, 성수기의 크로아티아는 예외다. 성수기에는 무조건 빠른 예약이 답이다.

올드타운에서 여행 가방 끌면 벌금을 낸다고?!

두브로브니크 올드타운에서는 바퀴 달린 여행 가방을 끌고 다닐 수 없다. 두브로브니크는 유럽에서 가장 관광밀집도가 높은 도시로 유명한데, 오래된 돌바닥 위를 구르는 여행자들의 캐리어 바퀴 소리가 24시간 주민들을 고통스럽게 만들었고, 이에 시가 나서서 특단의 조치를 취한 것이다. 가방을 끌다가 적발되면 265유로, 우리 돈으로 약 40만 원에 가까운 벌금을 내야 한다. 올드타운 진입 전에 운반업체에 가방을 맡기는 방법도 있지만, 애초에 가능하면 바퀴 달린 여행가방보다는 배낭을 준비하는 것도 대안이다.

소소하지만 필요한 준비들

현지에서 유용한
애플리케이션

구글맵스 Google Maps 네비게이션의 역할은 물론이고, 거리 측정과 교통편 서칭까지. 구글지도의 위력은 강력하다. 렌터카 운전자에게는 복잡한 도심에서 주차장 검색 기능만으로도 눈물나게 고마운 존재다.

트래블 월렛 삼성페이, 애플페이 같은 기능이 보편화되지 않은 두 나라에서는 여전히 실물 카드가 필요하다. 이때 유로화 결제가 가능한 여행자카드로 환전 수수료를 아낄 수 있고, 지출 현황을 앱으로 확인할 수 있어서 유용하다.

nextbike 서울의 따릉이 같은 공유 자전거 앱. 1회 등록으로 크로아티아와 슬로베니아 전역에서 사용할 수 있다.

HAK 크로아티아 교통국에서 제공하는 실시간 교통상황 안내 앱. 교통량, 주유비, 통행료, 카메라 설치 현황, 공사 상황 등 도로 위의 모든 것을 실시간으로 보여준다. 도로가 막히거나 사고 시에도 유용하게 이용할 수 있다.

구글 번역 Google Translate 파파고에는 지원되지 않는 크로아티아어와 슬로베니아어까지 지원되어 현지에서 매우 도움이 된다.

우버 Uber·**볼트** Bolt·**택시 메트로** 유럽에서 우버나 볼트는 일반 택시보다 흔하게 이용하는 교통수단이다. 목적지를 입력하면 예상 요금까지 알 수 있어서 현지 언어를 몰라도 손쉽게 이용할 수 있다. 요금도 일반 택시보다 저렴하다. 한편 슬로베니아에서는 우버가 운영되지 않는다. 특히 수도 류블랴나에서는 우버나 볼트보다 택시 메트로를 주로 이용한다.

HZPP 크로아티아에서 철도를 이용할 계획이라면 꼭 필요한 앱. 기차 예약과 출도착 정보, 가격까지 한눈에 확인할 수 있다.

GetBY 유럽 전역에서 버스, 기차, 페리, 비행기까지 가격 비교와 예매를 손쉽게 도와주는 애플리케이션. 플릭스 버스, 아리바는 물론이고 로컬 버스와 기차까지 한꺼번에 검색할 수 있다.

스마트하게 준비하는

환전

현금 VS 신용카드

여행 경비는 현금과 기타 수단의 비율을 2:8 정도로 가져가는 것이 좋다. 현금을 많이 가지고 다니면 심리적으로도 불안하고, 또 고액의 현금을 사용하는 것은 현지에서 범죄의 타깃이 될 수 있기 때문이다.

한편, 신용카드는 여행자의 신분을 나타내는 중요한 증명서다. 특히 렌터카를 이용하거나 호텔에 투숙할 때 신용카드를 요구하는 곳이 많다. 신용카드가 없을 경우에는 상당한 금액의 보증금을 내야 하거나 거래 자체가 안 되는 곳도 종종 있다. 신용카드의 해외 사용 한도액은 카드에 따라 US$3000~5000이므로 자신의 카드 한도액을 미리 확인하는 것도 중요하다.

환전 수수료 제로. 여행자 카드

최근에는 현금이나 신용카드보다는 '트래블 로그'나 '트래블 월렛' 같은 여행자 카드를 사용하는 사람들이 많다. 트래블 로그는 하나은행에서, 트래블 월렛은 핀테크라는 회사에서 운영한다. 즉, 트래블 로그는 하나은행 계좌와 연결된 경우 사용 가능하지만, 트래블 월렛의 경우 시중 은행 대부분과 연계할 수 있어서 조금 더 편리하다.

애플리케이션을 다운받아 회원 가입 후 신청하면 며칠 후 실물카드가 배송되는데, 현지에서 이 카드를 체크카드처럼 사용하면 된다. 동시에 애플리케이션을 통해서는 필요한 만큼 그때그때 충전해서 사용할 수 있고, 사용 내역까지 바로바로 업데이트 된다. 전 세계 거의 모든 화페로 충전할 수 있는데, 크로아티아와 슬로베니아에서는 유로로 충전하면 된다. 따라서 환율에 따른 수수료나 별도의 카드 수수료가 없다는 것이 최대 장점이다. 사용하고 남은 유로는 시세가 좋은 시점에 역환전도 가능하다.

공기와 같은 필수품

해외 데이터

데이터 로밍

국내 통신사의 데이터 로밍 서비스를 이용

장점

- 통신사 고객센터에 연락하거나 인천공항 통신사 카운터에서 신청하면 현지 도착 즉시 쓸 수 있다.
- 한국 전화번호로 문자 메시지 전송 및 통화가 가능하다.
- SKT는 Baro를 이용해 무료 통화가 가능하고, LGU+는 음성 전화 수·발신이 무제한 무료다. KT는 KT 사용자끼리 여러 명이서 데이터를 나눠 쓸 수 있는 요금제도 있다.

단점

- 해외 데이터 중 가장 요금이 비싸다.
- 통신사에 따라 다르지만, 여럿이 함께 쓰는 요금제가 한정적이다.

무료 와이파이

크로아티아와 슬로베니아 대부분의 호텔이나 호스텔, 레스토랑, 카페에서 무료 와이파이를 제공한다. 데이터를 아껴야 한다면 숙소나 카페에서는 와이파이를 사용하자.

포켓 와이파이

와이파이 단말기를 대여해 사용

장점

- 포켓 와이파이 기기 하나를 대여해 2~3명이 동시에 데이터를 쓸 수 있다.
- 1일 평균 요금이 6,000원대로 데이터 로밍보다 저렴하다.
- 노트북이나 태블릿PC를 이용할 때도 포켓 와이파이로 데이터를 쓸 수 있다.
- 대여할 때 이용 국가를 여러 나라로 신청하면 크로아티아와 슬로베니아 모두에서 사용할 수 있다.

단점

- 데이터 로밍처럼 출국 당일에 신청할 수는 없다. 최소 출국 3일 전에 신청해야 택배로 받거나 인천공항에서 수령할 수 있다.
- 충전을 해야 쓸 수 있으므로 대여 시 같이 주는 충전기를 들고 다녀야 한다.
- 포켓 와이파이와 충전기의 분실 우려가 있다.
- 귀국 후 카운터에 직접 반납해야 한다.

유심 USIM

유럽 통신사의 유심 칩으로 교체해 사용

장점

- 10일 이상 여행 시 가장 저렴하다.
- 현지에서도 바로 살 수 있다. 단, 국내에서 온라인으로 구입하면 더 저렴하다.

단점

- 유심 칩을 교체한 후 설정을 변경해야 한다.
- 한국 전화번호로 통화가 불가능하다.
- 국내에서 쓰던 통신사 유심 칩을 따로 보관해야 하는 번거로움이 따른다. 분실에 주의하자.

이심 eSIM

QR코드를 인식해 유럽 통신사의 심을 등록

장점

- 유심 칩을 교체할 필요 없이 구매처에서 받은 QR코드를 이용해 개통할 수 있다.
- 유심처럼 저렴하며 기존에 사용하던 유심 칩을 분실할 걱정이 없다.

단점

- 사용할 수 있는 스마트폰이 한정적이다.
- 스마트폰에 익숙하지 않으면 설정이 어려울 수 있다.

기분좋은 여행의 시작 출입국 마스터

출국 Departure | ⓒ Odlazak | ⓢ Odhod

드디어 출발이다. 국제선은 출발 3시간 전에 공항에 미리 도착해야 하지만, 공항에서의 시간은 이상하게도 빨리 흐르기 마련이다. 인천 공항에 사람이 몰리는 성수기에는 더 넉넉히 시간을 잡고 출발하는 것도 좋다.

1 탑승권 수령과 탑승 수속

보통 출발 2시간 전부터 탑승 수속이 시작된다. 이때 화물로 부칠 짐을 보내게 되는데, 좌석 등급과 항공사에 따라 무게 제한이 다르다. 이코노미석의 경우 20~23kg까지 부칠 수 있다. 탑승 수속을 마치면 탑승권과 탁송화물을 증명하는 수하물증Claim Tag를 받게 된다. 수하물증은 흰색 스티커 형태로, 한 장은 짐에 붙이고 똑같은 다른 한 장은 항공권에 붙인다.

2 보안 검색 & 세관 신고

출국장을 들어서자마자 들고 타는 짐을 검사하는 검사장이 나온다. 휴대품은 X-Ray 투시기를 통과해야 하며, 몸은 금속탐지기로 검사한다. 깜박 잊고 짐에 부치지 못한 맥가이버칼이나 나침반 등은 압수당할 수도 있으니 미리 배낭 안에 넣어 화물로 부친다.

3 출국 심사

세관을 거치면 여권 심사대가 나온다. 창구에서 여권과 탑승권을 제시하고 스탬프를 받아야 한다. 19세 이상의 성인이라면 자동 출입국 심사를 이용할 수 있다. 이로써 출국을 위한 모든 수속은 끝!

4 비행기 탑승

혹시 기내 반입용 가방의 부피가 크다면 일찍 탑승해서 좌석 상단의 공간이 넉넉할 때 올려두는 것이 좋다. 운이 나쁘면 좌석 밑에 짐을 두고 10시간 넘게 불편하게 가야 한다

인천국제공항 ☏ 1577-2600 🏠 www.airport.kr
공항 리무진 버스 ☏ 02-2664-9898 🏠 www.airportlimousine.co.kr
공항 버스 ☏ 02-447-4033 🏠 www.limusine.co.kr
한국도심공항터미널 리무진 버스 ☏ 02-551-0790, 0077 🏠 www.kcat.co.kr
신공항 하이웨이 ☏ 032-560-6100 🏠 www.hiway21.co.kr

입국 Arrivals | Ⓒ Dolazak | Ⓢ Prihod

전 세계 어디를 가든 공항은 비슷한 시스템으로 표준화되어 있다. 크로아티아의 자그레브와 슬로베니아의 류블랴나 역시 현대적인 설비와 시스템을 자랑하는 공항들로, 처음 입국이라도 큰 어려움이나 불편 없이 입국할 수 있다.

1 입국 심사

비행기에서 내리면 'Immigration'이나 'Passport Control'이라는 표지판이 보인다. 그냥 사람들이 가는 대로 따라만 가도 입국 심사대가 나온다. 입국 심사 시 별도의 서류는 필요치 않고 여권만 준비해 '외국인 Foreigner' 입국 심사대에 줄을 선다. 대개는 별다른 질문이 없지만, 간혹 체류 기간과 입국 목적을 묻는 경우도 있으니 간단한 답을 준비해 두자.

2 수하물 인수

입국 심사대 통과 후, 'Baggage Claim' 표지판이 있는 곳에서 짐을 찾는다. 자신이 탑승했던 항공기 편명과 출발지가 적힌 컨베이어벨트에서 기다리면 짐이 차례로 나온다. 만약 짐이 없어졌거나 파손되었을 경우, 항공권에 붙어있는 클레임 태그와 여권·항공권을 소지하고 화물분실 신고센터에 신고한다. 짐을 바로 찾지 못하면 항공사 측에서 당장 사용할 최소한의 생필품 비용을 배상해 준다.

3 세관 신고

입국의 마지막 과정은 세관Custom 카운터를 거치는 일. 수하물을 찾고 나서 별도로 신고할 물건이 없다면 입국장으로 나가면 된다.

ETIAS는 미리미리 신청할 것!

2025년 중반부터 크로아티아와 슬로베니아를 포함한 유럽의 30개국을 방문하려는 한국인 여행자는 ETIAS(**E**uropean **T**ravel **I**nformation and **A**uthorization **S**ystem : 유럽 여행 정보 인증제도) 승인이 필요하다.

ETIAS는 비자 면제 국가의 여행자들이 유럽을 방문할 때 사전에 온라인으로 여행 허가를 받는 시스템으로, 신청 수수료는 €7이며, 한번 승인 받으면 최대 3년간 유효하다.

신청은 공식 ETIAS 웹사이트나 모바일 앱을 통해 가능하며, 대부분의 경우 몇 분 내에 승인되지만, 최대 30일까지 소요될 수 있으므로 여행 계획 전에 미리 신청하는 것이 좋다. 또한, 18세 미만과 70세 이상은 수수료가 면제되지만, 수수료와 관계없이 신청은 필요하다.

🏠 www.etias-euvisa.com/ko

찾아보기

명소

ㄱ…ㄷ

ㄹ…ㅂ

ㅅ…ㅈ

상점

Photo Credits

108p top ©S. Carek(media.infozagreb.hr)
109p 2nd from top ©J. Duval(media.infozagreb.hr)
112p bottom ©S. Carek(media.infozagreb.hr)
115p bottom left ©Boška i Krešo(media.infozagreb.hr)
117p Mirogoj Cemetery ©S. Carek(media.infozagreb.hr)
123p bottom ©zagreb360.hr
168-169p ©Martin Močibob(tz-motovun.hr)
317p bottom ©lokrum.hr
390p bottom ©Vogel Ski Resort